中国通信学会普及与教育工作委员会推荐教材

21世纪高职高专电子信息类规划教材

21 Shiji Gaozhi Gaozhuan Dianzi Xinxilei Guihua Jiaocai

综合
布线工程

张振中 主编

李立高 胡庆旦 副主编

Electronic
Information

人民邮电出版社

北 京

图书在版编目（CIP）数据

综合布线工程 / 张振中主编. -- 北京：人民邮电
出版社，2013.9（2023.1重印）
21世纪高职高专电子信息类规划教材
ISBN 978-7-115-32284-5

Ⅰ. ①综… Ⅱ. ①张… Ⅲ. ①计算机网络－布线－高
等职业教育－教材 Ⅳ. ①TP393.03

中国版本图书馆CIP数据核字(2013)第167671号

内 容 提 要

本书以综合布线工程的工程环境勘察、方案的设计、工程预算的编制、工程图纸的绘制、工程招投标的过程、工程的施工、工程的测试和验收工作流程为主线而编写。全书分为 6 个章节，系统地介绍了综合布线基本概念、综合布线系统设计、产品选型、工程预算编制、工程图纸绘制、工程招投标、工程施工技术要点、路由通道建设、线缆布放、线缆端接、设备安装、系统运行调试、工程验收、工程鉴定、竣工技术文档、工程项目管理和工程监理等内容，并在每章后面配有应知测试和技能训练。

本书既可作为中、高等职业技术学院通信技术类、计算机类、电子信息类等专业的教学用书，也可供有关技术人员参考、学习、培训之用。

- 主　　编　张振中
  副 主 编　李立高　胡庆旦
  责任编辑　滑　玉
  执行编辑　彭志环　杨林杰
- 人民邮电出版社出版发行　　北京市丰台区成寿寺路 11 号
  邮编 100164　电子邮件 315@ptpress.com.cn
  网址 https://www.ptpress.com.cn
  北京盛通印刷股份有限公司印刷
- 开本：787×1092　1/16
  印张：15.5　　　　　　　　2013 年 9 月第 1 版
  字数：386 千字　　　　　　2023 年 1 月北京第 11 次印刷

定价：38.00 元
读者服务热线：(010)81055256　印装质量热线：(010)81055316
反盗版热线：(010)81055315

前　言

　　综合布线系统（Generic Cabling System，GCS）是一种模块化的、灵活性极高的建筑物内或建筑群之间的信息传输通道，是现代化智能建筑的必然要求。目前，该系统主要应用在智能建筑、住宅小区、政府机构、公司企业、贸易中心、学校校园以及宾馆饭店等领域，是一个有着广泛发展前景的行业。

　　本教材是作者在对大量综合布线工程案例搜集和整理的基础上，结合高职高专的教学要求和特点，对接线务员、三网末端装维员、监理员、网络管理员等职业岗位，以综合布线工程的工程环境勘察→方案的设计→工程预算的编制→工程图纸的绘制→工程招投标的过程→工程的施工→工程的测试和验收工作流程为主线而编写，概念清晰、内容丰富，着重定位于理论与实践的联系，重点突出实践。全书分 6 个章节。其中，第 1 章 综合布线系统概述，主要介绍综合布线系统的产生、概念、特点、组成和标准；第 2 章综合布线工程设计，主要介绍综合布线工程设计的原则、设计的依据、设计的内容、各子系统设计、工程图纸绘制、工程预算编制和工程案例；第 3 章综合布线工程招投标，主要介绍综合布线工程招投标原则、各方关系、工程项目招标、工程项目投标；第 4 章综合布线工程施工，主要介绍施工技术要点、路由通道建设、电缆布放、光缆布放、线缆端接、机柜设备安装及系统运行调试；第 5 章综合布线工程竣工验收，主要介绍综合布线工程验收、综合布线工程的鉴定、综合布线工程竣工技术文档；第 6 章综合布线工程管理，主要介绍综合布线工程项目管理、综合布线工程监理。

　　全书由张振中担任主编，负责统稿及全书的编写工作，湖南邮电职业技术学院李立高、胡庆旦、李儒银和张炯老师参与了教材的编写工作。同时，在本书编写和出版的过程中得到了湖南省邮电规划设计院和湖南邮电职业技术学院各级领导的大力支持与帮助，在此表示衷心的感谢。

　　由于编者水平有限，书中难免有错误和不妥之处，敬请广大读者指正。

编　者

2013 年 5 月于长沙

目 录

第1章
综合布线系统概述

【本章内容简介】综合布线技术的兴起和发展，是在通信技术和电子信息技术快速发展的基础上进一步适应社会信息化和经济国际化需要的结果。本章主要介绍综合布线的基础知识，包括综合布线系统的产生、综合布线系统的概念、综合布线系统的特点、综合布线系统的组成和结构以及综合布线国内外标准。

【本章重点难点】本章重点是综合布线系统的组成、结构、标准。本章难点是综合布线系统的组成和结构。

1.1 综合布线系统的概念

1.1.1 综合布线系统的产生

综合布线的发展历程从 20 世纪 80 年代到今天经历多个发展阶段，从同轴电缆时代，到双绞线时代，再到光纤时代的快速发展。

1. 同轴电缆时代

20 世纪 80 年代初，在双绞线 RJ-45 还没有流行之前，数据传输主要采用的是同轴电缆，同轴电缆最早应用于有线电视网络中。它比双绞线具有更好的屏蔽性，所以它可以以较高的速率传输较长的距离。它用来传递信息的一对导体是按照一层圆筒式的外导体套在内导体（一根细芯）外面，两个导体间用绝缘材料互相隔离的结构制造的。外层导体和中心轴芯线的圆心在同一个轴心上，所以叫作同轴电缆。

20 世纪 80 年代末，IBM 推出令牌网的计算机网络系统。与以太网不同，它是以屏蔽150Ω双绞线为主要传输媒体。它的网络拓扑结构是一个环形系统，但是其物理结构却是一个星型的布线系统，流行了很长一段时间。作为全球最大的连接器生产厂商，安普是当时 IBM 主要令牌网部件的供应商，IBM 系统中大部分的连接器件都由安普生产。

2. 双绞线时代

20 世纪 90 年代初，美国朗讯科技（原 AT&T）公司贝尔实验室最早提出使用 100Ω的非屏蔽双绞线作为传输媒体，为大楼提供一个综合布线系统（PDS）。非屏蔽双绞线系统的传输速度不高，但是由于这个系统对于客户来说比较方便，可以在相同的布线平台支持多种应用，因此综合布线系统逐渐开始流行，而 RJ-45 则成为标准化的连接器。20 世纪 90 年代

中期，大批厂商进入这个领域，并开始生产综合布线产品，100Ω的双绞线布线系统逐渐成为标准的布线系统。双绞线系统从 3 类发展到 7 类，从原来的支持 10Mbit/s、16Mbit/s、100Mbit/s、1000Mbit/s，发展到现在的支持万兆传输的系统。

3. 光纤时代

20 世纪 90 年代初，光纤连接器主要以 ST 型连接器为主，光纤系统则主要采用点对点和环形系统，在 ISO 国际标准内，开展了一场 ST 型连接器与 SC 型连接器的争论。以 AT&T 为首的一方认为 ST 是当时最流行的光纤连接器，当然应是标准里的光纤连接器。安普与日本 NTT 则质疑 ST 型连接器的可靠性。争论结果是在新建系统内建议使用 SC，原有系统可继续使用 ST。

20 世纪 90 年代中期，各厂商开发出更多种类的光纤连接器，其中，以更小体积、更易散热的小型光纤连接器最为流行，例如 LC 连接器、MT-RJ 连接器、MU 连接器等。

1.1.2 综合布线系统的概念

1. 传统布线方式

布线是指能够支持信息电子设备相互连接的各种线缆、跳线、接插件软线和连接器件组成的系统。传统布线方式是指不同系统的布线相对独立，不同的设备使用不同的传输介质构成各自的网络系统。传统布线方式没有统一的设计规范，由于各个项目之间没有实质性的联系，在总体的工程上没有统一考虑。工程建设与否主要由单位领导或工作需求随意的设置项目，使得使用和管理都十分地不方便，各个项目之间达不到资源共享的目的；同时由于设计方案不同、施工时间各异，致使形成的布线系统存在很大差别，难以互相通用。特别是当工作场所需要重新规划，设备需要更换、移动或增加时，只好重新布设线缆，使得布线工作费时费力、耗资和效率低下。每一个项目都独立施工，布线随意性很大，中心设备可以和终端设备直接相连，各个终端设备之间也可以随意连接等，使得线缆穿插、交织在一起，导致环境十分的不美观。有时甚至导致各个系统间的信号相互干扰，通信质量下降；还有导致信息泄露的情况发生。专属布线系统的这种缺陷不利于布线系统的综合利用和管理，限制了应用系统的发展变化和网络规模的扩充和升级。

2. 综合布线系统

综合布线系统自 20 世纪 90 年代建立标准以来，为适应各类网络的发展变化，布线系统也经历了数次更新换代。

（1）结构化布线

结构化布线系统（Structured Cabling System，SCS）是将整个网络系统进行分割，把设备分类为中心设备（中心机房）、二级设备（设备间）、三级设备（管理间）以及终端设备（工作区）。中心设备只允许连接二级设备，二级设备连接中心设备和三级设备、三级设备连接二级设备和终端设备，不允许跨级设备之间的连接。这样就分别建立了终端设备所在的工作区概念，工作区的终端设备与管理间的三级设备之间连接的水平配线子系统，管理间的三级设备与设备间的二级设备之间连接的垂直子系统以及设备间的二级设备与中心设备之间连

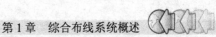

接的建筑群子系统的概念。这种布线使得每一部分线路的职能清晰，功能完备。

（2）建筑与建筑群综合布线系统

建筑与建筑群综合布线系统（Premises Distribution System，PDS）是指将建筑物或建筑群内的各个系统综合起来，线路布置标准化、简单化、综合化，是一套标准的集成化分布式布线系统。它将建筑物内的电话语音系统、数据通信系统、监控报警系统、消防系统、门禁系统、有线电视系统、计算机网络系统、家庭影院娱乐系统等系统集成在一起，线缆走线统一规划、统一管理和综合布线，并为每一种系统提供标准的信息插座，以连接不同类型的终端设备。

（3）综合布线系统

综合布线系统（Generic Cabling System，GCS）是一种模块化、结构化、高灵活性的、存在于建筑物内和建筑群之间的信息传输通道。它将相同或相似的缆线以及连接器件，按照一定的关系和通用秩序组合，使建筑物或建筑群内部的语音、数据通信设备、交换设备以及建筑物自动化管理等系统彼此相连，集成为一个具有可扩充的柔性整体，并可以与外部的通信网络相连接，构成一套标准规范的信息传输系统。

综合布线系统是一种有线传输多媒体系统，为开放式星状拓扑结构，能支持语音、数据、图像、多媒体业务等信息的传输。一个建筑的综合布线系统就是将各种不同系统（如电话语音系统、数据通信系统、监控报警系统、消防系统、门禁系统、有线电视系统、计算机网络系统、家庭影院娱乐系统等）构成一个有机的整体，各种线缆都力争走在一起，形成统一的线缆路由。而不像专属布线那样自成体系，互不相干。

1.1.3　综合布线系统的特点

在传统布线系统中，由于多个子系统独立布线，并采用不同的传输媒介，这就给建筑物从设计和今后的管理带来一系列的弊端。而综合布线系统的出现是现代通信领域高科技的结晶，它为用户提供了最合理的布线方式，并依靠其高品质的材料，一改传统布线面貌，为现代化的大厦能够真正成为智慧型的楼宇奠定了线路基础。综合布线同传统的布线相比较具有兼容性、开放性、灵活性、可靠性、先进性和经济性 6 个方面的特点，如表 1.1 所示。

表 1.1　　　　　　　　　　　　传统布线系统与综合布线系统的比较

特　点	传统布线系统	综合布线系统
1. 兼容性	传统的布线方式为一幢大楼或一个建筑群内的语音或数据线路布线时，往往是采用不同厂家生产的产品。不同厂家的产品之间互不兼容，管线规格不同，配线插头型号各异，从而造成网络内的管线与插接件彼此不同而不能互相兼容	综合布线是将语音、数据与监控等设备的信号线经过统一的规划和设计，采用相同的传输媒体、信息插座、交连设备、适配器等，把这些不同信号综合到一套标准的布线中。由此可见，这种布线比传统布线大为简化，可节约大量的物资、时间和空间
2. 开放性	传统的布线方式选定了某种设备，也就选定了布线方式和传输介质。如果要更换一种设备，则原来所有的布线必须全部更换。对于一个已经完工的建筑物，增加设备是十分困难的事情	综合布线系统中采用国际上统一使用的标准，绝大部分生产厂商的产品都遵守统一的标准，不同厂商的设备可以混合使用
3. 灵活性	传统的布线方式是采用封闭的系统，其系统结构是固定的，若要增加或去除某种设备，是相当麻烦的事情，甚至是不可能的	综合布线系统中各个子系统都采用统一的网络拓扑结构，使用相同的通信介质，因此可以满足各种不同系统的需求，使用起来非常灵活

续表

特　点	传统布线系统	综合布线系统
4.可靠性	传统的布线方式由于各个子系统独立设计，且又互不兼容，因而在同一个建筑物中常常有多种不同布线方案，很容易造成各个子系统之间交叉干扰，从而降低整个系统的可靠性	综合布线采用模块化的组合方式，任何一子系统出现故障都不会影响其他子系统的正常运行，这就为整个布线系统的运行维护及故障检修提供了方便，从而保障了综合布线系统的可靠运行。各应用系统往往采用相同的传输媒体，因而可互为备用，提高了备用冗余
5.先进性	传统的布线方式使用电缆作为主要的传输介质，很难适应当前数据网络的快速发展的要求	综合布线大量采用光纤、光缆作为布线系统的主要方式，同时也使用一部分五类、超五类、六类、七类双绞线组成的混合布线网络，以满足当前以及未来数据网络的发展
6.经济性	传统的布线方式中各个系统独立施工，施工周期长，造成人员、材料及时间上的浪费	综合布线过程是对各种线缆统一规划、统一安排线路走向、统一施工的过程，减少了不必要的重复布线、重复施工，节省了线材，节约了人工，从整体上节省了投资，提高了效益

　　通过表 1.1 对于传统布线系统与综合布线系统的比较，可以了解传统布线系统的弊端，进一步明确使用综合布线系统的必要性。

1.2　综合布线系统的结构

1.2.1　综合布线系统组成

　　综合布线系统采用模块化结构，在旧国家标准 GB/T 50311-2000《建筑与建筑群综合布线系统工程设计规范》中划分为 6 个子系统，它们分别是工作区子系统、水平子系统、管理子系统、垂直子系统、设备间子系统和建筑群子系统。根据最新国家标准 GB 50311-2007《综合布线系统工程设计规范》对上述 6 个子系统进行了重新划分，定义了工作区子系统、配线（水平）子系统、管理子系统、干线（垂直）子系统、设备间子系统、进线间子系统和建筑群子系统 7 个部分，如图 1.1 所示。

　　新标准的配线子系统与旧标准的水平子系统对应，新增加了进线间子系统，并对管理子系统做了重新定义。旧标准对进线部分没有明确定义，随着智能大厦的大规模发展，建筑群之间的进线设施越来越多，各种进线的管理变得越来越重要，独立设置进线间就体现了这一要求。

1.　工作区子系统

　　一个独立的需要设置终端设备（TE）的区域宜划分为一个工作区。工作区应由配线子系统的信息插座模块（TO）延伸到终端设备处的连接线缆及适配器组成。

2.　配线（水平）子系统

　　配线（水平）子系统应由工作区的信息插座模块、信息插座模块至电信间配线设备（FD）的配线电缆和光缆、电信间的配线设备及设备线缆和跳线等组成。

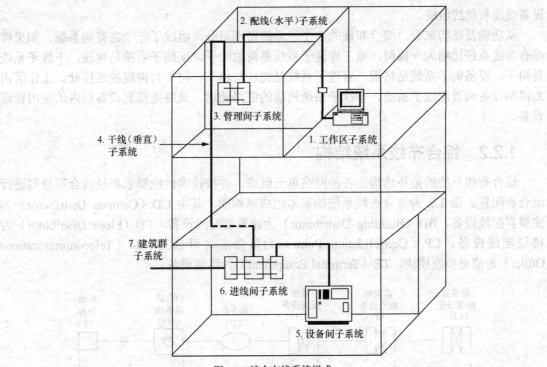

图 1.1　综合布线系统组成

3．管理间（电信间）子系统

管理间子系统也称作管理子系统，一般在每层楼都应设计一个管理间或配线间。其主要功能是对本层楼所有的信息点实现配线管理及功能变换，以及连接本层楼的配线（水平）子系统和干线（垂直）子系统。

4．干线（垂直）子系统

干线（垂直）子系统应由设备间至电信间的干线电缆和光缆，安装在设备间的建筑物配线设备（BD）及设备线缆和跳线组成。

5．设备间子系统

设备间子系统是在每幢建筑物的适当地点进行网络管理和信息交换的场地。对于综合布线系统工程设计，设备间主要安装建筑物配线设备。电话交换机、计算机主机设备及入口设施也可与配线设备安装在一起。

6．进线间子系统

进线间是建筑物外部通信和信息管线的入口部位，并可作为入口设施和建筑群配线设备的安装场地。

7．建筑群子系统

建筑群子系统应由连接多个建筑物之间的主干电缆和光缆、建筑群配线设备（CD）及

设备线缆和跳线组成。

　　从功能及结构来看，综合布线的 7 个子系统密不可分，组成了一个完整的系统。如果将综合布线系统比喻为一棵树，则工作区子系统是树的叶子，配线子系统是树枝，干线子系统是树干，设备间子系统是树根，管理子系统是树枝与树干、树干与树根的连接处。工作区内的终端设备通过配线子系统、干线子系统构成的链路通道，最终连接到设备间内的应用管理设备。

1.2.2　综合布线系统结构

　　综合布线系统的拓扑结构由各种网络单元组成，并按技术性能要求和经济合理原则进行组合和配置。图 1.2 为综合布线系统的基本组成结构图，其中 CD（Campus Distributor）为建筑群配线设备，BD（Building Distributor）为建筑物配线设备，FD（Floor Distributor）为楼层配线设备，CP（Consolidation Point）为集合点（可选），TO（Telecommunications Outlet）为信息插座模块，TE（Terminal Equipment）为终端设备。

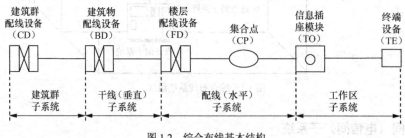

图 1.2　综合布线基本结构

　　CD 用于终接建筑群主干线缆的配线设备；BD 用于为建筑物主干线缆或建筑群主干线缆终接的配线设备；FD 用于终接水平电缆、水平光缆和其他布线子系统线缆的配线设备；CP 用于楼层配线设备与工作区信息点之间水平线缆路由中的连接点，配线子系统中可以设置集合点，也可不设置集合点；TO 用于各类电缆或光缆终接的信息插座模块；TE 用于接入综合布线系统的终端设备。

　　图 1.3 是以建筑群配线架 CD 为中心节点，以若干建筑物配线架 BD 为中间层中心节点，相应的有再下层的楼层配线架 FD 和配线子系统。BD 与 BD 之间、FD 与 FD 之间可以通过主干线缆连接。

　　楼层配线设备 FD 可以经过主干线缆直接连接到 CD 上，中间不设置建筑物配线设备 BD。信息插

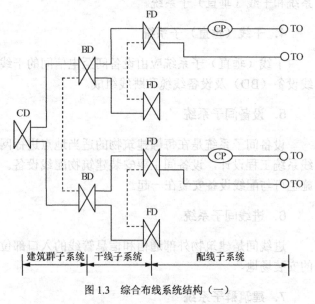

图 1.3　综合布线系统结构（一）

座 TO 也可以经过水平线缆直接连接到 BD 上，中间不设置 FD，如图 1.4 所示。

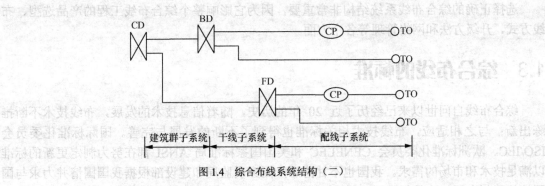

图 1.4 综合布线系统结构（二）

图 1.5 是以一个建筑物配线架 BD 为中心节点，配置若干个楼层配线架 FD，每个楼层配线架 FD 连接若干个信息插座 TO，全网使用光纤作为传输介质。

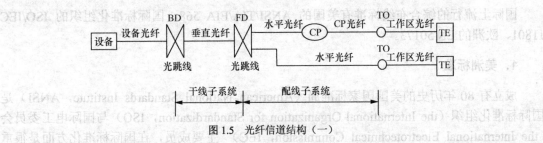

图 1.5 光纤信道结构（一）

楼层配线设备 FD 通过端接（熔接或机械连接）的方式连接水平光缆和垂直光缆，FD 只设置光分路器（无源光器件），不需要其他设备，不需要供电设备，如图 1.6 所示。

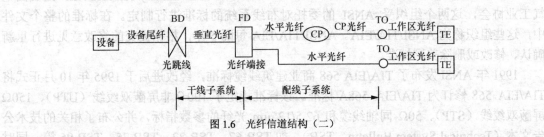

图 1.6 光纤信道结构（二）

信息插座 TO 直接连接到建筑物配线设备 BD，可以不设楼层配线设备 FD，如图 1.7 所示。楼层配线设备 FD 可以设置光分路器（无源光器件），不需要供电设备，也可以考虑设置光交换机等有源网络设备。

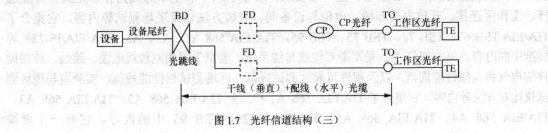

图 1.7 光纤信道结构（三）

选择正确的综合布线系统结构非常重要，因为它影响整个综合布线工程的产品选型、布线方式、升级方法和网络管理等各个方面。

1.3 综合布线的标准

综合布线自问世以来已经历了近 20 年的历史，随着信息技术的发展，布线技术不断推陈出新；与之相适应，布线技术相关标准也得到了不断的发展与完善。国际标准化委员会 ISO/IEC、欧洲标准化委员会 CENELEC 和美国国家标准局 ANSI 都在努力制定更新的标准以满足技术和市场的需求。我国也不甘落后，国家质监局和建设部根据我国国情并力求与国际接轨而制定了相应的标准，促进和规范了我国综合布线技术的发展。

1.3.1 国际标准

国际上流行的综合布线标准有美国的 ANSI/TIA/EIA 568、国际标准化组织的 ISO/IEC 11801、欧洲的 EN 50173。

1. 美洲标准

成立有 80 年历史的美国国家标准局（American National Standards Institute，ANSI）是国际标准化组织（the International Organization for Standardization，ISO）与国际电工委员会（the International Elcetrotechnical Commission，IEC） 主要成员，在国际标准化方面是很重要的角色。ANSI 自己不制定美国国家标准，而是通过组织有资质的工作组来推动标准的建立。综合布线的美洲标准主要由 TIA/EIA 制定。TIA（Telecommunications Industry Association）是美国电信工业协会，而 EIA（Electrotechnical Industry Association）是美国电气工业协会，这两个组织受 ANSI 的委托对布线系统的标准进行制定。在标准的整个文件中，这些组织称为 ANSI/TIA/EIA。ANSI/TIA/EIA 每隔 5 年，根据提交的修改意见进行重新确认、修改或删除美国国家标准。

1991 年 ANSI 发布了 TIA/EIA 568 商业建筑线缆标准，经改进后于 1995 年 10 月正式将 TIA/EIA 568 修订为 TIA/EIA 568A 标准。该标准规定了 100Ω 非屏蔽双绞线（UTP）、150Ω 屏蔽双绞线（STP）、50Ω 同轴线缆和 62.5/125μm 光纤的参数指标，并公布了相关的技术公告文本（Technical System Bulletin，TSB），如 TSB 67、TSB 72、TSB 75、TSB 95 等，同时还附加了 UTP 信道在较差情况下布线系统的电气性能参数，在这个标准后，还有 5 个增编，分别为 A1～A5。

ANSI 于 2002 年发布了 TIA/EIA 568B，以此取代了 TIA/EIA 568A。该标准由 B1、B2、B3 三个部分组成。第一部分 B1 是一般要求，着重于水平和主干布线拓扑、距离、介质选择、工作区连接、开放办公布线、电信与设备间、安装方法以及现场测试等内容，它集合了 TIA/EIA TSB 67、TSB 72、TSB 75、TSB 95，TIA/EIA 568 A2、A3、A5，TIA/EIA/IS 729 等标准中的内容。第二部分 B2 是平衡双绞线布线系统，着重于平衡双绞线电缆、跳线、连接硬件的电气和机械性能规范，以及部件可靠性测试规范、现场测试仪性能规范、实验室与现场测试仪比对方法等内容，它集合了 TIA/EIA 568 A1 和部分 TIA/EIA 568 A2、TIA/EIA 568 A3、TIA/EIA 568 A4、TIA/EIA 568 A5、TIA/EIA/IS729、TSB 95 中的内容，它有一个增编

B2.1，是目前第一个关于 6 类布线系统的标准。第三部分 B3 是光纤布线部件标准，用于定义光纤布线系统的部件和传输性能指标，包括光缆、光跳线和连接硬件的电气与机械性能要求、器件可靠性测试规范、现场测试性能规范等。

新的 TIA/EIA 568 C 版本系列标准也正准备发布。TIA/EIA 568 C 分为 C.0、C.1、C.2 和 C.3 共 4 个部分，C.0 为用户建筑物通用布线标准，C.1 为商业楼宇电信布线标准，C.2 为平衡双绞线电信布线和连接硬件标准，C.3 为光纤布线和连接硬件标准。

2. 国际标准

国际标准化组织（International Organization for Standardization，ISO）和国际电工委员会（International Electrotechnical Commission，IEC）组成了一个世界范围内的标准化专业机构。在信息技术领域中，ISO/IEC 设立了一个联合技术委员会，简称 ISO/IEC JTC1。由 ISO/IEC JTC1 来制定 ISO/IEC 11801 国际通用标准，目前该标准有 3 个版本：ISO/IEC 11801 1995、ISO/ISO 11801 2000、ISO/IEC 11801 2000+。

ISO/IEC 11801:1995 是第一版，ISO/IEC 11801:2000 是修订版，对第一版中"链路"的定义进行了修正。ISO/IEC 11801:2002 是第二版，新定义了 6 类和 7 类线缆标准，同时将多模光纤重新分为 OM1、OM2 和 OM3 三类，其中 OM1 指目前传统 62.5μm 多模光纤，OM2 指目前传统 50μm 多模光纤，OM3 是新增的万兆光纤，能在 300m 距离内支持 10Gbit/s 数据传输。

3. 欧洲标准

英国、法国、德国等国于 1995 年 7 月联合制定了 EN50173 欧洲标准，供欧洲一些国家使用，该标准在 2002 年做了进一步的修订。一般而言，欧洲标准 EN50173 与国际标准 ISO/IEC 11801 是一致的，但是欧洲标准 EN5017 比国际标准 ISO/IEC 11801 更为严格。

目前，国际上常用的综合布线标准如表 1.2 所示。

表 1.2　　　　　　　　　　　　　国际综合布线标准

制定国家	标准名称	标准内容	公布时间
美国	TIA/EIA 568 A1～ A5	商业建筑物电信布线标准	1995
	TIA/EIA 568 B1～B3	商业建筑通信布线系统标准	2002
	TIA/EIA 569	商业建筑通信通道和空间标准	1990
	TIA/EIA 606	商业建筑物电信基础结构管理标准	1993
	TIA/EIA 607	商业建筑物电信布线接地和保护连接要求	1994
	TIA/EIA 570A	住宅及小型商业区综合布线标准	1998
	TSB 67	非屏蔽 5 类双绞线的认证标准	1995
	TSB 72	集中式光纤布线标准	1995
	TSB 75	开放型办公室水平布线附加标准	1995
欧洲	EN 50173	信息系统通用布线标准	1995
	EN 50174	信息系统布线安装标准	1995
	EN 50289	通信电缆试验方法规范	2004

续表

制定国家	标准名称	标准内容	公布时间
ISO （国际）	ISO/IEC 11801 1995	信息技术——用户建筑群通用布线国际标准第一版	1995
	ISO/IEC 11801 2000	信息技术——用户建筑群通用布线国际标准修订版	2000
	ISO/IEC 11801 2000+	信息技术——用户建筑群通用布线国际标准第二版	2002

1.3.2　中国标准

国内综合布线标准一般有国家标准、行业标准、企业标准和协会标准 4 类。此外，建设部规定由中国建设标准化协会编制推荐性标准，作为上述 4 类标准的补充。一般综合布线标准皆有编号，如 GB 为国家标准，YD 为行业标准，Q 为企业标准，个别标准则无编号，如《SDH 光缆干线工程全程调测项目及指标》即无编号，为信息产业部"内部标准"，由中华人民共和国信息产业部批准。

1．国家标准

根据建设部印发和建标（2004）67 号文件《关于印发 2004 年工程建设国家标准制定、修订计划的通知》要求，对 2000 年颁布的原国家标准推荐性《建筑与建筑群综合布线系统工程设计规范》（GB/T 50311-2000）和原国家推荐性标准《建筑与建筑群综合布线系统工程验收规范》（GB/T 50312-2000）进行全面修订。修订后的两个规范于 2007 年 4 月 6 日批准发布，2007 年 10 月 1 日起实施。两个规范分别改称为《综合布线系统工程设计规范》（GB 5031-2007）和《综合布线系统工程验收规范》（GB 50312-2007）。这里要注意的重大区别是取消两个规范的推荐性，改成有强制性条文的国家标准。

《综合布线系统工程设计规范》（GB 50311-2007）是综合布线系统工程设计具体实施的标准之一，具有正确导向作用，其内容主要有总则、术语和符号、系统设计、系统配置设计、系统指标、安装工艺要求、电气防护及接地、防火共 8 章。《综合布线系统工程验收规范》（GB 50312-2007）是综合布线系统工程验收具体实施的标准之一，它与 GB 50311-2007 是配套使用的。其内容主要有总则、环境检查、器材及测试仪表工具检查、设备安装检验、缆线的敷设和保护方式检验（包括缆线的敷设和保护措施）、缆线终接、工程电气测试、管理系统验收和工程验收以及工程检验项目及内容的附录共 9 章。

同时，根据上述建设部的通知，对 2000 年颁布的原国家标准推荐性《智能建筑设计标准》（GB/T 50314-2000）也进行修订。新的标准编号为 GB/T 50314-2006，于 2006 年 1 月 29 日由建设部批准发布，2007 年 7 月 1 日起实施，继续保持为国家推荐性标准。

2．行业标准

信息产业部于 2006 年 7 月 25 日批准发布了通信行业标准《综合布线系统工程施工监理暂行规定》（YD 5124-2005），该标准从 2006 年 10 月 1 日起实施。

工业和信息化部于 2009 年 6 月 15 日批准发布的通信行业标准《大楼通信综合布线系统》（YD/T 926.1～3-2009），该标准从 2009 年 9 月 1 日起实施。它与国家标准 GB 50311、GB 50312 等标准配套使用。其内容主要针对住宅建筑通信综合布线系统，且以产品内容为主的综合性标准。目前我国主要的综合布线标准如表 1.3 所示。

表 1.3　　　　　　　　　　　　　　　　国内综合布线标准

制定部门	标准名称	标准内容	公布时间
国家质量技术监督局与建设部（国家标准）	GB 50311-2007	综合布线系统工程设计规范	2007
	GB 50312-2007	综合布线系统工程验收规范	2007
	GB 50314-2006	智能建筑设计标准	2006
	GB 50339-2003	智能建筑工程质量验收规范	2003
	GB 50374-2006	通信管道工程施工及验收规范	2006
	GB 50303-2002	建筑电气工程施工质量验收规范	2002
工业和信息产业部（行业标准）	YD/T 926.1-2009	大楼通信综合布线系统第一部分总规范	2009
	YD/T 926.2-2009	大楼通信综合布线系统第二部分综合布线用电缆光缆技术要求	2009
	YD/T 926.3-2009	大楼通信综合布线系统第三部分综合布线用连接硬件技术要求	2009
	YD 5124-2005	综合布线系统工程施工监理暂行规定	2006
	YD 5082-1999	建筑与建筑群综合布线系统工程设计施工图集	1999
	YD 5048-1997	城市住宅区和办公楼电话通信设施验收规范	1997
	TD 5010-1995	城市居住区建筑电话通信设计安装图集	1995
	TD 5062-1998	通信电缆配线管道图集	1998
中国工程建设标准化协会	CECS 72	建筑与建筑群综合布线系统工程设计规范	1997
	CECS 89	建筑与建筑群综合布线系统工程验收规范	1997
	CECS 119	城市住宅建筑综合布线系统工程设计规范	2000

从现有综合布线系统国内标准的总体状况分析，标准的类型和数量都较国外标准多些，内容也较齐全，具有一定的规范和导向作用。但从标准的品种和内容质量等方面看，还有很多不足之处，例如，在品种方面，智能化小区综合布线系统设计标准和有关综合布线系统的安装施工规范目前都处于空白状态，无章可循已造成很多后患，客观要求极为迫切，急需编制实施。在内容方面，随着先进技术和新颖产品的不断涌现，如何考虑兼容互换和同时并存等诸多问题，都需补充完善；此外，由于综合布线系统无统一的产品标准，导致在外形结构、规格系列方面，国内外生产的产品均不统一，这给设计和施工及维护都带来不少困难。为此，希望国内有关部门及早制定相应的标准予以解决，以满足工程建设和今后发展的需要。同时，应该看到科学的发展和技术的进步永无止境，必须提倡自主创新，与时俱进地跟上发展步伐，以适应客观世界不断变化和飞速发展的趋势。

综合布线工程涉及的范围较为广泛，例如房屋建筑、电源设备、抗震加固等方面，都有相应的设计、施工、监理的标准或规定，它们同样因各种外界或本身的因素，也应与时俱进地予以修正、补充和完善。

本章小结

综合布线技术的兴起和发展，是在通信技术和电子信息技术快速发展的基础上进一步适应社会信息化和经济国际化需要的结果。综合布线的标准主要有美国标准、欧洲标准和国际标准，我国在这些标准的基础上制定了适合我国国情的标准，且基本与国际上主流标准相一致。综合布线系统被划分为工作区子系统、配线子系统、干线子系统、建筑群子系统、设备间子系统、进线间子系统和管理子系统，这7个子系统是相互连接、密不可分的，掌握各个子系统的功能及构成才能做好综合布线系统的设计工作。

应知测试

一、填空题

1．（　　　　　　）是一种模块化、结构化、高灵活性的、存在于建筑物内和建筑群之间的信息传输通道。

2．综合布线系统具有（　　　　）、（　　　　）、（　　　　）、（　　　　）、（　　　　）和（　　　　）6个特点。

3．综合布线系统由（　　　　　　）、（　　　　）、（　　　　）、（　　　　）、（　　　　）、（　　　　）、（　　　　）7个子系统组成。

4．通信网络常采用（　　　　）和（　　　　）等网络拓扑结构；有线电视网络常采用（　　　　）网络拓扑结构；数字广播网络常采用（　　　　）网络拓扑结构。

5．国际上流行的综合布线标准有（　　　　）、（　　　　）、（　　　　）。

二、选择题

1．综合布线系统中直接与用户终端设备相连的子系统是（　　　　）。
　　A．工作区子系统　　　　　　　　B．配线子系统
　　C．干线子系统　　　　　　　　　D．管理子系统

2．综合布线系统中安装有线路管理器件及各种公共设备、实现对整个系统集中管理的区域属于（　　　　）。
　　A．管理子系统　　　　　　　　　B．干线子系统
　　C．设备间子系统　　　　　　　　D．建筑群子系统

3．综合布线系统中用于连接两幢建筑物的子系统是（　　　　）。
　　A．管理子系统　　　　　　　　　B．干线子系统
　　C．设备间子系统　　　　　　　　D．建筑群子系统

4．综合布线系统中用于连接楼层配线间和设备间的子系统是（　　　　）。
　　A．工作区子系统　　　　　　　　B．配线子系统

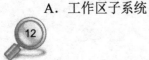

C．干线子系统　　　　　　　　　D．管理子系统

5．综合布线系统中用于连接工作区信息插座与楼层配线间的子系统是（　　　）。

A．工作区子系统　　　　　　　　B．配线子系统

C．干线子系统　　　　　　　　　D．管理子系统

三、问答题

1．什么是综合布线系统？

2．与传统的布线技术相比，综合布线系统具有哪些优点？

3．综合布线系统主要由哪几部分组成？

4．综合布线系统的国际与国内标准主要有哪些？

5．简述目前的综合布线系统应用的主要场合。

第 2 章

综合布线工程设计

【本章内容简介】综合布线工程设计是本书的重点内容之一，也是较难理解的章节。本章节主要介绍综合布线工程设计的要点、各子系统设计、产品选型、工程图纸绘制、工程预算编制和工程案例。其中，综合布线工程各子系统设计包括工作区子系统设计、水平（配线）子系统设计、垂直（干线）子系统设计、设备间子系统设计、管理子系统设计、建筑群子系统设计、进线间子系统设计、保护子系统设计 8 个部分。

【本章重点难点】本章重点是综合布线工程各子系统设计、工程图纸绘制、工程预算编制。难点是综合布线工程各子系统设计。

2.1 综合布线工程设计概述

综合布线方案设计在布线工程中是极为关键的部分，其主要包括设计原则、设计依据、用户需求分析、产品选型、总体结构、各个布线子系统详细设计、绘制图纸和编制概预算等内容。

2.1.1 综合布线工程的设计原则及依据

1. 综合布线工程设计原则

（1）合理规划，注重系统实用性。综合布线工程需要全面考虑用户需求、建筑物功能、当地技术和经济的发展水平等因素。

（2）技术先进，适当超前。综合布线工程设计时应采用当前先进的技术、方法和设备，并可适度超前，做到既能反映当前技术水平，又具有较大发展潜力。

（3）标准化的设计。在综合布线工程设计时应符合最新的综合布线标准，并且还应符合在防火、接地、安全等方面的国家现行的相关强制性或推荐性标准规范。

（4）可扩展性。综合布线工程应采用开放式的结构，应能支持语音、数据、图像及监控等系统的需要。在进行布线设计时，应适当考虑今后信息业务种类和数量增加的可能性，预留一定的发展余地。

（5）方便维护和管理。综合布线工程应采用分层的星型结构，建成的综合布线系统应能根据实际需求而变化，进行各种组合和灵活配置，方便地改变系统应用环境，所有的系统形态都可以借助于跳线完成。

（6）经济合理。在满足上述原则的基础上，力求线路简洁，距离最短，尽可能降低成本，使有限的投资发挥最大的效用。

2．综合布线工程设计依据

综合布线工程的设计标准是一个开放型的标准，需要满足以下标准。

（1）国家标准 GB 50311-2007《综合布线系统工程设计规范》。

（2）国家标准 GB 50312-2007《综合布线系统工程施工和验收规范》。

（3）行业标准 YD/T 926.1-2009《大楼通信综合布线系统第一部分总规范》。

（4）行业标准 YD/T 926.2-2009《大楼通信综合布线系统第二部分综合布线用电缆光缆技术要求》。

（5）行业标准 YD/T 926.3-2009《大楼通信综合布线系统第三部分综合布线用连接硬件技术要求》。

（6）北美标准 ANSI/T1A/EIA568B《商用建筑通信布线标准》。

（7）国际标准 ISO/IEC11801《信息技术——用户通用布线系统》（第二版）。

（8）根据本地区综合布线工程的需要适当增加行业标准和地方标准。

2.1.2　综合布线工程的设计内容

综合布线工程施工是一个较为复杂的系统工程，要达到用户的需求目标就必须在施工前进行认真、细致的设计。设计人员可参考图 2.1 所示内容进行综合布线工程的设计工作。

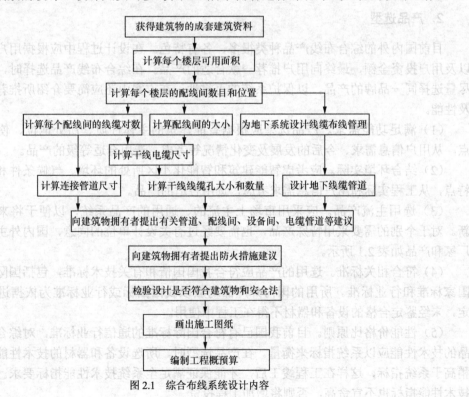

图 2.1　综合布线系统设计内容

1．用户需求分析

每一位用户在实施综合布线工程前都有一些自己的设想，但不是每一位用户都熟悉综合布线

的设计技术，因此作为工程设计人员必须与用户耐心地沟通，认真、详细地了解工程项目的实施目标、需求，并整理存档。为了更好地做好用户需求分析，建议根据以下要点进行需求分析。

（1）确定工程实施的范围

工程实施的范围主要是确定实施综合布线工程的建筑物的数量，各建筑物的各类信息点数量及分布情况。还要注意到现场查看并确定各建筑物配线间和设备间的位置，以及整个建筑群的中心机房的位置。

（2）查看现场，了解建筑物布局

工程设计人员必须到各建筑物的现场考察，详细了解每个房间信息点安装的位置，建筑物预埋的管槽分布情况，楼层内布线走向，建筑物内任何两个信息点之间的最大距离，建筑物垂直走线情况，有什么特殊要求或限制，对工程施工的材料有什么要求。

（3）确定网络的通信类型

通过与用户的沟通了解，确定本工程是否包括数据宽带网络、语音电话网络、有线电视网络、闭路视频监控网络等。

（4）确定信息点分布及数量

通过查看现场，确定有多少层楼，每层楼有多少户，每户有多少用户，每个用户需要多少个信息点，如何进行分布的，将来信息点会有多少增加等，并统计各类系统信息点的分布及数量。

2. 产品选型

目前国内外的综合布线产品种类很多，各有特色。在设计过程中应根据用户的需求情况以及用户投资金额，最终向用户推荐一款合适的产品。在综合布线产品选择时，整个系统应尽量选择同一品牌的产品，以保护系统的可靠性。在方案中还应简要介绍所推荐产品的特点及性能。

（1）满足功能需求。产品选型应根据智能建筑的主体性质、所处地位、使用功能等特点，从用户信息需求、今后的发展及变化情况等考虑，选用合适等级的产品。

（2）结合环境实际。应考虑智能建筑和智能化小区所处的环境、气候条件和客观影响等特点，从工程实际和用户信息需求考虑，选用合适的产品。

（3）选用主流产品。应采用市场上主流的、通用的产品系统，以便于将来的维护和更新。对于个别的需要采用特殊产品，也需要经过有关设计单位的同意，国内外主流综合布线厂家和产品如表 2.1 所示。

（4）符合相关标准。选用的产品应符合我国国情和有关技术标准，包括国际标准、我国国家标准和行业标准。所用的国内外产品均应以我国国标或行业标准为依据进行检测和鉴定，未经鉴定合格的设备和器材不得在工程中使用。

（5）性能价格比原则。目前我国已有符合国际标准的通信行业标准，对综合布线系统产品的技术性能应以系统指标来衡量。在产品选型时，所选设备和器材的技术性能指标一般要稍高于系统指标，这样在工程竣工后，才能保证满足全系统技术性能指标要求。选用产品的技术性能指标也不宜贪高，否则将增加工程投资。

（6）售后服务保障。根据近期信息业务和网络结构的需要，系统要预留一定的发展余地。在具体实施中，不宜完全以布线产品厂商允诺保证的产品质量期来决定是否选用，还要考虑综合布线系统的产品尚在不断完善和提高，要求产品厂家能提供升级扩展能力。

此外，一些工作原则在产品选型中应综合考虑，例如，在价格相同的技术性能指标符合标准的前提下，若已有可用的国内产品，且能提供可靠的售后服务时，应优先选用国内产品，以降低工程总体运行成本，促进民族企业产品的改进、提高及发展。

表 2.1　　　　　　　　　　　国内外主流综合布线厂家和产品介绍

序号	厂家名称	厂家商标	厂 家 简 介
1	美国康普 CommScope	COMMSCOPE	美国康普是全球最大的用于 HFC 应用宽带同轴电缆的生产商以及高性能光纤及双绞电缆的供应商。康普提出 SYSTIMAX Solutions 布线系统是结构化网联解决方案的全球领导者。国际知名的布线品牌，性能优越，价位稍高 网址：http://www.commscope.com/
2	美国西蒙 SIEMON	SIEMON	美国西蒙公司 1903 年创立于美国康州水城，著名的智能布线专业制造生产厂商，具有全系列的布线产品。具有良好的性能价格比和市场信誉口碑，有全系列的非屏蔽和屏蔽布线产品，全系列连接硬件及全系列电缆、光纤产品的知名品牌 网址：http://www.siemon.com.cn
3	美国安普 AMP	AMP NETCONNECT	美国安普公司成立于 1941 年是泰科国际有限公司的子公司。它是全球电气、电子和光纤连接器以及互连系统的首要供货商，是较早进入国内市场的国际知名品牌，市场占有率一直处于国内综合布线市场前列 网址：http://www.amp.com
4	法国耐克森 Nexans	Nexans	阿尔卡特公司创建于 1898 年，总部位于法国巴黎。耐克森公司于 2000 年由阿尔卡特电缆及部件总部的大部分机构改组而成。耐克森是全球最大的电缆生产厂商，提供最完整、最全面的电缆及部件解决方案 网址：http://www.nexans.com
5	TCL-罗格朗国际电工（惠州）有限公司	TCL legrand	TCL-罗格朗国际电工（惠州）有限公司为法国罗格朗集团旗下成员，以综合布线的开发、生产、销售及系统解决方案为基础，致力于成为信息网络领域布线产品的专业供应商 网址：http://www.tcllegrand.com.cn
6	南京普天有限公司	普天	南京普天通信股份有限公司是中国普天信息产业集团公司属下的大型通信设备生产骨干企业。南京普天是国内专门致力于综合布线产品的设计开发、生产及工程施工、技术推广的专业厂家 网址：http://www.postel-cabling.com
7	浙江兆龙线缆有限公司	ZHAOLONG 浙江兆龙	浙江兆龙线缆有限公司创建于 1993 年是一家专业生产全塑市内通信电缆和智能数据电缆极其配置系统的高新技术企业。获得 ISO9001 质量管理体系认证、国家信息产业部产品认证和美国 UL 安全认证 网址：http://www.zhaolong.com.cn
8	清华同方有限公司	清华同方 TSINGHUA TONGFANG	清华同方股份有限公司成立于 1997 年。国内知名 IT 企业，具有良好的性能价格比和市场信誉口碑，完善的售后服务体系 网址：http://www.thtfnet.com

序号	厂家名称	厂家商标	厂家简介
9	成都大唐线缆有限公司	大唐电信	成都大唐线缆有限公司是原邮电部第五研究所经过优质资产剥离后重组的股份有限公司，积累了四十多年的通信光电缆的丰富经验，为我国通信建设做出了重大贡献。获得泰尔认证、美国 UL 认证和 ISO 9001 质量体系国际认证 网址：http://www.datang.com

3. 综合布线工程设计

综合布线工程设计包括工作区子系统、配线（水平）子系统、管理子系统、干线（垂直）子系统、设备间子系统、建筑群子系统 7 个子系统的设计过程，以及根据设计方案提出设计图纸和概预算。

（1）工作区子系统要注意信息点数量及安装位置，以及模块、信息插座的选型及安装标准。

（2）配线（水平）子系统要注意线缆布设路由，线缆和管槽类型的选择，确定具体的布线方案。

（3）管理子系统要注意管理器件的选择、水平线缆和主干线缆的端接方式和安装位置。

（4）干线（垂直）子系统要注意主干线缆的选择、布线路由走向的确定、管槽铺设的方式。

（5）设备间子系统要注意确定建筑物设备间位置、设备装修标准、设备间环境要求、主干线缆的安装和管理方式。

（6）进线间是建筑物外部通信和信息管线的入口部位，并可作为入口设施和建筑群配线设备的安装场地。

（7）建筑群子系统要注意确定各建筑物之间线缆的路由走向、线缆规格选择、线缆布设方式、建筑物线缆入口位置。还要考虑线缆引入建筑物后，采取的防雷、接地和防火的保护设备及相应的技术措施。

4. 其他方面设计

综合布线工程其他方面的设计内容较多，主要有以下几个方面。

（1）交直流电源（包括计算机、传真机、网络交换机、用户电话交换机等系统的电源）的设备选用和安装方法。

（2）综合布线工程在可能遭受各种外界干扰源的影响（如各种电气装置、无线电干扰、高压电线以及强噪声环境等）时，采取的防护和接地等技术措施。

（3）综合布线工程要求采用全屏蔽技术时，应选用屏蔽线缆以及相应的屏蔽配线设备。在设计中应详细说明系统屏蔽的要求和具体实施的标准。

（4）在综合布线中，对建筑物设备间和楼层配线间进行设计时，应对其面积、门窗、内部装修、防尘、防火、电气照明、空调等方面进行明确的规定。

2.2 综合布线工程设计

根据《综合布线系统工程设计规范》（GB 50311-2007），综合布线工程包括工作区子系统、配线（水平）子系统、管理子系统、干线（垂直）子系统、设备间子系统、进线间子系统和建筑群子系统 7 个子系统。下面分别介绍这 7 个子系统的设计过程。

2.2.1 工作区子系统设计

1. 基本概念

在综合布线系统中，工作区应由水平干线（垂直配线）子系统的信息插座模块（TO）延伸到终端设备处的连接线缆及适配器组成。工作区的连接线缆把用户终端设备（如电话机、传真机、计算机等）与安置在墙上的信息插座连接在一起。工作区子系统的布线一般是非永久性的，用户可以根据工作需要随时移动或改变位置。

2. 设计要点

根据《综合布线系统工程设计规范》（GB 50311-2007）的要求，应按下列要点设计工作区子系统。

（1）工作区内线槽的敷设要合理、美观。

（2）信息插座设计在距离地面 30cm 以上。

（3）信息插座与计算机设备的距离保持在 5m 范围内。

（4）网卡接口类型要与线缆接口类型保持一致。

（5）所有工作区所需的信息模块、信息插座、面板的数量要准确。

（6）每一个工作区至少应配置一个带保护接地 220V 单相交流电源插座，保护地线与零线应严格分开。

3. 设计方法

（1）确定工作区面积

目前建筑物的功能类型较多，大体上可以分为商业、文化、媒体、体育、医院、学校、交通、住宅、通用工业等类型，因此，对工作区面积的划分应根据应用的场合做具体的分析后确定，工作区面积需求可参照表 2.2 所示内容。

表 2.2 工作区面积划分表

建筑物类型及功能	工作区面积（m²）
网管中心、呼叫中心、信息中心等终端设备较为密集的场地	3～5
办公区	5～10
会议、会展	10～60
商场、生产机房、娱乐场所	20～60
体育场馆、候机室、公共设施区	20～100
工业生产区	60～200

（2）确定信息点数量及位置

每个工作区信息点数量可按用户的性质、网络构成和需求来确定。对于用户能明确信息点数量的情况下，应根据用户需求设计。对于用户不能明确信息点数量的情况下，应根据工作区设计规范来确定，具体数量和位置可参考表 2.3 所示内容。

表2.3 工作区面积划分表

工作区类型及功能	信息点位置	信息点数量	
		数据	语音
网管中心、呼叫中心、信息中心等终端设备密集场所	工作台处墙面或者地面	1～2 个/工作台	2 个/工作台
集中办公区域的写字楼、开放式工作区等人员密集场所	工作台处墙面或者地面	1～2 个/工作台	2 个/工作台
董事长、经理、主管等独立办公室	工作台处墙面或者地面	1～2 个/间	1～2 个/间
小型会议室、商务洽谈室	主席台处地面或台面	2～4 个/间	2 个/间
大型会议室、多功能厅	主席台处地面或台面	5～10 个/间	2 个/间
>5000m² 的大型超市或者卖场	收银区和管理区	1 个/100m²	1 个/100m²
2000～3000m² 中小型卖场	收银区和管理区	1 个/30～50m²	1 个/30～50m²
餐厅、商场等服务业	收银区和管理区	1 个/50m²	1 个/50m²
宾馆标准间	床头、写字台或浴室	1 个/间	1～3 个/间
学生公寓（4 人间）	写字台处墙面	1～4 个/间	1 个/间
公寓管理室、门卫室	写字台处墙面	1 个/间	1 个/间
教学楼教室	讲台附近	1～2 个/间	1 个/间
住宅楼	书房	1 个/套	2～3 个/套

信息点的位置宜以工作台为中心进行设计，如果工作台靠墙布置时，信息点插座一般设计在工作台侧面的墙面，通过网络跳线直接与工作台上的电脑连接，设计参考如图 2.2 所示。如果工作台布置在房间的中间位置或者没有靠墙时，信息点插座一般设计在工作台下面的地面，通过网络跳线直接与工作台上的电脑连接，设计参考如图 2.3 所示。

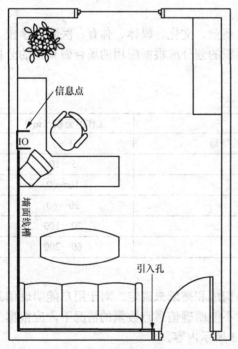

图 2.2 墙面信息点位置设计

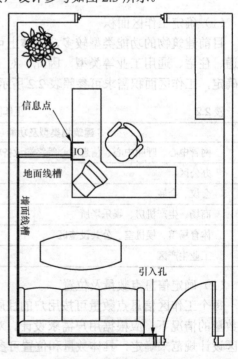

图 2.3 地面信息点位置设计

如果是集中或者开放办公区域，信息点的设计应该以每个工位的工作台和隔断为中心，将信息插座安装在地面或者隔断上，设计参考如图 2.4 所示。

如果是学校学生公寓区域，需要根据学校对生员住宿的规划，房间家具的摆放，合理地设计信息插座位置，尽量保证每个人都设计一个数据信息点，每个房间一个语音信息点，如果条件有限可以考虑多人共用信息点，设计参考如图 2.5 所示。

如果是会议室区域，在会议讲台处至少设计一个信息点，便于终端设备的连接和使用，也可以考虑在会议室四周的墙面设计适当数量信息点，方便与会人员使用，设计参考如图 2.6 所示。

（3）确定信息模块、信息插座类型和数量

在确定了工作区信息点的数量和位置后，可以确定信息插座的类型和数量。信息插座由

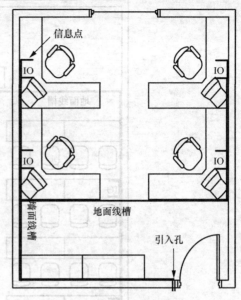

图 2.4　集中办公区信息点位置设计

面板和底盒两个部分组成，面板设置孔数由需安装的信息点数量决定，每一个面板支持安装的信息点数量可以为 1 个（单孔）、2 个（双孔）或 4 个（四孔）等，计算如公式（2.1）所示。每一个工作区信息插座模块数量不宜少于 2 个，特殊场合可以只安装 1 个，并满足各种业务的需求，计算如公式（2.2）所示，通过计算可以可以知道所需采购的实际数量。

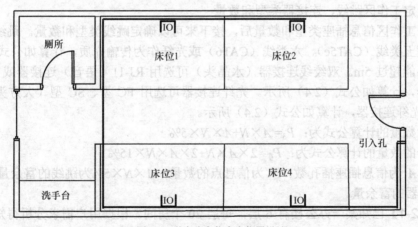

图 2.5　学生公寓信息点位置设计

面板和底座的数量的计算公式为：$P_1 = N + N \times 3\%$ $\qquad$ (2.1)

信息模块的数量的计算公式为：$P_2 = A \times N + A \times N \times 3\%$ $\qquad$ (2.2)

其中，A 为信息插座插孔数；N 为信息点的数量；$N \times 3\%$ 为信息插座的富余量；$A \times N \times 3\%$ 为信息点的富余量。

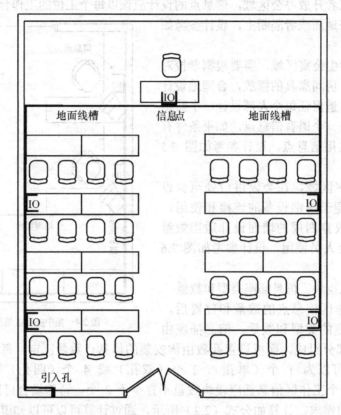

图 2.6 会议室信息点位置设计

（4）确定工作区跳线、连接器类型和数量

确定了工作区信息插座类型和数量后，接下来可以确定跳线类型和数量。跳线类型可选用非屏蔽超五类线（CAT5e）、六类线（CAT6）或光纤作为传输介质，计算如公式（2.3）所示，长度不能超过 5m。双绞线连接器（水晶头）可选用 RJ-11（语音）连接器或 RJ-45（数据）连接器，计算如公式（2.4）所示。光纤连接器可选用 FC 型、SC 型（大方头）、LC 型（小方头）光纤连接器，计算如公式（2.4）所示。

跳线的数量的计算公式为：$P_3 = A \times N + A \times N \times 5\%$ （2.3）

连接器的数量的计算公式为：$P_4 = 2 \times A \times N + 2 \times A \times N \times 15\%$ （2.4）

其中，A 为信息插座插孔数；N 为信息点的数量；$A \times N \times 5\%$ 为跳线的富余量；$A \times N \times 15\%$ 为连接器的富余量。

【例题 2-1】已知某一办公楼有 6 层，每层 20 个房间。根据用户需求分析得知，每个房间需要安装 2 个数据信息点。请计算出该办公楼综合布线工程应定购的信息插座种类和数量是多少？信息模块的种类和数量是多少？连接器的种类和数量是多少？

解答：根据题目要求得知需要设置数据信息点=$2 \times 20 \times 6 = 240$（个）

信息插座（数据）：P_1（数据）=$240 + 240 \times 3\% = 247$（个）

信息模块（RJ45 模块）：P_2（数据）=$1 \times 240 + 1 \times 240 \times 3\% = 247$（个）

连接器（RJ45 连接器）：$P_4 = 2 \times 1 \times 240 + 2 \times 1 \times 240 \times 15\% = 552$（个）

（5）工作区信息插座的安装方式和位置

工作区子系统的语音插座和信息插座使用明线安装的方式，插座底盒直接安装在墙面上；电源插座使用暗线安装的方式，暗埋方式的插座底盒嵌入墙面。安装在墙上的信息插座的底边和地板之距离为30cm。为使用方便，要求信息插座附近配备 220V 电源插座，根据设计，标准电源插座和信息插座安装间距不小于 20cm，如图 2.7 所示。

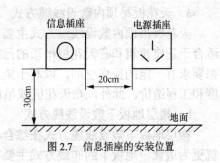

图 2.7　信息插座的安装位置

2.2.2　配线（水平）子系统设计

1. 基本概念

配线（水平）子系统是指从用户工作区的信息插座连接到管理区的楼层配线架之间的部分，一般采用星型网络拓扑结构。配线（水平）子系统的一端连接到管理子系统的楼层交接箱或楼层配线架，另一端连接到工作区子系统的信息插座上，布线线缆通常会使用非屏蔽双绞线（UTP）或者使用屏蔽双绞线（STP），也可以根据需要选择光缆。

2. 设计要点

根据《综合布线系统工程设计规范》（GB 50311-2007）的要求，应按下列要点设计配线（水平）子系统。

（1）配线（水平）子系统的设计涉及水平布线系统的网络拓扑结构、布线路由（走向）、管槽的类型和数量、线缆的类型和长度、订购管槽和线缆、线缆布放和设备的配置等内容。

（2）通常采用星型网络拓扑结构，它以楼层配线架 FD 为主结点，各工作区信息插座为分结点，二者之间采用独立的线路相互连接，形成以 FD 为中心向工作区信息插座辐射的星型网络。

（3）通常采用双绞线敷设水平布线系统，布线电缆长度不应超过 90m，在能保证链路性能情况下，水平光缆距离可适当延长。

（4）水平线缆应布设在线槽内，线缆布设数量应考虑只占用线槽截面积的 70%，以方便以后的线路扩充需求。

（5）为了方便以后的线路管理，线缆布设过程中应在线缆两端贴上标签，以标明线缆的起源和目的地。

3. 设计方法

（1）线管、线槽路由

根据建筑物结构、用途，确定水平子系统路由设计方案。新建建筑物可依据建筑施工图纸来确定水平子系统的布线路由方案。旧式建筑物应到现场了解建筑结构、装修状况、管槽路由，然后再确定合适的布线路由。档次比较高的建筑物一般都有吊顶，水平走线可在吊顶内进行。一般建筑物，水平子系统采用地板管道布线方法。

① 暗敷设布线方式

暗敷设布线方式有天花板吊顶、楼层地板、墙体内预埋管布线 3 种方式。

a．天花板吊顶内敷设线缆方式

天花板吊顶内敷设线缆方式主要有分区方式、内部布线方式、电缆槽道方式 3 种方式，适合于新建建筑和有天花板吊顶的已建建筑的综合布线工程，如图 2.8 所示。不论哪种方式都要求有一定的操作空间，以利于施工和维护，但操作空间也不宜过大，否则将增加楼层高度和工程造价。此外，在天花板或吊顶的适当地方应设置检查口，以便日后维护检修。

b．楼层地板下敷设线缆方式

楼层地板下敷设线缆方式在综合布线工程中使用较为广泛，尤其对新建和扩建的房屋建筑更为适宜。地板下的布线方式主要有地面线槽布线方式、蜂窝状地板布线方式和高架地板布线方式 3 种。

地板下槽道布线系统由一系列金属布线通道（通常用混凝土密封）和金属线槽组成。如图 2.9 所示，是一种安全的布线方法。其优点是：对电缆提供很好的机械保护，减少电气干扰，提高安全性、隐蔽性，保持地板外观完好，减少安全风险。其缺点有：费用高、结构复杂、增加地板重量。

对于建筑结构较好，楼层净空较高的建筑物，还可以采用地面线槽布线法，在原有地板表面加铺不小于 7cm 厚的垫层，将线槽铺放在垫层中，由于垫层厚度较小，不会减少太多的净空高度，对生活和工作影响不大。

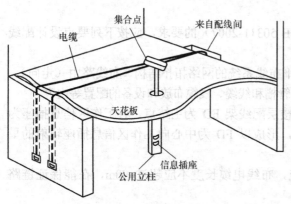

图 2.8　天花板吊顶内敷设线缆方式

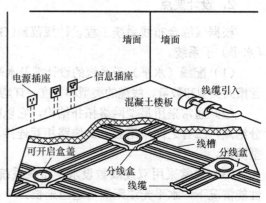

图 2.9　地面线槽布线方式

高架地板（也叫活动地板）布线系统由许多方块地板组成。这些活动地板搁置于固定在建筑物地板上的铝制或钢制锁定支架上。这种布线方法非常灵活，而且容易安装，不仅容量大，防火也方便。其缺点是：在活动地板上走动会造成共鸣效应，初期安装费用昂贵，线缆走向控制不方便，房间高度降低等。高架地板布线方式如图 2.10 所示。

蜂窝状地板布线系统由一系列提供线缆穿越用的通道组成，如图 2.11 所示。一般用于电力电缆和通信电缆交替使用的场合，具有灵活的布局。根据地板结构，布线槽可以由钢材或混凝土制成。横梁式导管用

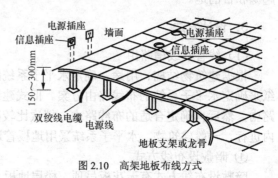

图 2.10　高架地板布线方式

作主线槽。该布线法具有地板下槽道布线法的优点，且容量更大些；其缺点也同地板下槽道布线法。

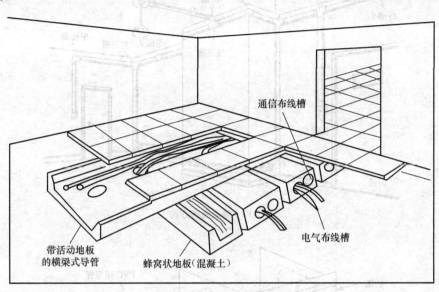

图 2.11 蜂窝状地板布线图

c. 墙体内预埋管敷设线缆方式

建筑物土建设计时，已考虑综合布线管线设计，水平布线路由从配线间经吊顶或地板下进入各房间后，采用在墙体内预埋暗管的方式，将线缆布放至信息插座。

如图 2.12 所示，由电信间出来的线缆先走吊顶内的线槽，到各房间后，经分支线槽从横梁式电缆管道分叉后将电缆穿过一段支管引向墙柱或墙壁，预埋暗管沿墙而下到本层的信息出口，或沿墙而上引到上一层墙上的暗装信息出口，最后端接在用户的信息插座上。

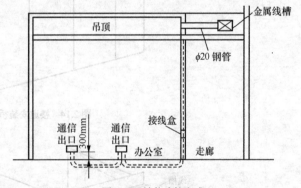

图 2.12 墙体暗管方式

② 明敷设布线方式

明敷设布线方式主要用于既没有天花板吊顶又没有预埋管槽的建筑物，通常采用走廊槽式桥架和墙面线槽相结合的方式来设计布线路由，如图 2.13 所示。

通常水平布线路由从楼层配线架 FD 开始，经走廊线槽、线管或桥架连接到每个房间，再经墙面线槽将线缆布放至信息插座。当布放的线缆较少时，从配线（水平）间到工作区信息插座布线时也可全部采用金属桥架方式或墙面线槽方式。楼道采取金属桥架时，桥架应该紧靠墙面，高度低于墙面暗埋管口，直接将墙面出来的线缆引入桥架，如图 2.14 所示。

楼道采取明装线槽时，每个暗埋管在楼道的出口高度必须相同，这样暗管与明装线槽直接连接，布线方便和美观，如图 2.15 所示。

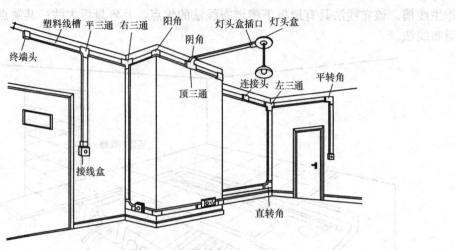

图 2.13　墙面线槽方式

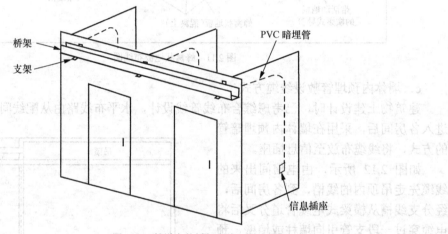

图 2.14　楼道安装桥架布线

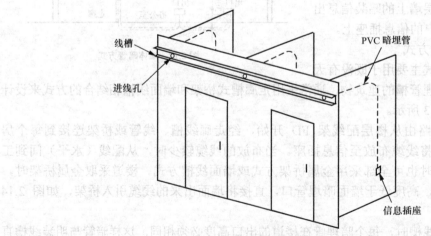

图 2.15　楼道明装线槽布线

③ 其他布线方式

a. 护壁板电缆槽道布线方法

在旧或翻新的建筑物墙面上，常采用护壁板电缆槽道布线法。护壁板电缆槽道布线方法是由沿建筑物墙壁表面敷设的 PVC 线槽及其配套连接件组成，如图 2.16 所示。这种布线结构有利于布放电缆，通常用于墙上装有较多信息插座的小楼层区。电缆槽道的前面盖板是活动的，可以移走。插座可以安装在沿槽道的任何位置上。如果电力电缆和通信电缆同槽敷设，电力电缆和通信电缆需用接地的金属隔板隔开。

b. 地板导管布线方法

在旧或翻新的建筑物地板上，常采用地板导管布线法。地板导管布线系统如图 2.17 所示，将金属或 PVC 导管沿地板表面敷设。电缆被装在导管内，导管又固定在地板上，而盖板紧固在导管基座上。地板导管布线法具有快速和容易安装的优点，适用于通行量不大的区域（如办公室）。

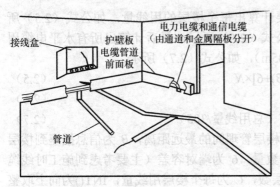

图 2.16　护壁板电缆槽道布线方法　　　　图 2.17　地板导管布线方法

（2）线缆类型和数量

配线（水平）子系统的线缆要依据建筑物信息的类型、容量、带宽或传输速率来确定。双绞线电缆是水平布线的首选。但当传输带宽要求较高，管理间到工作区超过 90m 时就会选择光纤作为传输介质。

① 线缆的类型

对于屏蔽要求较高的场合，可选择 4 对屏蔽双绞线（STP）；对于屏蔽要求不高的场合应尽量选择 4 对非屏蔽双绞线（UTP）。对于有线电视系统，应选择 75Ω 的同轴电缆。对于要求传输速度高或保密性高的场合，应选择 8.3/125μm 单模光纤、50/125μm（欧洲）多模光纤、62.5/125μm（美国）多模光纤作为布线线缆。

【例题 2-2】已知某建筑物的其中一个楼层采用光纤到桌面的布线方案，该楼层共有 40 个光纤点，每个光纤信息点均布设一根室内 2 芯多模光纤至建筑物的设备间，请问设备间的机柜内应选用何种规格的光纤配线架?数量多少? 需要订购多少个光纤耦合器？

解：根据题目得知共有 40 个光纤信息点，由于每个光纤信息点需要连接一根双芯光纤，因此设备间配备的光纤配线架应提供不少于 80 个接口，考虑网络以后的扩展，可以选用 3 个 24 口的光纤配线架和 1 个 12 口的光纤配线架。光纤配线架配备的耦合器数量与需要连接的光纤芯数相等，即为 80 个。

② 线缆（电缆）的长度

按照 GB 50311-2007 国家标准的规定，对于缆线的长度做了统一规定，配线（水平）子系统各缆线长度应符合图 2.18 的划分要求。

图 2.18　配线（水平）子系统缆线划分

配线（水平）子系统信道的最大长度不应大于 100m。其中水平缆线长度不大于 90m，一端工作区设备连接跳线不大于 5 m，另一端设备间（电信间）的跳线不大于 5 m，如果两端的跳线之和大于 10m 时，水平缆线长度（90m）应适当减少，保证配线子系统信道最大长度不应大于 100m。

计算整座楼宇的水平布线用线量，首先要计算出每个楼层的用线量，如公式（2.5）所示；然后对各楼层用线量进行汇总即可，如公式（2.6）所示；最后计算出所有水平电缆用线总量后，应换算为箱数（一箱线缆长度为305m），如公式（2.7）所示。

每个楼层用线量的计算公式：$C=[0.55(A+B)+6] \times N$　　　　　　　　（2.5）

整座楼的用线量的计算公式：$S= \Sigma MC$　　　　　　　　　　　　　　（2.6）

订购电缆箱数的公式：订购电缆箱数=INT（总用线量/305）　　　　　（2.7）

其中，C 为每个楼层用线量，A 为信息插座到楼层管理间的最远距离，B 为信息插座到楼层管理间的最近距离，N 为每层楼的信息插座的数量，6 为端对容差（主要考虑到施工时线缆的损耗、线缆布设长度误差等因素），M 为楼层数，C 为每个楼层用线量，INT()为向上取整函数。

【例题 2-3】已知某学生宿舍楼有 7 层，每层有 12 个房间，要求每个房间安装 2 个计算机网络接口，以实现 100MB 接入校园网络。为了方便计算机网络管理，每层楼中间的楼梯间设置一个配线间，各房间信息插座连接的水平线缆均连接至楼层管理间内。根据现场测量知道每个楼层最远的信息点到配线间的距离为 70m，每个楼层最近的信息点到配线间的距离为 10m。该幢楼应选用的水平布线线缆的类型是什么？用线量是多少？应订购多少箱电缆？

解：由题目可知每层楼的布线结构相同，因此只需计算出一层楼的水平布线线缆数量即可以计算机整栋楼的用线量。

要实现 100Mbit/s 传输率，楼内的布线应采用超五类4 对非屏蔽双绞线。

楼层信息点数 $N=12 \times 2=24$

一个楼层用线量 $C=[0.55(70+10)+6] \times 24=1200$（m）

整栋楼的用线量 $S=7 \times 1200=8400$

订购电缆箱数 $M=INT(8400/305)=28$（箱）

（3）线管槽类型和数量

在配线（水平）布线中，缆线必须安装在线槽或者线管内。在建筑物墙或者地面内暗设布线时，一般选择线管，不允许使用线槽。在建筑物墙明装布线时，一般选择线槽，也可以使用线管。缆线布放在线管与线槽内的管径与截面利用率，应根据不同类型的缆线做不同的选择。一般线槽内布放线缆的最大条数可按照表 2.4 选择，线管内布放线缆的最大条数可按照表 2.5 选择。

表2.4　　　　　　　　　　线槽规格型号与容纳双绞线最多条数表

线槽/桥架类型	线槽/桥架规格（mm）	容纳双绞线最多条数	截面利用率
PVC	20 × 12	2	30%
PVC	25 × 12.5	4	30%
PVC	30 × 16	7	30%
PVC	39 × 19	12	30%
金属、PVC	50 × 25	18	30%
金属、PVC	60 × 30	23	30%
金属、PVC	75 × 50	40	30%
金属、PVC	80 × 50	50	30%
金属、PVC	100 × 50	60	30%
金属、PVC	100 × 80	80	30%
金属、PVC	150 × 75	100	30%
金属、PVC	200 × 100	150	30%

表2.5　　　　　　　　　　线管规格型号与容纳双绞线最多条数表

线管类型	线管规格（mm）	容纳双绞线最多条数	截面利用率
PVC、金属	16	2	30%
PVC	20	3	30%
PVC、金属	25	5	30%
PVC、金属	32	7	30%
PVC	40	11	30%
PVC、金属	50	15	30%
PVC、金属	63	23	30%
PVC	80	30	30%
PVC	100	40	30%

以上方法的管槽按要求留有较多的余量空间，在实际工程中可根据具体情况也可适当多容纳一些线缆。线管内穿放大对数电缆或 4 芯以上光缆时，直线管路的管径利用率应为 50%～60%，弯管路的管径利用率应为 40%～50%。管内穿放 4 对对绞电缆或 4 芯光缆时，截面利用率应为 25%～35%。布放缆线在线槽内的截面利用率应为 30%～50%。

（4）线缆弯曲半径要求

在配线（水平）布线中如果不能满足最低弯曲半径要求，电缆的缠绕节距会发生变化，直接影响电缆的传输性能；光缆会产生较大的弯曲损耗，直接影响光缆的传输性能，严重时可能会造成线缆永久损坏。缆线的弯曲半径应符合如表 2.6 所示的规定。

表 2.6　　　　　　　　　　　管线敷设允许的弯曲半径

缆 线 类 型	弯曲半径（mm）
4 对非屏蔽电缆	不小于电缆外径的 4 倍
4 对屏蔽电缆	不小于电缆外径的 8 倍
大对数主干电缆	不小于电缆外径的 10 倍
2 芯或 4 芯室内光缆	>25
其他芯数和主干室内光缆	不小于光缆外径的 10 倍
室外光缆、电缆	不小于缆线外径的 20 倍

其他芯数的水平光缆、主干光缆和室外光缆的弯曲半径应至少为光缆外径的 10 倍。

（5）线缆与电力电缆的间距

在配线（水平）子系统中，经常出现综合布线电缆与电力电缆平行布线的情况，为了减少电力电缆电磁场对网络系统的影响，综合布线电缆与电力电缆接近布线时，必须保持一定的距离。根据 GB50311-2007 国家标准规定的间距应符合表 2.7 的规定。

表 2.7　　　　　　　　　　综合布线电缆与电力电缆的间距

干扰源类别	线缆与干扰源接近的情况	间距（mm）
小于 2kVA 的 380V 电力线缆	与电缆平行敷设	130
	其中一方安装在已接地的金属线槽或管道	70
	双方均安装在已接地的金属线槽或管道 ①	10 ①
2kVA 到 5kVA 的 380V 电力线缆	与电缆平行敷设	300
	其中一方安装在已接地的金属线槽或管道	150
	双方均安装在已接地的金属线槽或管道 ②	80
大于 5kVA 的 380V 电力线缆	与电缆平行敷设	600
	其中一方安装在已接地的金属线槽或管道	300
	双方均安装在已接地的金属线槽或管道 ②	150
荧光灯等带电感设备	接近电缆线	150～300
配电箱	接近配电箱	1000
电梯、变压器	远离布设	2000

① 当 380V 电力电缆<2kVA，双方都在接地的线槽中，且平行长度≤10m 时，最小间距可为 10mm。

② 双方都在接地的线槽中，是指两个不同的线槽，也可在同一线槽中用金属板隔开。

（6）线缆与电器设备的间距

综合布线电缆与附近可能产生高电平电磁干扰的电动机、电力变压器、射频应用设备等电器设备之间应保持必要的间距，为了减少电器设备电磁场对网络系统的影响，综合布线电缆与这些设备布线时，必须保持一定的距离。根据 GB50311-2007 国家标准规定的综合布线系统缆线与配电箱、变电室、电梯机房、空调机房之间的最小净距宜符合表 2.8 的规定。

表2.8 综合布线缆线与电气设备的最小净距

名　　称	最小净距（m）	名　　称	最小净距（m）
配电箱	1	电梯机房	2
变电室	2	空调机房	2

（7）线缆与其他管线的间距

在墙上敷设配线（水平）布线缆线及管道时与其他管线的间距应符合表2.9的规定。

表2.9 综合布线缆线及管线与其他管线的间距

按近的管线类型	与管线水平布设时的最小间距（mm）	与管线交叉布设时的最小间距（mm）
保护地线	50	20
市话管道边线	75	25
给排水管	150	20
煤气管	300	20
避雷引下线	1000	300
天然气管道	10000	500
热力管道	1000	500

根据上表数据可以看出，在选择光缆布设路由时，尽量远离干扰源，确实无法避免的最好采取与管线交叉的布设方式，这样可以减少干扰。

2.2.3　管理间（电信间、配线间）子系统设计

1．基本概念

管理间子系统是指用来连接水平、垂直和设备间子系统的连接部分，包括了楼层配线间、二级交接间、建筑物设备间的线缆，配线架及相关接插跳线等。通过综合布线系统的管理间子系统，可以直接管理整个应用系统终端设备，从而实现综合布线的灵活性、开放性和扩展性。

2．设计要点

根据《综合布线系统工程设计规范》（GB 50311-2007）的要求，应按下列要点设计管理间子系统。

（1）一般每个楼层都需要设置一个管理间，有一些楼层信息点数量较少可以几个楼层共用一个管理间。

（2）管理间主要为楼层安装配线设备，可采用机柜、机架、机箱等安装方式，并可考虑在该场地设置缆线竖井等电位接地体、电源插座、UPS 配电箱等设施。在场地面积满足的情况下，也可设置建筑物安防、消防、建筑设备监控系统、无线信号等系统的布缆线槽和功能模块的安装。

（3）管理间房间面积的大小一般根据信息点的多少安排和确定，如果信息点多，就应该考虑一个单独的房间来放置，如果信息点很少时，也可采取在墙面安装机柜的方式。

（4）管理间主要设备包括配线架、交换机、路由器、集线器、跳线、机柜和电源等。可

以根据用户需要更改、增加、交接、扩展缆线，从而改变缆线路由。

（5）综合布线系统的每条电缆、光缆、配线设备、端接点、安装通道和安装空间均应给定唯一的标志，标志中可包括名称、颜色、编号、字符串或其他组合。

3．设计方法

（1）位置选择

管理间（楼层配线间）是提供水平（配线）线缆和垂直（主干）线缆相连的场所。管理间（楼层配线间）最理想的位置是位于楼层平面的中心，这样更容易保证所有的水平线缆不超过规定的最大长度 90m，如图 2.19 所示。在学生宿舍、办公室、大型卖场等楼层信息点较为密集建物物中每层都要设置一个管理间，并留有弱电竖井，便于线缆布放、设备安装以及设备管理等。在住宅楼、单身公寓等楼层信息点较少的建筑物中可以考虑多楼层共用一个管理间，提高设备使用率。

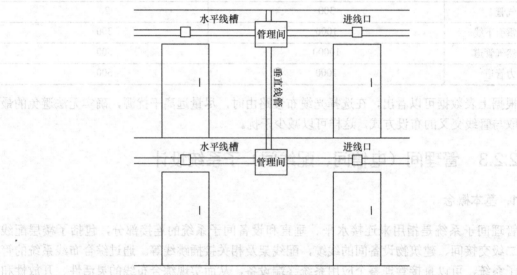

图 2.19　管理间位置选择

如果使用光纤作为传输介质可以不考虑 90m 问题。如果楼层平面面积较大，水平线缆的长度超出最大限值（90m），就应该考虑设置两个或更多个管理间（楼层配线间），相应的干线子系统应采用双通道或多通道。

（2）连接器件的选择

管理子系统的管理器件根据综合布线所用介质类型分为两大类管理器件，即铜缆管理器件和光纤管理器件。这些管理器件用于配线间和设备间的线缆端接，以构成一个完整的综合布线系统，通过他们还可以实现灵活的线路管理功能。

① 铜缆管理器件

铜缆管理器件主要有配线架、机柜及线缆相关管理附件。配线架主要有 110 系列配线架和模块化配线架两类。110 系列配线架可用于电话语音系统和计算机网络系统，模块化配线架主要用于计算机网络系统，它根据传输性能的要求分为 5 类、超 5 类、6 类模块化配线架。

110 系列配线架又分为 110A 和 110P 两种类型。110A 配线架采用夹跳接线连接方式，可以垂直叠放，便于扩展，比较适合于线路调整较少、线路管理规模较大的综合布线场合。110P 配线架采用接插软线连接方式，管理比较简单但不能垂直叠放，较适合于线路管理规模较小的场合。

② 光纤管理器件

光纤管理器件根据光缆布线场合要求分为两类，即光纤配线架和光纤接线箱。光纤配线架适合于规模较小的光纤互连场合，而光纤接线箱适合于光纤互连较密集的场合。光纤配线架又分为机架式光纤配线架和墙装式光纤配线架两种，机架式光纤配线架宽度为 19 英寸，可直接安装于标准的机柜内，墙装式光纤配线架体积较小，适合于安装在楼道内。

【例题 2-4】已知某一建筑物的某一个楼层有计算机网络信息点 100 个，语音点 200 个，请计算出楼层配线间所需要使用 110 配线架的型号及数量。

解：根据题目得知总信息点为 150 个。

总的水平线缆总线对数=200×1+100×4=600（对）

管理间需要安装 2 个 300 对的 110 配线架。

【例题 2-5】已知某幢建筑物的计算机网络信息点数为 200 个且全部汇接到设备间，那么在设备间中应安装何种规格的 IBDN 模块化数据配线架？数量多少？

解：根据题目已知汇接到设备间的总信息点为 200 个，因此设备间的模块化数据配线架应提供不少于 200 个 RJ45 接口。如果选用 24 口的模块化数据配线架，则设备间需要的配线架个数应为 200/24=8.3，向上取整应为 9 个。

【例题 2-6】已知某校园网分为 3 个片区，各片区机房需要布设一根 24 芯的单模光纤至网络中心机房，以构成校园网的光纤骨干网络。网管中心机房为管理好这些光缆应配备何种规格的光纤配线架？数量多少？光纤耦合器多少个？需要订购多少根光纤跳线？

解：根据题目得知各片区的 3 根光纤合在一起总共有 72 根纤芯，因此网管中心的光纤配线架应提供不少于 72 个接口。由以上接口数可知网管中心应配备 24 口的光纤配线架 3 个。光纤配线架配备的耦合器数量与需要连接的光纤芯数相等，即为 72 个。光纤跳线用于连接光纤配线架耦合器与交换机光纤接口，因此光纤跳线数量与耦合器数量相等，即为 72 个。

（3）交接方案

管理间子系统的交接方案有单点管理和双点管理两种。交接方案的选择与综合布线系统规模有直接关系，一般来说单点管理交接方案应用于综合布线系统规模较小的场合，而双点管理交接方案应用于综合布线系统规模较大的场合。

① 单点管理交接方案

单点管理属于集中管理型，通常线路只在设备间进行跳线管理，其余地方不再进行跳线管理，线缆从设备间的线路管理区引出，直接连到工作区，或直接连至第二个接线交接区，如图 2.20 所示。

如图 2.21 所示，单点管理交接方案中管理器件放置于设备间内，由它来直接调度控制线路，实现对终端用户设备的变更调控。单点管理又可分为单点管理单交接和单点管理双交接两种方式。单点管理双交接方式中，第二个交接区可以放在楼层配线间或放在用户指定的墙壁上，如图 2.21 所示。

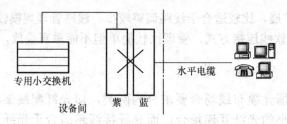

图 2.20　单点管理单交接方案

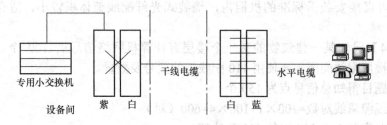

图 2.21　单点管理双交接方案

② 双点管理交接方案

双点管理属于集中、分散管理型，除在设备间设置一个线路管理点外，在楼层配线间或二级交接间内还设置第二个线路管理点，如图 2.22 所示。这种交接方案比单点管理交接方案提供了更加灵活的线路管理功能，可以方便地对终端用户设备的变动进行线路调整。

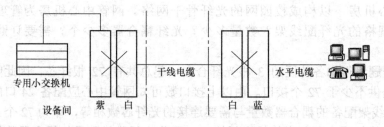

图 2.22　双点管理双交接方案

一般在管理规模比较大，而且复杂又有二级交接间的场合，采用双点管理双交接方案。如果建筑物的综合布线规模比较大，而且结构也较复杂，还可以采用双点管理 3 交接，甚至采用双点管理 4 交接方式。综合布线中使用的电缆，一般不能超过 4 次连接。

4．标识管理

在综合布线标准专门对布线标识系统作了规定和建议，为综合布线工程提供一套统一的管理方案。

（1）标识信息

综合布线使用了电缆标识、场标识和插入标识 3 种标识。完整的标识应提供建筑物的名称、位置、区号和起始点的信息内容。

① 电缆标识

电缆标识主要用来标明电缆的来源和去处，在电缆连接设备前电缆的起始端和终端都应做好电缆标记，如图 2.23（a）所示。电缆标记由背面为不干胶的白色材料制成，可以直接贴到各种电缆表面上．其规格尺寸和形状根据需要而定，配线间安装和做标识之前利用这些电缆标识来辨别电缆的源发地和目的地。

（a）电缆标识

（b）场标识

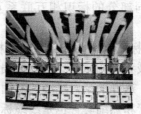
（c）插入标识

图 2.23　综合布线信息标识

② 场标识

场标识又称为区域标识，一般用于设备间、配线间和二级交接间的管理器件之上，以区别管理器件连接线缆的区域范围。它也是由背面为不干胶的材料制成，可贴在设备醒目的平整表面上，如图 2.23（b）所示。

③ 插入标识

插入标识一般用于管理器件上，如 110 配线架、数据配线架和光纤配线架等，如图 2.22（c）所示。插入标识是硬纸片，可以插在透明塑料夹里，每个插入标识都用色标来指明所连接电缆的源发地，这些电缆端接于设备间和配线间的管理场。对于插入标识的色标，综合布线系统有较为统一的规定，如表 2.10 所示。

表 2.10　　　　　　　　　　　　　　综合布线色标规定

色别	设 备 间	配 线 间	二级交接间
蓝	设备间至工作区或用户终端线路	连接配线间与工作区的线路	自交换间连接工作区线路
橙	网络接口、多路复用器引来的线路	来自配线间多路复用器的输出线路	来自配线间多路复用器的输出线路
绿	来自电信局的输入中继线或网络接口的设备侧	无	无
黄	交换机的用户引出线或辅助装置的连接线路	无	无
灰		至二级交接间的连接电缆	来自配线间的连接电缆端接
紫	来自系统公用设备（如程控交换机或网络设备）连接线路	来自系统公用设备（如程控交换机或网络设备）连接线路	来自系统公用设备（如程控交换机或网络设备）连接线路
白	干线电缆和建筑群间连接电缆	来自设备间干线电缆的端接点	来自设备间干线电缆的点到点端接

通过不同色标可以很好地区别各个区域的电缆，方便管理子系统的线路管理工作。图 2.23 是典型的配线间色标应用方案，可以清楚地了解配线间各区域线缆插入标识的色标应用情况。

（2）标识管理要求

① 标识管理方案。应该由施工方和用户方的管理人员共同确定标识管理方案的制定原

则，所有的标识方案均应规定各种识别步骤，以便查清交连场的各种线路和设备端接点，为了有效地进行线路管理，方案必须作为技术文件存档。

② 需要标识的物理件有线缆、通道（线槽/管）、空间（设备间）、端接件和接地 5 个部分。不同部分的标识相互联系互为补充，而每种标识要求清晰、醒目，让人一眼就能注意到。

③ 标识材料要求。线缆的标识，尤其是跳线的标识要求使用带有透明保护膜（带白色打印区域和透明尾部）的耐磨损、抗拉的标签材料，像乙烯基这种适合于包裹和伸展性的材料最好。这样的话，线缆的弯曲变形以及经常的磨损才不会使标签脱落和字迹模糊不清。另外，套管和热缩套管也是线缆标签的很好选择。面板和配线架的标签要使用连续的标签，材料以聚酯的为好，可以满足外露的要求。由于各厂家的配线架规格不同，所留标识的宽度也不同，所以选择标签时，宽度和高度都要多加注意。

④ 标识编码。越是简单易识别的标识越易被用户接受，因此标识编码要简单明了，符合日常的命名习惯。比如信息点的编码可以按：信息点类别+楼栋号+楼层号+房间号+信息点位置号来编码。

⑤ 标识变更记录。随时做好移动或重组的各种记录。

2.2.4 干线（垂直）子系统设计

1．基本概念

干线（垂直）子系统是指连接各楼层管理间子系统和设备间子系统的线缆部分。干线（垂直）子系统通常采用大对数电缆或室内光缆，安装在建筑物的弱电竖井内，两端分别连接到设备间配线架和楼层管理间配线架上，是建筑物内不可缺少的通信通道。

2．设计要点

根据《综合布线系统工程设计规范》（GB 50311-2007）的要求，应按下列要点设计干线（垂直）子系统。

（1）干线（垂直）线缆的布线走向应选择最短、最安全和最经济的路由。路由的选择要根据建筑物的结构以及建筑物内预留的电缆孔、电缆井等通道位置而决定。

（2）为了便于综合布线的路由管理，干线电缆、光缆布线的交接不应多于两次。

（3）干线（垂直）线缆主要有铜缆和光缆两种类型，具体选择要根据布线环境的限制和用户对综合布线系统设计等级的考虑来确定。

（4）干线（垂直）子系统的结构多采用星型或是树型拓扑结构。

3．设计方法

干线子系统的布线方式有垂直型的，也有水平型的，这主要根据建筑的结构而定。大多数建筑物都是垂直向高空发展的，因此很多情况下会采用垂直型的布线方式。但是也有很多建筑物是横向发展，如飞机场候机厅、工厂仓库等建筑，这时也会采用水平型的主干布线方式。因此干线缆的布线路由既可能是垂直型的，也可能是水平型的，或是两者的综合。

（1）干线（垂直）子系统的路由选择（路径选择）

干线（垂直）子系统主干缆线应选择最短、最安全和最经济的路由。路由的选择要根据建筑物的结构以及建筑物内预留的电缆孔、电缆井等通道位置而决定。如果同一幢大楼的配线间上下不对齐，则可采用大小合适的电缆管道系统将其连通，如图 2.24 所示。

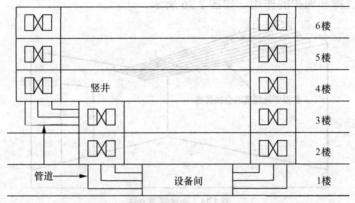

图 2.24　干线（垂直）子系统路由选择

目前垂直型的干线布线路由主要采用电缆孔和电缆井两种方法，如图 2.25 所示。对于单层平面建筑物水平型的干线布线路由主要用金属管道和电缆托架两种方法，如图 2.26 所示。

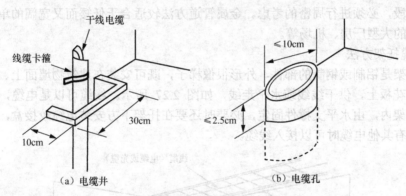

图 2.25　穿过地板的电缆井和电缆孔

① 电缆孔方法

干线（垂直）通道中所用的电缆孔是很短的管道，通常是用一根或数根直径为 10cm 金属管组成。它们嵌在混凝土地板中，这是浇注混凝土地板时嵌入的，比地板表面高出 2.5cm。也可直接在地板中预留一个大小适当的孔洞。电缆往往捆在钢绳上，而钢绳固定在墙上已铆好的金属条上。当楼层配线间上下都对齐时，一般可采用电缆孔方法，如图 2.25（b）所示。

② 电缆井方法

电缆井是指在每层楼板上开出一些方孔，一般长为 30cm，宽为 10cm，并有 2.5cm 高的井栏，具体大小要根据所布线的干线电缆数量而定，如图 2.25（a）所示。与电缆孔方法一样，电缆也是捆扎或箍在支撑用的钢绳上，钢绳靠墙上的金属条或地板三角架固定。离电缆井很近的墙上的立式金属架可以支撑很多电缆。电缆井比电缆孔更为灵活，可以让各种粗细不一的电缆以任何方式布设通过。但在建筑物内开电缆井造价较高，而且不使用的电缆井很难防火。

③ 金属管道方法

金属管道方法是指在水平方向架设金属管道，水平线缆穿过这些金属管道，让金属管道对干线电缆起到支撑和保护的作用，如图 2.26 所示。

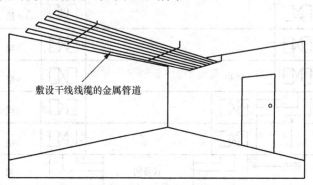

敷设干线线缆的金属管道

图 2.26　金属管道方法

对于相邻楼层的干线配线间存在水平方向的偏距时，就可以在水平方向布设金属管道，将干线电缆引入下一楼层的配线间。金属管道不仅具有防火的优点，而且它提供的密封和坚固空间使电缆可以安全地延伸到目的地。但是金属管道很难重新布置且造价较高，因此在建筑物设计阶段，必须进行周密的考虑。金属管道方法较适合于低矮而又宽阔的单层平面建筑物，如企业的大型厂房、机场等。

④ 线缆托架方法

线缆托架是铝制或钢制的部件，外形很像梯子，既可安装在建筑物墙面上、吊顶内，也可安装在天花板上，供干线线缆水平走线，如图 2.27 所示。线缆可以是电缆，也可以是光缆布放在托架内，由水平支撑件固定，必要时还要在托架下方安装电缆绞接盒，以保证在托架上方已装有其他电缆时可以接入线缆。

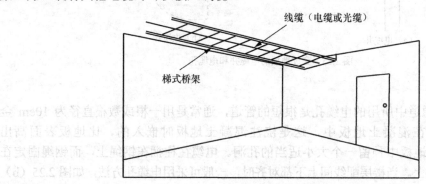

线缆（电缆或光缆）

梯式桥架

图 2.27　线缆托架方法

线缆托架方法最适合线缆数量很多的布线需求场合。要根据安装的线缆粗细和数量决定托架的尺寸。由于托架及附件的价格较高，而且电缆外露，很难防火，不美观，所以在综合布线系统中，一般推荐使用封闭式线槽来替代电缆托架。吊装式封闭式线槽如图 2.28 所示，主要应用于楼间距离较短且要求采用架空的方式布放干线线缆的场合。

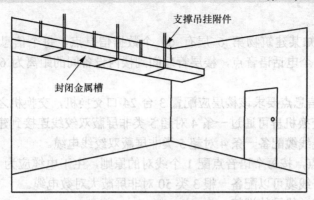

图 2.28　吊装式封闭式线槽

（2）干线（垂直）线缆类型的选择及距离、容量估算

根据建筑物的结构特点以及应用系统的类型，决定选用干线线缆的类型。针对电话语音传输一般采用 3 类大对数对绞电缆（25 对、50 对、100 对等规格）；针对数据和图像传输采用五类以上五类、超五类、六类大对数对绞电缆（UTP 或 STP）、8.3/125μm 单模光纤、50/125μm（欧洲）多模光纤、62.5/125μm（美国）多模光纤；针对有线电视信号的传输采用 75Ω 同轴电缆。

无论是电缆还是光缆，综合布线干线子系统都受到最大布线距离的限制，如图 2.29 和表 2.11 所示。通常将设备间的主配线架放在建筑物的中部附近使线缆的距离最短。当超出上述距离限制，可以分成几个区域布线，使每个区域满足规定的距离要求。

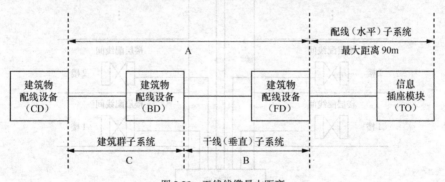

图 2.29　干线线缆最大距离

表 2.11　干线线缆最大距离

线 缆 类 型	最大传输距离（m）		
	A	B	C
100Ω 双绞线	800	300	500
50/125μm 多模光纤	2000	300	1700
62.5/125μm 多模光纤	2000	300	1700
8.3/125μm 单模光纤	3000	300	2700

在确定干线线缆类型后，便可以进一步确定每个层楼的干线容量。一般而言，在确定每层楼的干线类型和数量时，都要根据楼层水平子系统所有的各个语音、数据、图像等信息插

座的数量来进行计算。

【例题 2-7】已知某建筑物第 6 层有 60 个数据信息点，每个信息点要求接入速率为 100Mbit/s，另有 50 个电话语音点，楼层管理间到楼内设备间的距离为 60m，估算干线电缆类型及线缆对数。

解：60 个数据信息点要求该楼层应配置 3 台 24 口交换机，交换机之间可通过堆叠或级联方式连接，最后交换机群可通过一条 4 对超 5 类非屏蔽双绞线连接到建筑物的设备间。因此计算机网络的干线线缆配备一条 4 对超 5 类非屏蔽双绞线电缆。

50 个电话语音点，按每个语音点配 1 个线对的原则，主干电缆应为 50 对。根据语音信号传输的要求，主干线缆可以配备一根 3 类 50 对非屏蔽大对数电缆。

（3）干线（垂直）线缆的端接

主干（垂直）线路的连接方式目前主要采用点对点端连接方式和分支连接方式两种。这两种端接方法可以根据干线网络拓扑结构和设备配置情况，可以单独使用也可以混合使用。

① 点对点端接方式

点对点端接方式使用一根线缆分别为每一个楼层用户提供服务，每个楼层和设备间直接连接不经过其他设备，其双绞线对数或光纤芯数应能满足该层的全部用户信息点的需求，如图 2.30 所示。

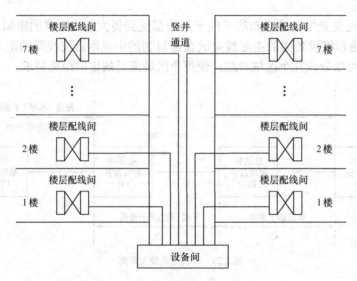

图 2.30　干线电缆点至点端接方式

点对点端接方法的主要优点是可以在干线中采用较小、较轻、较灵活的线缆，不必使用昂贵的绞接盒。缺点是穿过设备间附近楼层的线缆数目较多，工程造价较高，占用通道空间比较大。

② 分支接合方式

此种连接方式采用一根大容量线缆，通过交接盒分成若干根容量较小的线缆，并分别连接到各个楼层。在该楼层的交接间里设计一个交接盒，然后用它把主干线缆与粗细合适的各根小线缆连接起来后再分别连往上两层楼和下两层楼，如图 2.31 所示。

分支接合方法的优点是干线中的主干线缆总数较少，可以节省一些空间。缺点是线缆过于集中，如线缆发生故障，波及范围比较大，比较难以定位故障。

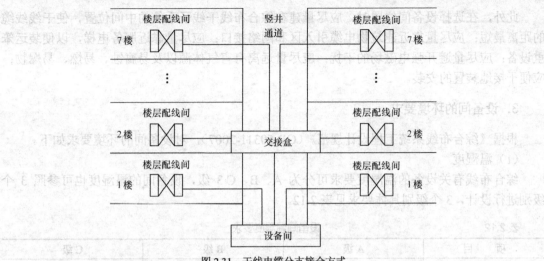

图 2.31　干线电缆分支接合方式

2.2.5　设备间子系统设计

1．基本概念

设备间子系统是综合布线系统的管理中枢，是综合布线系统最主要的节点，整个建筑的各种信号都经过各种通信线缆汇集到设备间。设备间一般设置在建筑物的中心位置，它由进入设备间的各种线缆、连接器和有关的支撑硬件设备组成。

2．设备间的位置和面积设计

设计人员应与用户方一起商量，根据用户方要求及现场情况具体确定设备间的最终位置。一般而言，设备间应尽量建在建筑平面及其综合布线干线综合体的中间位置。在高层建筑物内设备间宜设置在第二、三层。设备间的使用面积要考虑所有设备的安装面积，还要考虑预留工作人员管理操作设备的空间，其面积最低不应小于 $10m^2$，设计参考如图 2.32 所示。

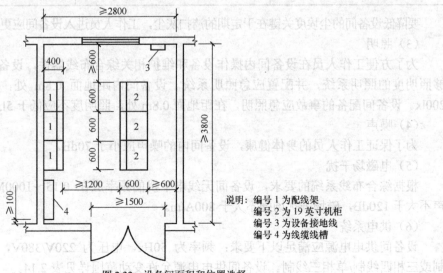

说明：编号 1 为配线架
　　　编号 2 为 19 英寸机柜
　　　编号 3 为设备接地线
　　　编号 4 为线缆线槽

图 2.32　设备间面积和位置选择

此外，在选择设备间位置时，应尽量建在综合布线干线子系统的中间位置，使干线线缆的距离最短；应尽量靠近建筑物电缆引入区和网络接口；应尽量靠近服务电梯，以便装运笨重设备；应尽量避开强电磁场的干扰；应尽量远离有害气体源以及易腐蚀、易燃、易爆物；应便于接地装置的安装。

3. 设备间的环境要求

根据《综合布线系统工程设计规范》（GB 50311-2007），对设备间的环境要求如下。

（1）温湿度

综合布线有关设备的温湿度要求可分为 A、B、C 3 级，设备间的温湿度也可参照 3 个级别进行设计，3 个级别具体要求见表 2.12。

表 2.12　　　　　　　　　　　　设备间温湿度要求

项　　目	A 级	B 级	C 级
温度（0℃）	夏季：22±4 冬季：18±4	12～30	8～35
相对湿度	40%～65%	35%～70%	20%～80%

设备间的温湿度控制可以通过安装降温或加温、加湿或除湿功能的空调设备来实现控制。选择空调设备时，南方地区主要考虑降温和除湿功能；北方地区要全面具有降温、升温、除湿、加湿功能。空调功率的大小主要根据设备间的大小及设备的多少而定。

（2）尘埃

设备间内的电子设备对尘埃要求较高，尘埃过高会影响设备的正常工作，降低设备的工作寿命。设备间的尘埃指标一般可分为 A、B 2 级，详见表 2.13。

表 2.13　　　　　　　　　　设备间尘埃指标要求

项　　目	A 级	B 级
粒度（μm）	>0.5	>0.5
个数（粒/dm³）	<10000	<18000

要降低设备间的尘埃度关键在于定期的清扫灰尘，工作人员进入设备间应更换干净的鞋具。

（3）照明

为了方便工作人员在设备间内操作设备和维护相关综合布线器件，设备间内必须安装足够照明度的照明系统，并配置应急照明系统。设备间内距地面 0.8m 处，照明度不应低于200lx。设备间配备的事故应急照明，在距地面 0.8m 处，照明度不应低于 5lx。

（4）噪声

为了保证工作人员的身体健康，设备间内的噪声应小于 70dB。

（5）电磁场干扰

根据综合布线系统的要求，设备间无线电干扰的频率应在 0.15～1000MHz 范围内，噪声不大于 120dB，磁场干扰场强不大于 800A/m。

（6）供电系统

设备间供电电源应满足以下要求：频率为 50Hz，电压为 220V/380V，相数为三相五线制或三相四线制/单相三线制。设备间供电电源允许变动范围详见表 2.14。

表 2.14　　　　　　　　　　　设备间供电电源允许变动的范围

项　目	A 级	B 级	C 级
电压变动	−5%～+5%	−10%～+7%	−15%～+10%
频率变动	−0.2%～+0.2%	−0.5%～+0.5%	−1～+1
波形失真率	<±5%	<±7%	<±10%

根据设备间内设备的使用要求，设备要求的供电方式分为 3 类：需要建立不间断供电系统、需建立带备用的供电系统、按一般用途供电考虑。

（7）安全分类

设备间的安全分为 A、B、C 3 个类别，具体规定详见表 2.15。A 类：对设备间的安全有严格的要求，设备间有完善的安全措施。B 类：对设备间的安全有较严格的要求，设备间有较完善的安全措施。C 类：对设备间的安全有基本的要求，设备间有基本的安全措施。

表 2.15　　　　　　　　　　　　　　设备间的安全要求

安 全 项 目	A 类	B 类	C 类
场地选择	有要求或增加要求	有要求或增加要求	无要求
防火	有要求或增加要求	有要求或增加要求	有要求或增加要求
内部装修	要求	有要求或增加要求	无要求
供配电系统	要求	有要求或增加要求	有要求或增加要求
空调系统	要求	有要求或增加要求	有要求或增加要求
火灾报警及消防设施	要求	有要求或增加要求	有要求或增加要求
防水	要求	有要求或增加要求	无要求
防静电	要求	有要求或增加要求	无要求
防雷击	要求	有要求或增加要求	无要求
防鼠害	要求	有要求或增加要求	无要求
电磁波的防护	有要求或增加要求	有要求或增加要求	无要求

根据设备间的要求，设备间安全可按某一类执行，也可按某些类综合执行。综合执行是指一个设备间的某些安全项目可按不同的安全类型执行。例如某设备间按照安全要求可选防电磁干扰 A 类，火灾报警及消防设施为 B 类。

（8）结构防火

为了保证设备使用安全，设备间应安装相应的消防系统，配备防火防盗门。安全级别为 A 类的设备间，其耐火等级必须符合 GB 50045-1995《高层民用建筑设计防火规范》中规定的一级耐火等级。安全级别为 B 类的设备间，其耐火等级必须符合 GB 50045-1995《高层民用建筑设计防火规范》中规定的二级耐火等级。安全级别为 C 类的设备间，其耐火等级要求应符合 GBJ 16-1987《建筑设计防火规范》中规定的二级耐火等级。

与 C 类设备间相关的其余基本工作房间及辅助房间，其建筑物的耐火等级不应低于 TJ16 中规定的三级耐火等级。与 A、B 类安全设备间相关的其余基本工作房间及辅助房间，其建筑物的耐火等级不应低于 GBJ16 中规定的二级耐火等级。

（9）火灾报警及灭火设施

安全级别为 A、B 类设备间内应设置火灾报警装置。在机房内、基本工作房间、活动地板下、吊顶上方及易燃物附近都应设置烟感和温感探测器。A 类设备间内设置二氧化碳（CO_2）自动灭火系统，并备有手提式二氧化碳（CO_2）灭火器。B 类设备间内在条件许可的情况下，应设置二氧化碳自动灭火系统，并备有手提式二氧化碳灭火器。C 类设备间内应备有手提式二氧化碳灭火器。A、B、C 类设备间除纸介质等易燃物质外，禁止使用水、干粉或泡沫等易产生二次破坏的灭火器。为了在发生火灾或意外事故时方便设备间工作人员迅速向外疏散，对于规模较大的建筑物，在设备间或机房应设置直通室外的安全出口。

（10）内部装饰

设备间装修材料使用符合 GBJ16-1987《建筑设计防火规范》中规定的难燃材料或阻燃材料，应能防潮、吸音、不起尘、抗静电等。

① 地面

为了方便敷设电缆线和电源线，设备间的地面最好采用抗静电活动地板，其接地电阻应在 $0.11\sim1000M\Omega$ 之间。带有走线口的活动地板为异型地板。设备间地面切忌铺毛制地毯，因为毛制地毯容易产生静电，而且容易产生积灰。放置活动地板的设备间的建筑地面应平整、光洁、防潮、防尘。

② 墙面

墙面应选择不易产生灰尘，也不易吸附灰尘的材料。目前大多数是在平滑的墙壁上涂阻燃漆，或在墙面上覆盖耐火的胶合板。

③ 顶棚

为了吸音及布置照明灯具，一般在设备间顶棚下加装一层吊顶。吊顶材料应满足防火要求。目前，我国大多数采用铝合金或轻钢作龙骨，安装吸音铝合金板、阻燃铝塑板、喷塑石英板等。

④ 隔断

根据设备间放置的设备及工作需要，可用玻璃将设备间隔成若干个房间。隔断可以选用防火的铝合金或轻钢作龙骨，安装 10mm 厚玻璃。也可以选择从地板面至 1.2m 处安装难燃双塑板，1.2m 以上安装 10mm 厚玻璃。

2.2.6　进线间子系统设计

1. 基本概念

进线间是建筑物外部通信和信息管线的入口部位，并可作为入口设施和建筑群配线设备的安装场地。一个建筑物宜设置 1 个进线间，一般位于地下层，外线宜从两个不同的路由引入进线间，有利于与外部管道沟通。进线间与建筑物红外线范围内的入孔或手孔采用管道或通道的方式互连。进线间因涉及因素较多，难以统一提出具体所需面积，可根据建筑物实际情况，并参照通信行业和国家的现行标准要求进行设计。

2. 设计要点

根据《综合布线系统工程设计规范》（GB 50311-2007）的要求，应按下列要点设计进线间子系统。

（1）进线间应防止渗水，应设有抽排水装置。

（2）进线间应与布线系统垂直竖井沟通。

（3）进线间应采用相应防火级别的防火门，门向外开，宽度不小于 1000mm。

（4）进线间应设置防有害气体措施和通风装置，排风量按每小时不小于 5 次容积计算。

（5）进线间如安装配线设备和信息通信设施时，应符合设备安装设计的要求。

（6）与进线间无关的管道不宜通过。

3．设计方法

（1）进线间的位置

在综合布线工程中，一般一个建筑物设置一个进线间，同时提供给多家电信运营商和业务提供商使用，通常设于地下一层，如图 2.33 所示。

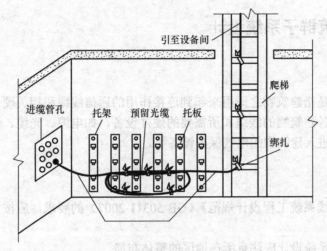

图 2.33　室外光缆经进线间引入到设备间

在不具备设置单独进线间或入楼电、光缆数量及入口设施较少的建筑物也可以采用进线间和设备间合用，如图 2.34 所示，在设备间内完成缆线的成端与盘纤。

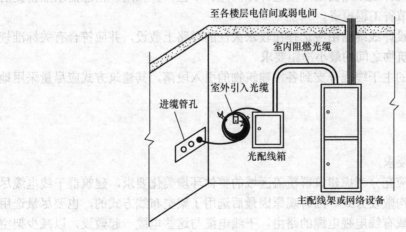

图 2.34　室外光缆引入至进线间与设备间合用

（2）进线间面积的确定

进线间因涉及因素较多，难以统一要求具体所需面积，可根据建筑物实际情况，并参照

通信行业和国家现行标准的要求进行设计。

进线间应满足缆线的敷设路由、成端位置及数量、光缆的盘长空间和缆线的弯曲半径、充气维护设备、配线设备安装所需要的场地空间和面积。

（3）缆线配置要求

建筑群主干电缆和光缆，公用网和专用网电缆、光缆及天线馈线等室外缆线进入建筑物时，应在进线间成端转换成室内电缆、光缆，并在缆线的终端处可由多家电信业务经营者设置入口设施，入口设施中的配线设备应按引入的电、光缆容量配置。

（4）入口管孔数量

进线间应设置管道入口，入口处的管孔数量建议留有 2～4 孔的余量，同时注意防火和防水的处理。

2.2.7　建筑群子系统设计

1. 基本概念

建筑群子系统是指建筑物之间用来起到连接作用的通信线缆和相关硬件设备。建筑群子系统主要包括连接各建筑物的线缆和所需要的硬件设备，如电缆、光缆、连接部件以及防止电缆上的浪涌电压进入建筑物的电气保护设备等。

2. 设计要点

根据《综合布线系统工程设计规范》（GB 50311-2007）的要求，应按下列要点设计建筑群子系统。

（1）建筑群子系统设计应注意所在地区的整体布局。

（2）建筑群子系统设计应根据建筑群用户信息需求的数量、时间和具体地点，来采取相应的技术措施和实施方案。

（3）建筑群子系统设计线缆路由应尽量选择距离短、平直，并在用户信息需求点密集的楼群经过，以便供线和节省工程投资。

（4）建筑群子系统设计线缆路由应选择在较永久性的道路上敷设，并应符合有关标准规定以及与其他管线和建筑物之间的最小净距要求。

（5）建筑群子系统的主干缆线分支到各幢建筑物的引入段落，其建筑方式应尽量采用地下敷设。

3. 设计方法

（1）考虑环境美化要求

建筑群子系统设计应充分考虑建筑群覆盖区域的整体环境美化要求，建筑群干线电缆尽量采用地下管道或电缆沟敷设方式。因客观原因最后选用了架空布线方式的，也要尽量选用原已架空布设的电话线或有线电视电缆的路由，干线电缆与这些电缆一起敷设，以减少架空敷设的电缆线路。

（2）考虑建筑群未来发展需要

在线缆布线设计时，要充分考虑各建筑需要安装的信息点种类、信息点数量，选择相对应的干线电缆的类型以及电缆敷设方式，使综合布线系统建成后，保持相对稳定，能满足今后一定时期内各种新的信息业务发展需要。

（3）线缆路由的选择

考虑到节省投资，线缆路由应尽量选择距离短、线路平直的路由。但具体的路由还要根据建筑物之间的地形或敷设条件而定。在选择路由时，应考虑原有已铺设的地下各种管道，线缆在管道内应与电力线缆分开敷设，并保持一定间距。

（4）线缆引入要求

建筑群干线电缆、光缆进入建筑物时，都要设置引入设备，并在适当位置终端转换为室内电缆、光缆。引入设备应安装必要保护装置以达到防雷击和接地的要求。干线电缆引入建筑物时，应以地下引入为主，如果采用架空方式，应尽量采取隐蔽方式引入。

（5）线缆的选择

建筑群子系统敷设的线缆类型及数量由综合布线连接应用系统种类及规模来决定。一般来说，数据网络可以采用光缆作为建筑群布线线缆，电话网络常采用 3 类大对数电缆作为布线线缆，有线电视网络可以采用同轴电缆或光缆作为干线电缆。

4．布设方式

建筑群子系统的线缆布设方式有架空布线法、直埋布线法和地下管道布线法 3 种，这三种布设方法的区别如表 2.16 所示。

表 2.16　　　　　　　　　　　建筑群线缆敷设方法比较表

方法	优　点	缺　点
管道内	提供最佳的机械保护，任何时候都可以敷设电缆，电缆的敷设、扩充和加固都较容易，能保持建筑物外貌整齐	挖沟、开管道和建手孔的初次投资较高
直埋	提供某种程度的机械保护，保持建筑物外貌整齐，初次投资较低	扩容或更换电缆，会破坏道路和建筑物外貌
架空	如果本来就有电线杆，则工程造价最低	不能提供机械保护，安全性、灵活性差，影响建筑物的美观

（1）架空布线法

架空布线法通常应用于有现成电杆，对电缆的走线方式无特殊要求的场合。这种布线方式造价较低，但影响环境美观且安全性和灵活性不足。架空布线法要求用电杆将线缆在建筑物之间悬空架设，一般先架设钢丝绳，然后在钢丝绳上挂放线缆。

架空电缆通常穿入建筑物外墙上的 U 型钢保护套，然后向下或向上延伸，从电缆孔进入建筑物内部，如图 2.35 所示。电缆入口的孔径一般为 5cm。建筑物到最近处的电线杆相距应小于 30m。通信电缆与电力电缆之间的间距应遵守当地城管等部门的有关法规。

（2）直埋布线法

直埋布线法根据选定的布线路由在地面上挖沟，然后将线缆直接埋在沟内。直埋布线的电缆除了穿过基础墙的那部分电缆有管保护外，电缆的其余部分直埋于地下，没有保护，如图 2.36 所示。直埋电缆通常应埋在距地面 0.6m 以下的地方，或按照当地城管等部门的有关法规去施工。如果在同一土沟内埋入了通信电缆和电力电缆，应设立明显的共用标志。

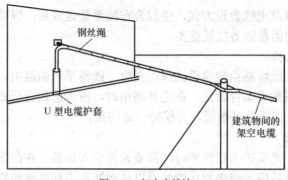

图 2.35　架空布线法

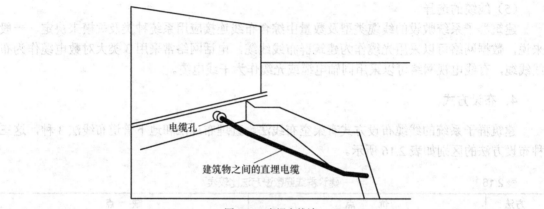

图 2.36　直埋布线法

直埋布线法的路由选择受到土质、公用设施、天然障碍物（如木、石头）等因素的影响。直埋布线法具有较好的经济性和安全性，总体优于架空布线法，但更换和维护电缆不方便且成本较高。

（3）地下管道布线法

地下管道布线是一种由管道和入孔组成的地下系统，它把建筑群的各个建筑物进行互连。如图 2.37 所示，一根或多根管道通过基础墙进入建筑物内部的结构。地下管道对电缆起到很好的保护作用，因此电缆受损坏的机会减少，而且不会影响建筑物的外观及内部结构。

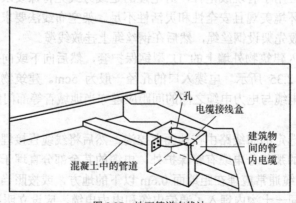

图 2.37　地下管道布线法

管道埋设的深度一般在 0.8～1.2m，或符合当地城管等部门有关法规规定的深度。为了方便日后的布线，管道安装时应预埋 1 根拉线，以供以后的布线使用。为了方便线缆的管理，地下管道应间隔 50～180m 设立一个接合井，以方便人员维护。

2.2.8　保护子系统设计

1. 设计要求

根据《综合布线系统工程设计规范》（GB 50311-2007）的要求，制定了关于屏蔽、电气保护和接地方面的设计规范。

（1）在综合布线系统所覆盖的区域内，当存在场强大于 3V/m 电磁干扰时，应采取防护措施。在综合布线系统中要注意避免电力线、电动机、有线电视线缆等干扰源的电磁干扰。如果出现干扰，应采取有效的屏蔽措施加以屏蔽或采用屏蔽线缆。

（2）综合布线系统采用屏蔽线缆时，整个系统所有器件都应选用带屏蔽的硬件，所有屏蔽层要连接可靠，确保整个链路全屏蔽。

（3）综合布线电缆与附近可能产生高电平电磁干扰的电动机、电力变压器等电气设备之间应保持必要的间距。当要求的间距不能保证时，应采取防护措施，例如采用金属管槽进行屏蔽。

（4）智能建筑应采用总体等电位联结方式，各楼层的智能化系统设备间、楼层弱电间、楼层配电间等的接地采用局部等电位联结。

（5）综合布线系统采用屏蔽系统时，必须有良好的接地系统，并且符合保护地线的接地电阻值，单独设置接地体时，不应大于 4Ω，采用联合接地体时不应大于 1Ω。

（6）综合布线的电缆采用金属管槽道敷设时，槽道应保持连续的电气连接，在两端应有良好的接地。

（7）当电缆从外面引入建筑物内时，电缆的金属护套或光缆的金属支撑必须做好的接地并达到相应规范要求。

（8）综合布线系统有源设备的正极或外壳要求与配线设备的机架绝缘，并要求用单独导线引至接地点，与配线设备、电缆屏蔽层等一同采用联合接地方式。

（9）综合布线系统的配线间和设备间必须实施有效的防雷工程，以保证设备安全运行，避免遭受雷击的损坏。

2. 电气保护

在建筑群子系统设计中，经常有干线线缆从室外引入建筑物的情况。这种情况下干线电缆如果不采取必要的保护措施，就有可能受到雷击、电源接地、感应电势等外界因素的损害，严重的情况还会损坏与电缆相连接的设备。综合布线系统中的电气保护主要分为过压保护和过流保护两类。

（1）过压保护

综合布线系统中的过压保护一般通过在电路中并联气体放电管保护器来实现的。气体放电管保护器的陶瓷外壳内密封有两个金属电极，其间有放电间隙，并充有惰性气体。当两个电极之间的电位差超过 250V 交流电压或 700V 雷电浪涌电压时，气体放电管开始导通并

放电，从而保护与之相连的设备。

对于低电压的防护，一般采用固态保护器，它的击穿电压为 60～90V。一旦超过击穿电压，它可将过压引入大地，然后自动恢复回原状。固态保护器通过电子电路实现保护控制，因此比气体放电管保护器反应更快，使用寿命更长。但由于它的价格昂贵，所以目前采用相对较少。

（2）过流保护

综合布线系统中的过流保护一般通过在电路中串联过流保护器来实现的。当线路出现过流时，过流保护器会自动切断电路，保护与之相连的设备。综合布线系统过流保护器应选用能够自动恢复的保护器，即过流断开后能自动接通。

在一般情况下，过流保护器的电流值为 350～500mA 时将起作用。综合布线系统中，电缆上出现的低电压也有可能产生大电流，从而损坏设备。这种情形下，综合布线系统除了采用过压保护器之外，还应同时安装过流保护器。

3. 屏蔽保护

综合布线系统中外界的电磁干扰总是存在的，而且电磁干扰对电缆的传输性能影响很大。为了解决电磁干扰问题，必须采取屏蔽保护措施。采取屏蔽保护的目的就是在有干扰的环境下保证综合布线通道的传输性能要求。它包括两部分内容，即减少电缆本身向外辐射的能量和提高电缆抵抗外界电磁干扰的能力。

综合布线系统中常用的 3 类系统是非屏蔽系统、屏蔽系统、光纤系统。它们为了解决外界电磁干扰问题，分别有针对性地提出了解决方案。

（1）非屏蔽系统

非屏蔽系统采用非屏蔽双绞线电缆和非屏蔽的综合布线器件，它们没有屏蔽层，很容易受到外界的电磁干扰。为了提高抗干扰能力，非屏蔽双绞线电缆由多对绞合线对相互绞合而成，减少了电缆内部的分布电容，同时充分利用绞合线对的平衡原理来提高抵抗外界电磁干扰的能力。非屏蔽双绞线内的各线对的绞距都经过精心设计，各线对之间可以抵消部分电磁干扰。

非屏蔽系统中的接口模块和配线架也都充分考虑到抗电磁干扰的问题，进行了相应的处理，因此由模块、非屏蔽线缆、配线架组成的完整非屏蔽系统提供了一套较完整的抗干扰措施，在电磁干扰不太强的场合完全可以满足系统传输的要求。

非屏蔽双绞线由于没有屏蔽层，因此成本较低且施工快捷方便，是智能化建筑内最常用的电缆。但在强电磁干扰源的干扰下，非屏蔽双绞线抗干扰能力有限，很难保证传输通道的传输性能。同时由于非屏蔽双绞线没有屏蔽层，因此对自身向外辐射的电磁干扰也很难控制。

（2）屏蔽系统

屏蔽系统起源于欧洲，它由屏蔽双绞线电缆和屏蔽的综合布线器件组成。屏蔽双绞线电缆内部也由多对相互绞合的线对组成，但覆盖了一层金属屏蔽层。利用金属屏蔽层的反射、吸收及趋肤效应实现防止电磁干扰及电磁辐射的功能，同时利用绞合线对的平衡原理也可以进一步提高抵抗外界电磁干扰的能力。

要想实现良好的屏蔽效果，综合布线必须实施全程的屏蔽处理，即模块、线缆、配线架等全套设备均采用屏蔽产品。全程屏蔽是很难达到的，因为其中的信息插口、跳线等很难做到全屏蔽，再加上屏蔽层的腐蚀、氧化破损等因素，因此，没有一个通道能真正做到全程屏蔽。同时，屏蔽电缆的屏蔽层对低频磁场的屏蔽效果较差，不能抵御诸如电动机等设备产生的低频干扰，所以采用屏蔽电缆也不能完全消除电磁干扰。

要实现良好的屏蔽就必须对屏蔽层进行接地处理，在屏蔽层接地后使干扰电流经屏蔽层短路入地。因此，屏蔽系统的良好接地是十分重要的，否则不但不能减少干扰，反而会使干扰增大。因为当接地点安排不正确，接地电阻过大，接地电位不均衡时，会引起接地噪声，即在传输通道的某两点产生电位差，从而使金属屏蔽层上产生干扰电流，这时屏蔽层本身就形成了一个最大的干扰源，导致其性能远不如非屏蔽传输通道。因此，为保证屏蔽效果，必须保证屏蔽层正确可靠接地。

目前屏蔽布线系统在电磁兼容方面的良好性能也正在为越来越多的用户所认可。市场上的屏蔽布线产品除了进口于欧洲，越来越多的厂商也提供屏蔽布线产品。在最新发布的北美布线 TIA/EIA 568B 标准中，屏蔽电缆和非屏蔽电缆同时被作为水平布线的推荐媒介，从而结束了北美没有屏蔽系统的历史。在中国越来越多的用户，尤其是涉及到保密和布线环境的电磁干扰较强的项目开始关注和使用屏蔽系统甚至是 6 类屏蔽系统。

（3）光纤系统

光纤系统由光缆及光纤管理器件组成。光纤系统传输的是光信号，因此光纤系统本身就具有良好的抗电磁干扰能力。为了达到优良的屏蔽效果，近年来随着光纤技术越来越成熟，很多综合布线项目也逐步采用光纤来替代屏蔽双绞线电缆。但由于光纤设备还比较昂贵，所以光纤一般只应用于对安全性、保密性要求很高的环境。

智能建筑内的布线系统是选用非屏蔽系统，还是选用屏蔽系统，或者选用光纤系统，要由工程项目的质量要求、工期和投资来决定。

非屏蔽系统施工比较简单，质量标准要求低，施工工期较短，投资低。而屏蔽系统对屏蔽层的处理要求很高，除了要求链路的屏蔽层不能有断点外，还要求屏蔽通路必须是完整的全过程屏蔽。从目前的施工条件来讲，很难达到整个系统的全过程屏蔽，因此选用屏蔽系统要慎重考虑。光纤系统具有优良的传输性能和抗干扰能力，因此光纤系统将是未来布线系统发展的方向。目前，如果工程投资大且工程质量要求高的项目，可以推荐使用光纤系统。

4．接地保护

（1）接地要求

根据综合布线相关规范要求，接地要求如下。

① 直流工作接地电阻一般要求不大于 4Ω，交流工作接地电阻也不应大于 4Ω，防雷保护接地电阻不应大于 10Ω。

② 建筑物内部应设有一套网状接地网络，保证所有设备共同的参考等电位。如果综合布线系统单独设置接地系统，且能保证与其他接地系统之间有足够的距离，则接地电阻值规定为小于等于 4Ω。

③ 为了获得良好的接地，推荐采用联合接地方式。所谓联合接地方式就是将防雷接地、交流工作接地、直流工作接地等统一接到共用的接地装置上。当综合布线采用联合接地系统时，通常利用建筑钢筋作防雷接地引下线，而接地体一般利用建筑物基础内钢筋网作为自然接地体，使整幢建筑的接地系统组成一个笼式的均压整体。联合接地电阻要求小于或等于 1Ω。

④ 接地所使用的铜线电缆规格与接地的距离有直接关系，一般接地距离在 30m 以内，接地导线采用直径为 4mm 的带绝缘套的多股铜线缆。接地铜缆规格与接地距离的关系可以参见表 2.17。

表 2.17　　　　　　　　　　接地铜线电缆规格与接地距离的关系

接地距离（m）	接地导线直径（mm）	接地导线截面积（mm²）
小于 30	4.0	12
30～48	4.4	16
48～76	5.6	25
76～106	6.2	30
106～122	6.7	35
122～150	8.0	50
151～300	9.8	75

（2）接地结构

根据商业建筑物接地和接线要求的规定，综合布线系统接地的结构包括接地线、接地母线（层接地端子）、接地干线、主接地母线（总接地端子）、接地引入线和接地体 6 部分，如图 2.38 所示。在进行系统接地的设计时，可按上述 6 个要素分层进行设计。

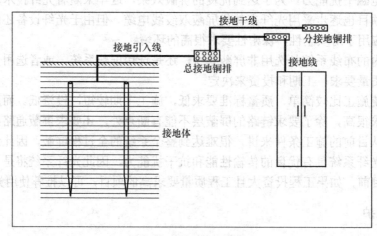

图 2.38　接地系统的结构图

① 接地线

接地线是指综合布线系统各种设备与接地母线之间的连线，所有接地线均为铜质绝缘导线，其截面应不小于 4mm²。

② 接地母线（层接地端子）

接地母线是水平布线子系统接地线的公用中心连接点。

③ 接地干线

接地干线是由总接地母线引出，连接所有接地母线的接地导线。接地干线应为绝缘铜芯导线，最小截面积应不小于 16mm²。

④ 主接地母线（总接地端子）

一般情况下，每栋建筑物都有一个主接地母线。主接地母线作为综合布线接地系统中接地干线及设备接地线的转接点，其理想位置宜设于外线引入间或建筑管理间。

⑤ 接地引入线

接地引入线指主接地母线与接地体之间的接地连接线，宜采用镀锌扁钢。接地引入线应做绝缘防腐处理，在其出土部位应有防机械损伤措施，且不宜与暖气管道同沟布放。

⑥ 接地体

接地体分自然接地体和人工接地体两种。当综合布线采用单独接地系统时，接地体一般采用人工接地体。距离工频低压交流供电系统的接地体不宜小于 10m；距离建筑物防雷系统的接地体不应小于 2m；接地电阻不应大于 4Ω。

（3）接地类型

综合布线系统中配线间、设备间内安装的设备以及从室外进入建筑内的电缆都需要进行接地处理，以保证设备的安全运行。根据接地的作用不同，布线系统有多种接地形式，主要有直流工作接地、交流工作接地、防雷保护接地、防静电保护接地、屏蔽接地、保护接地。

① 直流工作接地

直流工作接地也称为信号接地，是为了确保电子设备的电路具有稳定的零电位参考点而设置的接地。

② 交流工作接地

交流工作接地是为保证电力系统和电气设备达到正常工作要求而进行的接地，220V/380V 交流电源中性点的接地即为交流工作接地。

③ 防雷保护接地

防雷保护接地是为了防止电气设备受到雷电的危害而进行的接地。通过接地装置可以将雷电产生的瞬间高电压泄放到大地中，保护设备的安全。

④ 防静电保护接地

防静电保护接地是为了防止可能产生或聚集静电电荷而对用电设备等造成危害所进行的接地。为了防静电，设备间一般均敷设了防静电地板，电板的金属支撑架均连接了地线。

⑤ 屏蔽接地

为了取得良好的屏蔽效果，屏蔽系统要求屏蔽电缆及屏蔽连接器件的屏蔽层连接地线。屏蔽电缆或非屏蔽电缆敷设在金属线槽或管道时，金属线槽或管道也要连接地线。

⑥ 保护接地

为保障人身安全、防止间接触电而将设备的外壳部分接地处理。通常情况下设备外壳是不带电的，但发生故障时可能造成电源的供电火线与外壳等导电金属部件短路时，这些金属部件或外壳就形成了带电体，如果没有良好地接地，则带电体和地之间就会产生很高的电位差。如果人不小心触到这些带电的设备外壳，就会通过人身形成电流通路，产生触电危险。因此，必须将金属外壳和大地之间做良好的电气连接，使设备的外壳和大地等电位。

2.3　综合布线工程图纸绘制

综合布线工程图作为工程施工方的指导和依据，必须做到准确到位。在施工过程中，工程施工方均严格按照设计图纸进行施工和布线；工程监理方依据设计图纸对施工进行检查和监理；而施工结束后，业主依据施工图纸对工程进行测试与验收。故设计者应认真谨慎，严格按照设计规范进行设计，并做好充分的调查研究，最好收集与相应建筑物有关的资料。

2.3.1 综合布线工程图纸的统一规定

综合布线工程制图可以参考执行信息产业部[2007]532 号文件发布的 YD/T5015-2007 《电信工程制图和图形符号规定》执行。

1．图幅尺寸

综合布线工程设计图纸幅面和图框大小应符合国家标准 GB/T 6988.1-1997《电气技术用文件的编制第 1 部分：一般要求》的规定，一般采用 A0、A1、A2、A3、A4 图纸幅面，实际工程设计中，只采用 A4 一种图纸幅面，以利于装订和美观。

当上述幅面不能满足要求时，可按照 GB 4457.1-84《机械制图图纸幅面及格式》的规定加大幅面，也可在不影响整体视图效果的情况下分割成若干张图绘制。

2．图线型选择

通常只选用两种宽度的图线，粗线的宽度为细线宽度的两倍，主要图线粗些，次要图线细些。对于复杂的图纸也可采用粗、中、细 3 种线宽，线的宽度按 2 的倍数依次递增，但线宽种类也不宜过多。图线的宽度可以从 0.25mm、0.35mm、0.5mm、0.7mm、1.0mm、1.4mm 数值中选用。平行线之间的最小间距不宜小于粗线宽度的两倍，且不能小于0.7mm。需区分新装的设备时，粗线表示新建的设施，细线表示原有设施，虚线表示规划预留部分。在改建的工程图纸上，拆除的设备及线路用"×"来标注。

绘图时，应使图形的比例和配线协调恰当、重点突出、主次分明，在同一张图纸上，按不同比例绘制的图样及同类图形的图线粗细应保持一致。

3．比例选择

对于建筑平面图、平面布置图、通信管道图、设备加固图及零部件加工图等图纸，应有比例要求，对于通信线路图、系统框图、电路组织图、方案示意图等类图纸则无比例要求。对于平面布置图和区域规划性图纸，推荐的比例为 1:10、1:20、1:50、1:100、1:200、1:500、1:1000、1:2000、1:5000、1:10000、1:50000 等。对于设备加固图及零部件加工图，推荐的比例为 1:2、1:4 等。根据图纸表达的内容深度和选用的图幅，选择适合的比例，并在图纸上及图衔相应栏目处注明。

特别说明，对于通信线路图纸，为了更为方便地表达周围环境情况，一张图中可有多种比例，或完全按示意性图纸绘制。

4．尺寸标注

一个完整的尺寸标注应由尺寸数字、尺寸界线、尺寸线（两端带箭头的线段）等组成。图中的尺寸单位，在线路图中一般以米（m）为单位，其他图中均以毫米（mm）为单位，且无需另行说明，如图 2.39 所示。尺寸界线用细实线绘制，由图形的轮廓线、轴线或对称中心线引出，也可利用轮廓线、轴线或对称中心线作尺寸界线。尺寸界线一般应与尺寸线垂直。

但在通信线路工程图纸中，更多的是直接用数字代表距离，而无需尺寸界线和尺寸线，如图 2.39 所示。由上往下的 35、20、23、26、12、28、19 和 15 均表示架空杆路中的架空距离，单位为 m（无需标注）。

5. 字体及书写

图纸中书写的文字（包括汉字、字母、数字、代号等）均应字体工整、笔画清晰、排列整齐、间隔均匀，其书写位置应根据图面妥善安排，不能出现线压字或字压线的情况，否则会严重影响图纸质量，同时也不利于施工人员看图。文字多时宜放在图的下面或右侧，采用宋体或长仿宋字体。文字书写应从左向右横向书写，标点符号占一个汉字的位置，中文书写时，应采用国家正式颁布的简化汉字。图中的数字，均应采用阿拉伯数字表示。计量单位应使用国家颁布的法定计量单位。

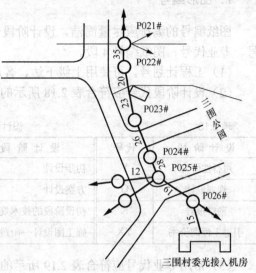

图 2.39　通信工程的尺寸使用

图中的"技术要求"、"说明"或"注"等字样，应写在具体文字内容的左上方，并使用比文字内容大一号的字体书写，标题下均不画横线。具体内容多于一项时，应按 1、2、3······（1）、（2）、（3）······①、②、③······顺序号排列。

6. 图衔

图衔就是位于图纸右下角的"标题栏"。各个设计单位都非常重视"标题栏"的设置，它们都会把经过精心设计的带有各自特色的"标题栏"放置在设计模板中，设计人员只能在规定模板中绘制图纸，而不会去另行设计图衔。通信工程常用的标准图衔为长方形，大小宜为 30mm×180mm（高×长）。图 2.40 是一种常见的图衔设计。

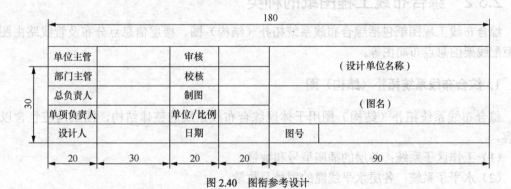

图 2.40　图衔参考设计

图衔应包括图名、图号、设计单位名称、单位主管、部门主管、总负责人、单项负责人、设计人、审校核人等内容。

7. 图形编号

图纸编号的编排应尽量简洁，设计阶段一般图纸编号的组成分为工程计划号、设计阶段号、专业代号、图纸编号 4 段。

（1）工程计划号。可使用上级下达、客户要求或自行编排的计划号。

（2）设计阶段代号应符合表 2.18 所示的规定。

表 2.18　　　　　　　　　　设计阶段代号

设 计 阶 段	代号	设 计 阶 段	代号	设 计 阶 段	代号
可行性研究	Y	初步设计	C	技术设计	J
规划设计	G	方案设计	F	设计投标书	T
勘察报告	K	初设阶段的技术规范书	CJ	修改设计	在原代号后加 X
引进工程询价书	YX	施工图设计—阶段设计	S		

（3）常用专业代号应符合表 2.19 所示的规定。

表 2.19　　　　　　　　　　专业代号

设 计 阶 段	代号	设 计 阶 段	代号	设 计 阶 段	代号
光缆线路	GL	电缆线缆	DL	海底光缆	HGL
通信管道	GD	光传输设备	GS	移动通信	YD
无线接入	WJ	交换	JH	数据通信	SJ
计费系统	JF	网管系统	WG	微波通信	WB
卫星通信	WT	铁塔	TT	同步网	TBW
信令网	XLW	通信电源	DY	电源控制	DJK

2.3.2　综合布线工程图纸的种类

综合布线工程图纸包括综合布线系统拓扑（结构）图、楼层信息点分布及管线路由图和机柜配线架信息点布局图等。

1. 综合布线系统拓扑（结构）图

综合布线系统拓扑（结构）图用于体现综合布线系统的整体结构，图纸内应包含以下内容。

（1）工作区子系统：各层的插座型号和数量。

（2）水平子系统：各层水平线缆的型号及数量。

（3）干线子系统：从设备间主配线架到各楼层配线间配线架的干线线缆的型号和根数。

（4）管理子系统：设备间主配线架和各楼层配线间配线架的型号和数量。

（5）设备间子系统：主要设备的安装位置，包括交换机、路由器、集线器等。

例如，某办公楼共 14 层，其综合布线系统图如图 2.41 所示。

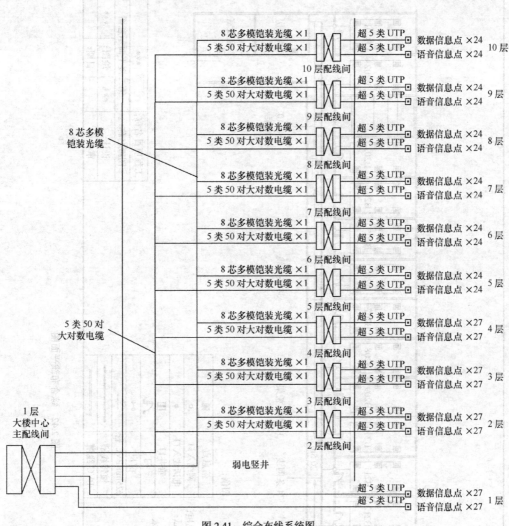

图 2.41　综合布线系统图

2．平面图

综合布线系统的平面图是施工的主要依据，可以与其他弱电系统同在一张图纸上。平面图应包含下面内容。

（1）电话局进线的具体位置、高度、进线方向、过线管道数量及管径。

（2）每层信息点的分布、数量，信息插试座的规格及安装位置。

（3）水平线缆的路由、水平线缆布设所用线槽的规格及安装方式。

（4）弱电竖井的数量、位置、大小，主干电缆布设所用线槽的规格及安装位置。

例如，一幢学生宿舍楼共有 3 层，每层有 10 个房间，垂直管槽在楼道。每个房间布设一个计算机网络信息点，UTP 电缆从房间引出并通过垂直管槽，布设至 1 楼的设备间内。图 2.41 所示为该楼 3 楼的施工平面图。

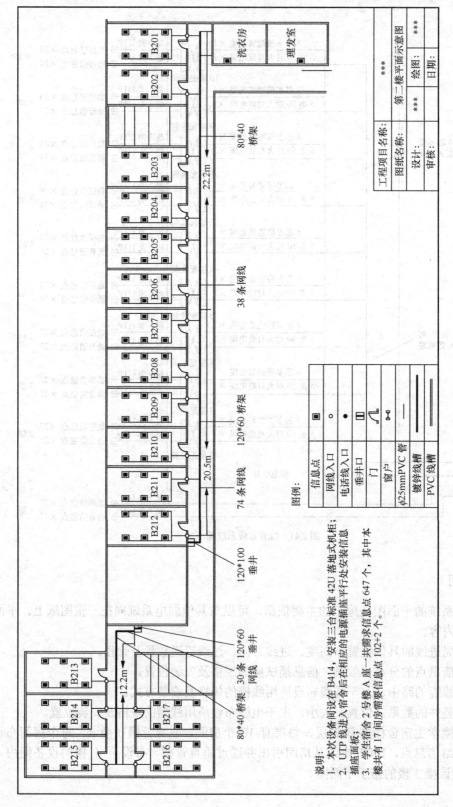

图 2.42 综合布线平面图

信息点	▣
网线入口	○
电话线入口	●
垂井口	Ⅲ
门	⌒
窗户	▷◁
φ25mmPVC管	——
镀锌线槽	━━
PVC线槽	━━

图例：

说明：
1. 本次设备间设在 B414，安装三台标准 42U 落地式机柜；
2. UTP 线进入宿舍后在相应的电源插座平行处安装信息；
3. 学生宿舍 2 号楼 A 底一共需求信息点 647 个，其中本楼共有 17 间房需要信息点 102÷2 个。

3. 机柜配线架分布图

机柜配线架分布图主要描述机柜中需安装的各种设备、柜中各种设备的安装位置和安装方法、各配线架的用途（分别用来端接什么缆线）、各缆线的成端位置（对应的端口），如图 2.43 所示。

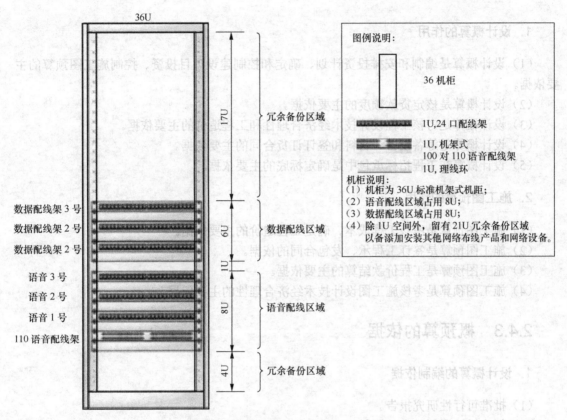

图 2.43　综合布线机柜配线架分布图

2.4　综合布线工程预算编制

2.4.1　概预算的概念

通信建设工程概算、预算是设计文件的重要组成部分，它是根据各个不同设计阶段的深度和建设内容，按照设计图纸和说明以及相关专业的预算定额、费用定额、费用标准、器材价格、编制方法等有关资料，对通信建设工程预先计算和确定从筹建到竣工交付使用所需费用的文件。

通信建设工程概算、预算按不同的设计阶段进行编制：第一阶段工程采用三阶段设计，初步设计阶段编制设计概算，技术设计阶段编制修正概算，施工图设计阶段编制施工图预算；第二阶段工程采用二阶段设计，初步设计阶段编制设计概算，施工图设计阶段编

制施工图预算；第三阶段工程采用一阶段设计，编制施工图预算，但施工图预算应反映全部费用内容，即除工程费和工程建设其他费用之外，还应计算列入预备费、建设期利息等费用。

2.4.2 概预算的作用

1．设计概算的作用

（1）设计概算是编制和安排投资计划、确定和控制建设项目投资、控制施工图预算的主要依据。

（2）设计概算是核定贷款额度的主要依据。

（3）设计概算是考核工程设计技术经济合理性和工程造价的主要依据。

（4）设计概算是筹备设备、材料和签订订货合同的主要依据。

（5）设计概算在工程招标承包中是确定标底的主要依据。

2．施工图预算的作用

（1）施工图预算是考核工程成本、确定工程造价的主要依据。

（2）施工图预算是签订工程承、发包合同的依据。

（3）施工图预算是工程价款结算的主要依据。

（4）施工图预算是考核施工图设计技术经济合理性的主要依据。

2.4.3 概预算的依据

1．设计概算的编制依据

（1）批准可行性研究报告。

（2）初步设计图纸及有关资料。

（3）国家相关部门发布的有关法律、法规、标准规范。

（4）按照工信部规【2008】75 号文颁发的《通信建设工程预算定额》、《通信建设工程费用定额》、《通信建设工程施工机械、仪表台班费用定额》及有关文件。

（5）建设项目所在地政府发布的有关土地征用和赔补费用等有关规定。

（6）有关合同、协议等。

2．施工图预算的编制依据

（1）批准的初步设计概算及有关文件。

（2）初步设计图纸及有关资料。

（3）国家相关部门发布的有关法律、法规、标准规范。

（4）按照工信部规【2008】75 号文颁发的《通信建设工程预算定额》、《通信建设工程费用定额》、《通信建设工程施工机械、仪表台班费用定额》及有关文件。

（5）建设项目所在地政府发布的有关土地征用和赔补费用等有关规定。

（6）有关合同、协议等。

2.4.4　概预算的文件组成

1. 概预算主要内容

（1）工程概况

说明项目规模、用途、概（预）算总价值、生产能力、公用工程及项目外工程的主要情况等。

（2）编制依据

主要说明编制时搜查依据的技术、经济文件、各种定额、材料设备价格、地方政府的有关规定和主管部门未做统一规定的费用计算依据和说明。

（3）投资分析

主要说明各项投资的比例及与类似工程投资额的比较、分析投资高低的原因、工程投资的经济合理性、技术的先进性及其适宜性等。

（4）其他需要说明的问题

如遇建设项目的特殊条件和特殊问题，需要上级主管部门和有关部门帮助解决的其他有关问题。

2. 概预算表格填写

通信建设工程概算、预算表格是按照费用结构的划分，由建筑安装工程费用系列表格、设备购置费用表格（包括需要安装和不需要安装的设备）、工程建设其他费用表格以及概算、预算总表格组成，各表格格式如下（全套共 6 类表格 10 张）。

（1）建设项目总概预算表（汇总表），本表供编制建设项目总概算、预算时使用。

（2）工程概预算总表（表一），本表编制单项（单位）工程总费用时使用。

（3）建筑安装工程费用概预算表（表二），本表供编制建筑安装工程费用时使用。

（4）建筑安装工程量概预算表（表三甲），本表供编制工程量、计算技工和普工总工日数量时使用。

（5）建筑安装工程机械使用费用概预算表（表三乙），本表供编制本工程所列的机械使用费用时使用。

（6）建筑安装工程仪器仪表使用费用概预算表（表三丙），本表供编制本工程所列的仪表使用费用时使用。

（7）国内器材概预算表（表四甲），本表供编制本工程的主要材料、设备和工器具的数量和费用时使用。

（8）引进器材概预算表（表四乙），本表供编制引进工程的主材料、设备和工器具的数量和费用时使用。

（9）工程建设其他费用概预算表（表五甲），用于编制国内工程计列的工程建设其他费用。

（10）引进设备工程建设其他费用概预算表（表五乙），用于编制引进工程计列的工程建设其他费用。

2.4.5　概预算的编制方法

综合布线工程概算、预算采用实物法编制。首先根据工程设计图纸分别计算出分项工程量，然后套用相应的人工、材料、机械台班、仪表台班的定额用量，再以工程所在地或所处时段的实际单价计算出人工费、材料费、机械使用费和仪表使用费，进而计算出直接工程费；根据通信建设工程费用定额给出的各项取费的计费原则和计算方法，计算其他各项费用，最后汇总单项或单位工程总费用。

第 1 步：收集资料，熟悉图纸。针对工程情况和所编概预算内容收集有关资料，包括概预算定额、费用定额以及材料、设备价格等，并对施工图进行检查，是否完成，明确设计意图，各部分尺寸是否有误，有无施工说明。

第 2 步：计算工程量。工程量是编制概预算的基本数据，计算是否准确直接影响到工程造价的准确性。

（1）熟悉图纸内容及相互关系，搞清有关标注和说明。

（2）计算单位应与所要依据的定额单位相一致。

（3）计算过程一般依照施工工序依次进行。

（4）要防止误算、漏算和重复计算。

（5）将同类项合并，并编制工程量汇总表。

第 3 步：套用定额，计算人工、材料、机械台班、仪表台班的用量。工程量经核对无误方可套用定额，套用定额时应核对工程内容与定额内容是否一致，以防误套。

第 4 步：选用价格计算直接工程费。用当时、当地或行业标准实际单价乘以相应的消耗量，汇总得到直接工程费。

第 5 步：计算其他各项费用及汇总工程造价。按照工程项目的费用构成和通信工程费用定额规定的费率及计费基础，计算各项费用，汇总工程总造价，编制概预算表格。

第 6 步：复核，对概预算表格进行检查。

第 7 步：写编制说明。复核无误，进行对比、分析，编写编制说明，出版。

2.5　综合布线工程案例

2.5.1　某学院学生宿舍区综合布线工程设计案例

1．工程概况

（1）工程规模

学生宿舍区位于学院北面，现有 1 栋、2 栋、3 栋、4 栋和 5 栋共 5 栋建筑物，建筑面积约为 36060m²，其中学生宿舍 1 栋、2 栋和 3 栋是男生宿舍楼，4 栋和 5 栋是女生宿舍楼。学生宿舍 1 栋和 4 栋建筑结构基本一样，共有 7 层，建筑长为 130m，宽为 11m，建筑面积为 8580m²，都是 8 人住宿的普通宿舍；学生宿舍 2 栋、3 栋和 5 栋建筑结构基本一样，共有 7 层，建筑长为 60m，宽为 15m，建筑面积为 6300m²，都是 4 人住宿的公寓楼。学生宿舍区综合布线系统作为校园网络的一部分，其设计的重点为以学生宿舍区的中心机房为核心，将各学生宿舍楼的设备间，以及各楼层配线间或楼层交接箱用线缆与中心机房联成一个有机的整体，使整个布线系统具备可靠、稳定、高速、标准、开放、灵活、可扩展的性能特点，从而满足学院当前和未来的发展需求。

（2）用户信息点分布

依据学生宿舍区各建筑物内部结构和学生实际入住情况，整个学生宿舍区共需要数据信息点为 2352 点、语音信息点为 420 点，用户信息点具体分布见表 2.20。

表 2.20　　　　　　　　　　　　　学生宿舍区信息点分布表

建筑物名	楼层数	每层房间数	语音信息点数量	数据信息点数量
1 栋	7	12	84 个	672 个
2 栋	7	12	84 个	336 个
3 栋	7	12	84 个	336 个
4 栋	7	12	84 个	672 个
5 栋	7	12	84 个	336 个

由于学生宿舍区 1 栋和 4 栋结构基本一样、学生宿舍区 2 栋、3 栋和 5 栋结构基本一样，所以本文主要针对学生宿舍区 1 栋和 2 栋综合布线系统进行设计，而学生宿舍区 3 栋、4 栋和 5 栋由于结构重复，所以不再介绍。

2. 设计依据

（1）国家标准 GB 50311-2007《综合布线系统工程设计规范》。

（2）国家标准 GB 50312-2007《综合布线系统工程施工和验收规范》。

（3）行业标准 YD/T926.1-2009《大楼通信综合布线系统第一部分总规范》。

（4）行业标准 YD/T926.2-2009《大楼通信综合布线系统第二部分综合布线用电缆光缆技术要求》。

（5）行业标准 YD/T926.3-2009《大楼通信综合布线系统第三部分综合布线用连接硬件技术要求》。

（6）北美标准 ANSI/TIA/EIA568B《商用建筑通信布线标准》。

（7）国际标准 ISO/IEC11801《信息技术—用户通用布线系统》（第二版）。

3. 工程设计方案

（1）工作区子系统设计

根据工作区设计规范和学生宿舍区各建筑物的实际情况，来确定工作区子系统的信息点数量。学生宿舍区 1 栋、4 栋都为 8 人住宿的普通宿舍，按每人一个信息点分配，每间房间分配一个语音点，一间宿舍共有 8 个信息点和 1 个语音点。根据学生宿舍区 1 栋、4 栋的实际情况，每间宿舍需要配置 4 个双孔信息插座以及 1 个单孔语音插座；需要配置 8 个 RJ-45 信息插座和水晶头以满足计算机的连接；需要配置 1 个 RJ-11 语音插座和水晶头以满足电话机的连接，具体配置如表 2.21 所示。

学生宿舍区 2 栋、3 栋和 4 栋为 4 人住宿的公寓楼，按每人分配一个信息点，每间房间分配一个语音点，一间宿舍共有 4 个信息点和 1 个语音点。根据学生宿舍 2 栋、3 栋和 4 栋的实际情况，每间宿舍需要配置 2 个双孔信息插座以及 1 个单孔语音插座；需要配置 4 个 RJ-45 信息插座和水晶头以满足计算机的连接；需要配置 1 个 RJ-11 语音插座和水晶头以满足电话机的连接，具体配置如表 2.21 所示。

表 2.21　　　　　　　　　　工作区子系统配置表

序号	名　称	1 栋	2 栋	3 栋	4 栋	5 栋	合计
1	信息插座（套）	336	168	168	336	168	1176
2	RJ-45 信息模块（块）	762	336	336	762	336	2352
3	RJ-11 语音模块（块）	84	84	84	84	84	420
4	RJ-45 水晶头（个）	1524	672	672	1524	672	4704
5	RJ-11 水晶头（个）	168	168	168	168	168	840
6	4 对非屏蔽双绞线（m）	4230	2100	2100	4230	2100	14760

（2）配线（水平）子系统设计

由于学生宿舍区各建筑物都是已经完工的建筑物，所以本工程中的水平主干采用立柱吊装桥架的方式，桥架选用 75mm×50mm 镀锌槽式桥架。学生宿舍楼的每个房间均采用 20mm×12mm PVC 线槽将 9 条电缆（8 条数据线和 1 条电话线）引入房间，确保每个房间都有一条电话线，每个学生都能有一条网线，具体配置如表 2.22 所示。

表 2.22　　　　　　　　　　水平子系统配置表

序号	名　称	学生宿舍 1 栋			学生宿舍 2 栋		
		每层楼	整栋楼	订购数	每层楼	整栋楼	订购数
1	三类 2 对非屏蔽双绞线	1292m	7752m	26 轴	798m	5586m	18 轴
2	超五类 4 对非屏蔽双绞线	10086m	60516m	198 箱	3190m	22330m	73 箱
3	75mm×50mm 镀锌桥架（m）	130	780	780	60	420	420
4	20mm×12mm PVC 线槽（m）	221	1326	1326	242	1694	1694
5	托臂（个）	26	156	156	126	84	84

学生宿舍区 1 栋和 4 栋的结构和配置相同，学生宿舍区 2 栋、3 栋和 5 栋的结构和配置相同，就不再重复设计。

（3）管理间子系统设计

根据管理间设计规范和学生宿舍楼 1 栋人数相对集中的实际情况，考虑在每一楼层都设立一个管理间用来管理该层的信息点，而 1 楼可以直接将线缆连接进入设备间，由设备间兼作 1 楼楼层管理间，不再另设楼层管理间。而学生宿舍楼 2 栋是 4 人住的公寓楼，人数相对较少，所以考虑由 2 楼、3 楼、4 楼层共用 1 个楼层交接箱，楼层交接箱设置在 3 楼；由 5 楼、6 楼、7 楼层共用 1 个楼层交接箱，楼层交接箱设置在 6 楼。各楼层的交接箱采用外挂于墙上的方式，箱体下沿距离地面不得小于 1.5m，具体配置如表 2.23 和表 2.24 所示。

表 2.23　　　　　　　学生宿舍 1 栋管理间子系统配置表（一）

序号	名　称	学生宿舍 1 栋						
		2 楼	3 楼	4 楼	5 楼	6 楼	7 楼	总数
1	楼层交换机（台）	1	1	1	1	1	1	6
2	楼层交接箱（台）	1	1	1	1	1	1	6
3	110 配线架（条）	1	1	1	1	1	1	6
4	数据配线架（条）	3	3	3	3	3	3	18
5	光纤配线架（条）	1	1	1	1	1	1	6

序号	名　称	学生宿舍 1 栋						
		2 楼	3 楼	4 楼	5 楼	6 楼	7 楼	总数
6	理线器（条）	5	5	5	5	5	5	30
7	ST-ST 多模光纤跳线（条）	2	2	2	2	2	2	12
8	ST-SC 多模光纤跳线（条）	2	2	2	2	2	2	12
9	ST 光纤连接器（法兰盘）（个）	4	4	4	4	4	4	24
10	标签（张）	189	189	189	189	189	189	1134

表 2.24　　　　　　　　　　　学生宿舍 2 栋管理间子系统配置表（二）

序号	名　称	学生宿舍 2 栋		
		3 楼	6 楼	总数
1	楼层交换机（台）	1	1	2
2	楼层交接箱（台）	1	1	2
3	110 配线架（条）	2	2	4
4	48 口配线架（条）	3	3	6
5	光纤配线架（条）	1	1	2
6	理线器（条）	5	5	10
7	ST-ST 多模光纤跳线（条）	2	2	4
8	ST-SC 多模光纤跳线（条）	2	2	4
9	ST 光纤连接器（个）	4	4	8
10	标签（张）	114	114	228

学生宿舍区 1 栋和 4 栋的结构和配置相同，学生宿舍区 2 栋、3 栋和 5 栋的结构和配置相同，就不再重复设计。

（4）干线（垂直）子系统设计

根据干线（垂直）设计规范，分别对由大对数双绞线电缆组成的语音网络和由室内多模光缆组成的数据网络的线缆容量进行计算。学生宿舍区 1 栋，有 84 间房间（设备间不算），就需要 84 对双绞线来传输语音信号，需要选择 2 条 50 大对数双绞线电缆才能满足需求。学生宿舍区 1 栋，有 672 个信息点，需要选择 2 条 12 芯室内多模光缆才能满足要求。同样的方法也可以计算出其他宿舍楼的光缆用线量，具体配置如表 2.25 所示。

表 2.25　　　　　　　　　　　　　垂直干线子系统配置表

序号	名　称	学生宿舍 1 栋		学生宿舍 2 栋	
		数量（条）	长度（m）	数量（条）	长度（m）
1	62.5/125μm 室内多模光缆	2	27	1	32
2	50 对 3 类非屏蔽双绞线	2	27	2	32
3	200mm×120mm 金属线槽	1	21	1	25

学生宿舍区 1 栋和 4 栋的结构和配置相同，学生宿舍区 2 栋、3 栋和 5 栋的结构和配置相同，就不再重复设计。

（5）设备间子系统设计

根据设备间的设计规范，考虑到设备间内所有设备的安装面积，以及预留工作人员管理操作设备的空间，学生宿舍区各建筑物的设备间都设在一楼，且设备间的门都是向外开启，方便搬运设备，门的大小为高 2.1m，宽 0.9m。学生宿舍区 1 栋和 4 栋的设备间设置为长 9m，宽 4.5m，高 3.5m，建筑面积为 40.5m²；学生宿舍区 2 栋、3 栋和 5 栋的设备间设置为长 7m，宽 5m，高 3.5m，建筑面积为 35m²，其中 1 栋的设备间（108 房）还兼作整个学生宿舍区的中心机房，具体配置如表 2.26 所示。

表 2.26　　　　　　　　　　　设备间子系统配置表

序号	名　　　称	学生宿舍 1 栋	学生宿舍 2 栋
1	千兆交换机（台）	1	1
2	集线器（台）	2	2
3	19 寸落地机柜（台）	2	2
4	110 配线架（条）	3	3
5	48 口配线架（条）	5	5
6	光纤配线架（条）	1	1
7	FC、SC 光纤跳线（条）	4	4
8	FC、SC 光纤耦合器（个）	4	4

学生宿舍区 1 栋和 4 栋的结构和配置相同，学生宿舍区 2 栋、3 栋和 5 栋的结构和配置相同，就不再重复设计。

（6）进线间和建筑群子系统设计

根据进线间和建筑群的设计规范，每栋学生宿舍楼的主配线架到各楼层配线架采用 12 芯室内多模光缆，保证每一楼层的交换机均可使用独立的光纤通道，并适当留有余量，满足当前的用户使用要求以及未来扩容的要求。各学生宿舍楼的主配线架至宿舍区中心机房的主配线架采用 12 芯室外多模光纤连接，并适当留有余量，满足各建筑物之间的高速数据网络及未来更高的速率需求，实测距离如表 2.27 所示。

表 2.27　　　　　　　学生宿舍区各建筑物到 1 栋的设备间的实测距离

序号	名　　　称	实际测量距离（m）
1	2 栋的设备间到 1 栋的设备间（113 房）光缆长度	60
2	3 栋的设备间到 1 栋的设备间（113 房）光缆长度	100
3	4 栋的设备间到 1 栋的设备间（108 房）光缆长度	140
4	5 栋的设备间到 1 栋的设备间（113 房）光缆长度	170
5	建筑群子系统总光缆长度	470

4．工程预算

本预算为某学校学生宿舍区综合布线工程的预算，预算总额为 902417.53 元，其中建筑安装工程费为 795115.15 元，建筑安装工程量为 107973.03 元，国内主材料为 521511.19 元，工程建设其他费用为 72594.01 元，具体见表 2.28。

5．工程图纸

本图纸为某学校学生宿舍区综合布线工程的图纸，其中包括工程系统图，如图 2.44 所示，工程平面图如图 2.45 所示和工程设备图如图 2.46 所示。

表 2.28

工程预算总表（表一）

项目名称：

工程名称：某学校宿舍区综合布线工程　　建设单位：湖南邮电职业技术学院　　表格编号：Z01　全页

序号	表格编号	费用名称	小型建筑工程费	需安装的设备费	不需安装的设备、工器具费	建筑安装工程费	其他费用	预备费	总价值	
					元				人民币（元）	其中外币（ ）
I	II	III	IV	V	VI	VII	VIII	IX	X	XI
1	表二	建筑安装工程费				795115.15			795115.15	
2		工程费（建安费+设备费）				795115.15			795115.15	
3	表五甲	工程建设其他费用					72594.01		72594.01	
4		合计				795115.15	72594.01		867709.16	
5		预备费（合计×4%）						34708.37	34708.37	
6		总计				795115.15	72594.01	34708.37	902417.53	

设计负责人：张振中　　审核人：李立高　　编制人：张振中　　编制日期：2011 年 8 月 27 日星期六

表2.28

建筑安装工程费用预算表（表二）

项目名称：

工程名称：某学校宿舍区综合布线工程　　建设单位：湖南邮电职业技术学院　　表格编号：Z02　全页

序号	费用名称	依据和计算方法	合计
I	II	III	IV
一、	建筑安装工程费	一二+十三+十四	795115.15
（一）	直接工程费	（二）+（三）	669560.61
（一）	直接工程费	1+2+3+4	631230.19
1.	人工费	（1）+（2）	107973.03
（1）	技工费	技工日×48	64462.08
（2）	普工费	普工日×19	43510.95
2.	材料费	（1）+（2）	523075.72
（1）	主要材料费	详见表四	521511.19
（2）	辅助材料费	主材费×0.3%	1564.53
3.	机械使用费	见表三乙	181.44
4.	仪表使用费	见表三丙	
（二）	措施费	1+…+16	38330.42
1.	环境保护费	人工费×1.5%	1619.6
2.	文明施工费	人工费×1%	1079.73
3.	工地器材搬运费	人工费×5%	5398.65
4.	工程干扰费	人工费×6%	6478.38
5.	工程点交、场地清理费	人工费×5%	5398.65
6.	临时设施费	人工费×5%	5398.65
7.	工程车辆使用费	人工费×6%	6478.38
8.	夜间施工增加费	人工费×3%	3239.19
9.	冬雨季施工增加费	人工费×0%	
10.	生产工具用具使用费	人工费×3%	3239.19
11.	施工用水电蒸气费		
12.	特殊地区施工增加费	总工日×0	
13.	已完工程及设备保护费		
14.	运土费		
15.	施工队伍调遣费	2×单程调遣费×调遣人数	
16.	大型施工机械调遣费	2×0.62×调遣运距×总吨位	
二、	间接费	（一）+（二）	66943.28
（一）	规费	1+2+3+4	34551.37
1.	工程排污费		
2.	社会保障费	人工费×26.81%	28947.57
3.	住房公积金	人工费×4.19%	4524.07
4.	危险作业意外伤害保险费	人工费×1%	1079.73
（二）	企业管理费	人工费×30%	32391.91
三、	利润	人工费×30%	32391.91
四、	税金	（一二+十三）×3.41%	2619.35

设计负责人：张振中　　审核人：李立高　　编制人：张振中　　编制日期：2011年8月27日 星期六

表2.28

项目名称：

工程名称：某学校宿舍区综合布线工程　　建设单位：湖南邮电职业技术学院　　表格编号：Z03甲　第1页

建筑安装工程量预算表（表三甲）

序号	定额编号	项 目 名 称	单位	数量	单位定额值		合计值	
					技工	普工	技工	普工
I	II	III	IV	V	VI	VII	VIII	IX
1	TXL7-011	敷设塑料线槽 100 宽以下	100m	77.340	3.51	10.53	271.46	814.39
2	TXL7-024	安装信息插座底盒（接线盒）明装	10个	117.600		0.4		47.04
3	TXL7-029	安装机柜、机架 落地式	架	2.000	2	0.67	4	1.34
4	TXL7-031	安装接线箱	个	6.000	2.7	0.9	16.2	5.4
5	TXL7-033	穿放 4 对对绞电缆	百米条	776.060	0.85	0.85	659.65	659.65
6	TXL7-058	安装 8 位模块式信息插座 双口 非屏蔽	10个	235.200	0.75	0.07	176.4	16.46
7	TXL7-009	敷设金属线槽 300 宽以下	100m	1.170	7.61	22.82	8.9	26.7
8	TXL7-016	安装支撑式桥架 100 宽以下	10m	282.000	0.28	2.52	78.96	710.64
9	TXL7-041	管、暗槽内穿放光缆	百米条	6.200	1.36	1.36	8.43	8.43
10	TXL7-052	光纤连接 熔接法 单模	芯	36.000	0.5		18	
11	TXL7-063	光纤跳线 单模	条	96.000	0.95		91.2	
12	TXL7-062	电缆跳线	条	122.000	0.08		9.76	
		合　计					1342.96	2290.05
		总　计					1342.96	2290.05

设计负责人：张振中　　审核人：李立高　　编制人：张振中　　编制日期：2011 年 8 月 27 日星期六

国内器材预算表（表四甲）（主要材料表）

表 2.28

项目名称：
工程名称：某学校信息综合布线工程　　　建设单位：湖南邮电职业技术学院　　　表格编号：Z04（主材）

序号	名 称	规格程式	单位	数量	单价（元）	合计（元）	备注
I	II	III	IV	V	VI	VII	VIII
1	塑料线槽		m	8120.7	9.51	77227.86	
2	信息插座底盒或接线盒		个	1200	0.76	912	
3	光缆		m	632.4	9.03	5710.57	
4	8位模块式信息插座（双口）		个	2352	3	7056	
5	光纤连接器件		套	36	100	3600	
6	机柜（机架）		个	2	1320	2640	
7	接线箱		个	6	70.4	422.4	
8	金属线槽		m	122.85	54.08	6643.73	
9	桥架		m	2848.2	34.16	97294.51	
10	跳线连接器		个	480	405	194400	
11	4对对绞电缆		m	79546.15	1.3	103410	
	（1）小计					499317.07	
	（2）塑料及塑料制品类运杂费（序号1~2之和×4.3%）					3360.01	
	（3）光缆类运杂费（序号3之和×1%）					57.11	
	（4）其他类运杂费（序号4~10之和×3.6%）					11234.04	
	（5）电缆类运杂费（序号11之和×1.5%）					1551.15	
	（6）运输保险费（1）×0.1%					499.32	
	（7）采购及保管费（1）×1.1%					5492.49	
	（8）采购代理服务费						
	合计（I）：（1）+（2）+（3）+（4）+（5）+（6）+（7）+（8）					521511.19	
	段合计：合计（I）					521511.19	
	总　计					521511.19	

设计预算负责人：张振中　　　审核人：李立高　　　编制人：张振中　　　编制日期：2011 年 8 月 27 日星期六

表 2.28

项目名称：某学校宿舍区综合布线工程

工程名称：某学校宿舍区综合布线工程

工程建设其他费用预算表（表五甲）

建设单位：湖南邮电职业技术学院

表格编号：Z05 全页

序号	费 用 名 称	计算依据及方法	金额（元）	备 注
I	II	III	IV	V
1	建设用地及综合赔补偿费			按实计算
2	建设单位管理费	工程费 × 1.5%	11926.73	财建[2002]394 号
3	可行性研究费			计投资[1999]1283 号
4	研究试验费			按实计算
5	勘察设计费	（1）+（2）	30413.15	
-1	勘察费	0×0.8×1×(1+0)		计价格[2002]10 号
-2	设计费	{[(795115.15-0)×0.045+0]×1×0.85×1+0}×(1+0)	30413.15	计价格[2002]10 号
6	环境影响评价费			计价格[2002]125 号
7	劳动安全卫生评价费			按实计算
8	建设工程监理费	[(795115.15-0)×0.033+0]×1×0.85×1×(1+0)	22302.98	发改价格[2007]670 号
9	安全生产费	建筑安装工程费 × 1%	7951.15	财企[2006]478 号
10	引进技术及引进设备其他费			按实计算
11	工程保险费			按实计算
12	工程招标代理费			计价格[2002]1980 号
13	专利及专利技术使用费			按实计算
14	总计		72594.01	
15	生产准备及开办费（运营费）			由投资企业自行测算，列入运营费。

设计负责人：张振中　　　　　审核人：李立高　　　　　编制人：张振中　　　　　编制日期：2011 年 8 月 27 日星期六

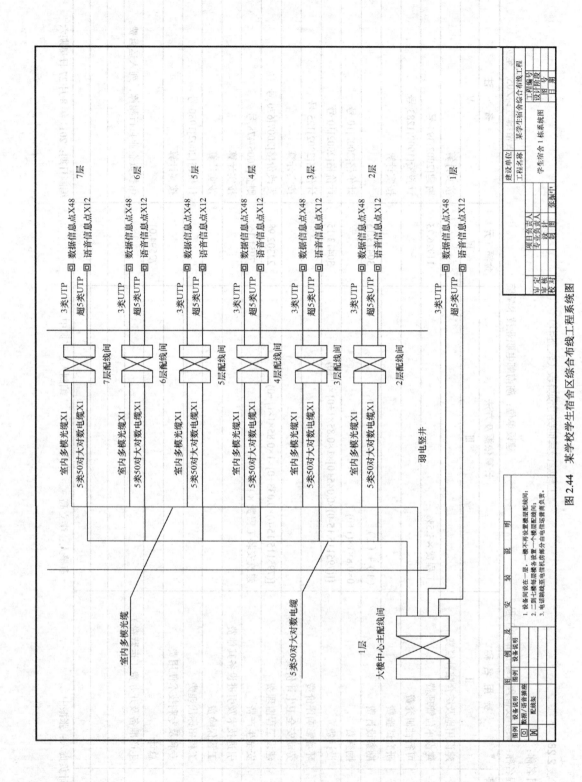

图 2.44　某学校学生宿舍区综合布线工程系统图

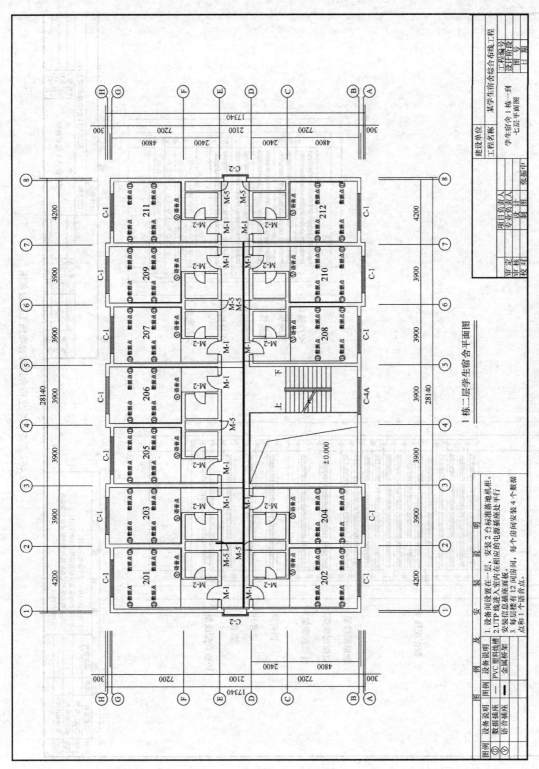

图 2.45 某学校学生宿舍区综合布线工程平面图

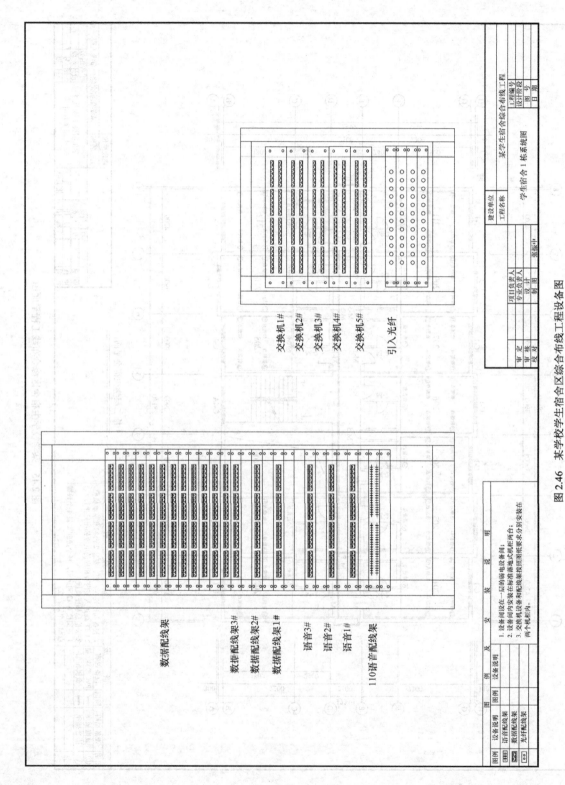

图 2.46 某学校学生宿舍区综合布线工程设备图

2.5.2　某公司办公楼综合布线工程设计案例

1．工程概况

（1）工程规模

某公司为适应办公现代化管理及安全防范的需要，决定对其办公大楼实施综合布线系统工程，以使某公司办公楼成为一座拥有先进的办公自动化管理系统、通信系统、有线电视系统、视频监控系统等于一体的智能化办公大楼。该办公大楼共 27 层，建筑面积约为 56056m^2，其中负 1 楼为地下车库，1 楼为大厅，2 到 6 楼为会议室，7 到 27 楼为公司办公室。在各楼层通道、大厅、地下停车场内布设全方位的视频监控点，在控制中心内可以监控到整个大楼的状况。

（2）用户信息点分布

根据办公大楼内部结构和实际使用情况，要求每个办公室安装 1 个数据信息点、1 个语音信息点，共计需要安装 845 个数据信息点，215 个语音信息点，5 个有线电视信息点。为了保障大楼的安全，在各楼层通道、大厅、地下停车场内均安装闭路视频监控点，共计 31 个闭路视频监控点，用户信息点具体分布见表 2.29。

表 2.29　　　　　　　　　　用户信息点具体分布

楼　　层	功　　能	语音信息点（个）	数据信息点（个）	有线电视信息点（个）	闭路视频监控点（个）
负 1 楼	停车场				2
1 楼	大厅				3
2 到 6 楼	会议室	1×5	1×5	1×5	5
7 到 27 楼	办公室	10×21	40×21		21
合计		215	845	5	31

根据综合布线工程设计规范要求并结合某公司办公楼的内部结构，将设备间设置在负 1 楼。该设备间既是有线电视网络、宽带网络、电话网络的管理中心，也是视频监控系统的控制中心。

2．设计依据

（1）国家标准 GB 50311-2007《综合布线系统工程设计规范》。

（2）国家标准 GB 50312-2007《综合布线系统工程施工和验收规范》。

（3）行业标准 YD/T926.1-2009《大楼通信综合布线系统第一部分总规范》。

（4）行业标准 YD/T926.2-2009《大楼通信综合布线系统第二部分综合布线用电缆光缆技术要求》。

（5）行业标准 YD/T926.3-2009《大楼通信综合布线系统第三部分综合布线用连接硬件技术要求》。

（6）北美标准 ANSI/TIA/EIA568B《商用建筑通信布线标准》。

（7）国际标准 ISO/IEC11801《信息技术—用户通用布线系统》（第二版）。

3．工程设计方案

（1）工作区子系统设计

根据工作区设计要求并结合某公司办公楼的内部结构，采用皮线光缆入户（FTTH）布设方式，为每间办公室、会议室配置一个光网络单元（ONU），为每个办公室配置 1 个电话接口（RJ-

11 接口）和 4 个网线接口（RJ-45 接口），为每间会议室配置 1 个电话接口（RJ-11 接口）、1 个网线接口（RJ-45 接口）和1 个有线电视接口（CATV 电视接口），具体配置如表 2.30 所示。

表 2.30　　　　　　　　　　　工作区子系统配置表

序号	名　　称	2 到 6 楼会议室	7 到 27 楼办公室	合计
1	光网络单元 ONU（个）	1×5	10×21	215
2	信息箱（个）	1×5	10×21	215
3	LC 光纤跳线（条）	1×5	10×21	215
4	RJ-45 跳线（条）	1×5	40×21	845
5	RJ-11 跳线（条）	1×5	10×21	215
6	同轴电缆跳线（条）	1×5		5
7	电源插板（块）	1×5	10×21	215

各楼层通道和会议室应安装 1 个彩色摄像机，并配电动可变焦镜头和云台，使摄像机在监控人员控制下可以进行全方位的视频监控工作。

（2）配线（水平）子系统设计

根据配线（水平）设计要求并结合某公司办公楼的内部结构，语音信号、数据信号和有线电视信号采用皮线光缆布放方式，视频监控信号采用视频同轴电缆连接，具体配置如表 2.31 所示。

表 2.31　　　　　　　　　　　配线（水平）子系统配置表

序号	名　　称	负 1 楼（m）	1 楼大厅（m）	2 到 6 楼会议室（m）	7 到 27 楼办公室（m）	合计（m）
1	镀锌钢管（Φ20）			50×5	82×21	1972
2	皮线光缆			65×5	241×21	5386
3	视频同轴电缆	20	30	10×5	10×21	310

各房间内均安装了天花板吊顶，因此水平子系统中各系统所使用线缆可以统一穿在一个镀锌钢管（Φ20）内，并布设在天花板吊顶内。各楼层及大厅内安装的视频监控摄像机将布设一根视频同轴电缆至 2 楼的控制中心，以传输视频信号，另外还布设一根 2 芯控制线缆，以控制云台移动和镜头变焦。

（3）干线（垂直）子系统设计

根据干线（垂直）设计要求并结合某公司办公楼的内部结构，在办公楼 17 楼设置光交接箱，在 7、9、11、13、15、18、20、22、24、26 楼分别设备光配线盒，具体配置如表 2.32 和表 3.33 所示。

表 2.32　　　　　　　　　　　干线（垂直）子系统配置表（一）

序号	名　　称	17 楼	7 楼	9 楼	11 楼	13 楼	15 楼	合计
1	线槽（m）	150	88	72	56	40	24	430
2	24 芯光缆（m）	180	103	87	71	55	39	535
3	光交接箱（个）	1						1
4	光配线盒（个）		1	1	1	1	1	5
5	1:64 光分路器（个）		1	1	1	1	1	5
6	LC 光纤连接器（个）	11	65	65	65	65	65	336
7	LC 光纤耦合器（个）	11	65	65	65	65	65	336

表 2.33　　　　　　　　　　干线（垂直）子系统配置表（二）

序号	名　　称	18 楼	20 楼	22 楼	24 楼	26 楼	合计
1	线槽（m）	16	32	48	64	80	240
2	24 芯光缆（m）	31	47	63	79	95	315
3	光配线盒（个）	1	1	1	1	1	5
4	1:64 光分路器（个）	1	1	1	1	1	5
5	LC 光纤连接器（个）	65	65	65	65	65	325
6	LC 光纤耦合器（个）	65	65	65	65	65	325

干线光缆由负 1 楼设备间通过竖井通道连接到 17 楼的光交接箱，再由 17 楼的光交接箱分出多路光纤连接到各楼层光配线盒，最后由各楼层光配线盒连接到每间办公室的光网络单元（ONU）。

（4）设备间子系统设计

根据设备间设计要求，设备间内安装 1 个 20U 的立式标准机柜，并安装 1 个 1:64 光分路器和 20 个 12 口光纤配线架，具体配置如表 2.34 所示。

表 2.34　　　　　　　　　　设备间子系统配置表

序　　号	名　　称	负 1 楼设备间
1	20U 的立式标准机柜（个）	1
2	1:64 光分路器（个）	1
3	12 口光纤配线架（个）	20
4	视频矩阵切换主机（台）	1
5	控制键盘（台）	1
6	16 画面的分割器（台）	1
7	监视器（台）	1
8	时滞录像机（台）	1

设备间还是本楼视频监控的控制中心，因此需要安装一个视频监控控制台。在控制台上配备一台视频矩阵切换主机、1 个控制键盘、1 台 16 画面的分割器、1 台监视器、1 台时滞录像机。各楼层监控点布设的同轴电缆和控制电缆应与控制台上的设备正确连接。监控人员可以通过 1 台监视器监控所有监控点的图像，并通过控制键盘控制摄像机的变焦和移动。

4. 工程预算

本预算为某办公楼综合布线工程的预算，预算总额为 447925.18 元，其中建筑安装工程费为 388301.4 元，建筑安装工程量为 18661.47 元，国内主材料为 331208.58 元，工程建设其他费用为 42395.89 元，具体如表 2.35 所示。

5. 工程图纸

本图纸为某办公楼综合布线工程的图纸，其中包括工程系统图如图 2.47 所示，工程管路图如图 2.48 所示，工程平面图如图 2.49 所示，工程设备图如图 2.50 所示。

表 2.35

项目名称：

工程名称：某公司办公楼综合布线工程

工程预算总表（表一）

建设单位：湖南邮电职业技术学院　　　　　　表格编号：Z01　　全页

序号	表格编号	费用名称	小型建筑工程费	需安装的设备费	不需安装的设备、工器具费	建筑安装工程费	其他费用	预备费	总 价 值		
									人民币（元）	其中外币（ ）	
I	II	III	IV	V	VI	VII	VIII	IX	X	XI	
1	表二	建筑安装工程费				388 301.40			388 301.40		
2		工程费（建安费+设备费）				388 301.40			388 301.40		
3	表五甲	工程建设其他费用					42 395.89		42 395.89		
4		合计				388 301.40	42 395.89		430 697.29		
5		预备费（合计×4%）						17 227.89	17 227.89		
6		总计				388 301.40	42 395.89	17 227.89	447 925.18		

设计负责人：张振中　　审核人：李立高　　编制人：张振中　　编制日期：2013 年 5 月 6 日

表 2.35

项目名称：

工程名称：某公司办公楼综合布线工程

建筑安装工程费用预算表（表二）

建设单位：湖南邮电职业技术学院

表格编号：Z02 全页

序号 I	费用名称 II	依据和计算方法 III	合计 IV
	建筑安装工程费	一二+三+四	388301.4
一、	直接费	(一)+(二)	358328.4
(一)	直接工程费	1+2+3+4	351703.6
1.	人工费	(1)+(2)	18861.47
(1)	技工费	技工工日×48	11395.68
(2)	普工费	普工工日×19	7265.79
2.	材料费	(1)+(2)	332202.21
(1)	主要材料费	详见表四	331208.58
(2)	辅助材料费	主材费×0.3%	993.63
3.	机械使用费	见表三乙	807.22
4.	仪表使用费	见表三丙	32.7
(二)	措施费	1+…+16	6624.8
1.	环境保护费	人工费×1.5%	279.92
2.	文明施工费	人工费×1%	186.61
3.	工地器材搬运费	人工费×5%	933.07
4.	工程干扰费	人工费×6%	1119.69
5.	工程点交、场地清理费	人工费×5%	933.07
6.	临时设施费	人工费×5%	933.07
7.	工程车辆使用费	人工费×6%	1119.69

序号 I	费用名称 II	依据和计算方法 III	合计 IV
8.	夜间施工增加费	人工费×3%	559.84
9.	冬雨季施工增加费	人工费×0%	
10.	生产工具用具使用费	人工费×3%	559.84
11.	施工用水电蒸气费		
12.	特殊地区施工增加费	总工日×0	
13.	已完工程及设备保护费		
14.	运土费		
15.	施工队伍调遣费	2×单程调遣费×调遣人数	
16.	大型施工机械调遣费	2×0.62×调遣运距×总吨位	
二、	间接费	(一)+(二)	11570.11
(一)	规费	1+2+3+4	5971.67
1.	工程排污费		
2.	社会保障费	人工费×26.81%	5003.14
3.	住房公积金	人工费×4.19%	781.92
4.	危险作业意外伤害保险费	人工费×1%	186.61
(二)	企业管理费	人工费×30%	5598.44
三、	利润	人工费×30%	5598.44
四、	税金	(一+二+三)×3.41%	12804.45

设计负责人：张振中 审核人：李立高 编制人：张振中 编制日期：2013 年 5 月 6 日

表2.35

建筑安装工程量预算表（表三甲）

工程名称：某公司办公楼综合布线工程　建设单位：湖南邮电职业技术学院　表格编号：Z03甲

项目名称：

序号	定额编号	项 目 名 称	单位	数量	单位定额值		合计值	
					技工	普工	技工	普工
I	II	III	IV	V	VI	VII	VIII	IX
1	BFTX-035	安装入户式综合信息（网络）机箱	套	45.000	1.2	0.6	54	27
2	BFTX-057	线槽、地板内明布皮线光缆	100米条	53.660	0.9	0.9	48.29	48.29
3	BFTX-060	皮线光缆测试	段	3.000	0.3		0.9	
4	BFTX-072	安装光接续箱（分光分纤箱或分纤箱）（墙壁）	套	5.000	1	0.5	5	2.5
5	TXL1-003	管道光（电）缆工程施工测量	100m	53.660	0.5		26.83	
6	TXL5-190	皮线光纤连接-机械法-单模	芯	24.000	0.43		10.32	
7	TXL5-191	皮线光纤连接-熔接法-单模	芯	24.000	0.5		12	
8	TXL7-003	敷设钢管φ25以下	100m	19.720	2.63	10.52	51.86	207.45
9	TXL7-012	敷设塑料线槽100宽以上	100m	6.700	4.21	12.64	28.21	84.69
10	TXL7-024	安装信息插座底盒（接线盒）明装	10个	31.200	0.4		12.48	
		合　计					237.41	382.41
		总　计					237.41	382.41

设计负责人：张振中　审核人：李立高　编制人：张振中　编制日期：2013 年 5 月 6 日

表 2.35

国内器材预算表（表四甲）（主要材料表）

项目名称：

工程名称：某公司办公楼综合布线工程　　建设单位：湖南邮电职业技术学院　　表格编号：Z04（主材）

序号 I	名　称 II	规格程式 III	单位 IV	数量 V	单价（元）VI	合计（元）VII	备注 VIII
1	皮线光缆		m	5473.32	9.03	49424.08	
2	光缆接头盒	12芯	套	2	728.34	1456.68	
3	射频同轴电缆	7/8"以上	m	310	7.14	2213.4	
4	光纤连接器材		套	24	100	2400	
5	机柜（机架）		个	1	1320	1320	
6	接线箱		个	5	775	3875	
7	跳线连接器		个	2805	75	210375	
8	镀锌钢管	φ25×2.5mm	m	2031.16	19.35	39302.95	
9	塑料线槽		m	703.5	9.51	6690.29	
10	信息插座底盒或接线盒		个	318	0.76	241.68	
	（1）小计					317299.08	
	（2）光缆类运杂费（序号 1～2 之和×1%）					508.81	
	（3）电缆类运杂费（序号 3 之和×1.5%）					33.2	
	（4）其他类运杂费（序号 4～8 之和×3.6%）					9261.83	
	（5）塑料及塑料制品类运杂费（序号 9～10 之和×4.3%）					298.07	
	（6）运输保险费（1）×0.1%					317.3	
	（7）采购及保管费（1）×1.1%					3490.29	
	（8）采购代理服务费						
	合计（Ⅰ）：(1)+(2)+(3)+(4)+(5)+(6)+(7)+(8)					331208.58	
	段合计：合计（Ⅰ）					331208.58	
	总　计					331208.58	

设计负责人：张振中　　编制人：张振中　　审核人：李立高　　编制日期：2013 年 5 月 6 日

表2.35

项目名称：

工程名称：某公司办公楼综合布线工程　　建设单位：湖南邮电职业技术学院　　表格编号：Z05　全页

工程建设其他费用预算表（表五甲）

序号	费用名称	计算依据及方法	金额（元）	备注
I	II	III	IV	V
1	建设用地及综合赔补偿费			按实计算
2	建设单位管理费	工程费×1.5%	5824.52	财建[2002]394号
3	可行性研究费			计投资[1999]1283号
4	研究性试验费			按实计算
5	勘察设计费	（1）+（2）	21796.51	
-1	勘察费	[（5.366-1）×1530+2000]×0.8×1×（1+0）	6943.98	计价格[2002]10号
-2	设计费	{[（388301.4-0）×0.045+0]×1×0.85×1+0}×（1+0）	14852.53	计价格[2002]10号
6	环境影响评价费			计价格[2002]125号
7	劳动安全卫生评价费			按实计算
8	建设工程监理费	[（388301.4-0）×0.033+0]×1×0.85×1×（1+0）	10891.85	发改价格[2007]670号
9	安全生产费	建筑安装工程费×1%	3883.01	财企[2006]478号
10	引进技术及引进设备其他费			按实计算
11	工程保险费			按实计算
12	工程招标代理费			计价格[2002]1980号
13	专利及专利技术使用费			按实计算
14	总计		42395.89	
15	生产准备及开办费（运营费）			由投资企业自行测算，列入运营费。

设计负责人：张振中　　　审核人：李立高　　　编制人：张振中　　　编制日期：2013年5月6日

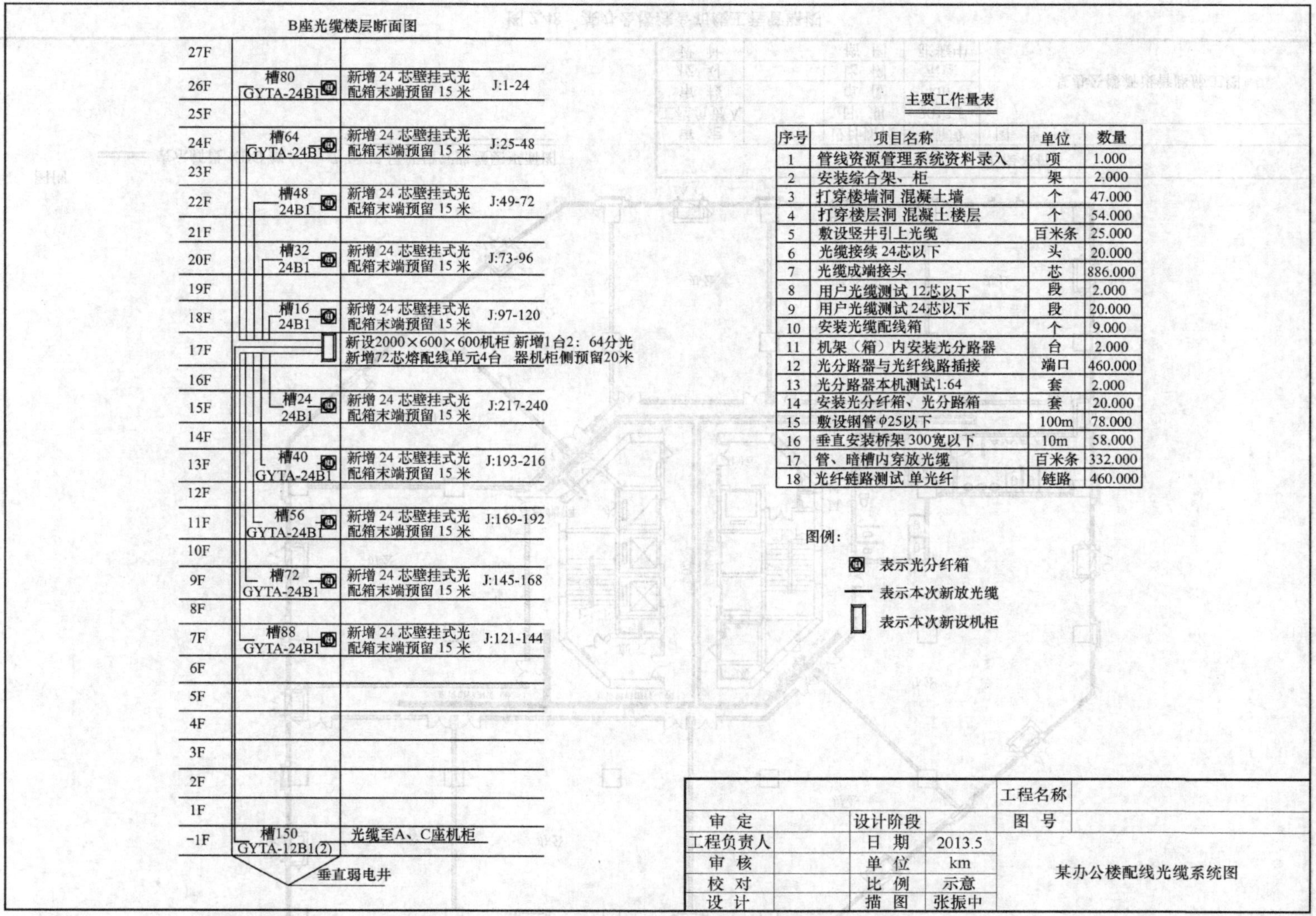

主要工作量表

序号	项目名称	单位	数量
1	管线资源管理系统资料录入	项	1.000
2	安装综合架、柜	架	2.000
3	打穿楼墙洞 混凝土墙	个	47.000
4	打穿楼层洞 混凝土楼层	个	54.000
5	数设竖井引上光缆	百米条	25.000
6	光缆接续 24芯以下	头	20.000
7	光缆成端接头	芯	886.000
8	用户光缆测试 12芯以下	段	20.000
9	用户光缆测试 24芯以下	段	20.000
10	安装光缆配线箱	个	9.000
11	机架（箱）内安装光分路器	台	2.000
12	光分路器本机测试1:64	端口	460.000
13	安装分路器、光分路箱	套	2.000
14	安装光分纤箱 φ25以下	套	20.000
15	数设钢管 φ25以下	10m	78.000
16	垂直安装桥架300宽以下	百米条	58.000
17	管、隔槽内穿放单光纤	百米条	332.000
18	光纤链路测试 单光纤	链路	460.000

图例：

⊠ 表示光分纤箱
— 表示本次新放光缆
□ 表示本次新设机柜

B座光缆楼层断面图

27F	
26F 槽80 GYTA-24B1	新增24芯壁挂式光 配箱末端预留15米 J:1-24
25F	
24F 槽64 GYTA-24B1	新增24芯壁挂式光 配箱末端预留15米 J:25-48
23F	
22F 槽48 24B1	新增24芯壁挂式光 配箱末端预留15米 J:49-72
21F	
20F 槽32 24B1	新增24芯壁挂式光 配箱末端预留15米 J:73-96
19F	
18F 槽16 24B1	新增24芯壁挂式光 配箱末端预留15米 J:97-120
17F	新设2000×600×600机柜 新增1台2：64分光 新增72芯熔配线单元4台 器机柜侧预留20米
16F 槽24 24B1	新增24芯壁挂式光 配箱末端预留15米
15F	
14F 槽40 24B1	新增24芯壁挂式光 配箱末端预留15米 J:217-240
13F	新增24芯壁挂式光 配箱末端预留15米 J:193-216
12F	
11F 槽56 GYTA-24B1	新增24芯壁挂式光 配箱末端预留15米 J:169-192
10F	
9F 槽72 GYTA-24B1	新增24芯壁挂式光 配箱末端预留15米 J:145-168
8F	
7F 槽88 GYTA-24B1	新增24芯壁挂式光 配箱末端预留15米 J:121-144
6F	
5F	
4F	
3F	
2F	
1F 槽150 GYTA-12B1(2)	光缆至A、C座机柜
-1F	垂直弱电井

工程名称		图号	
设计阶段		日期	2013.5
		单位	km
		比例	示意
		描图	张振中
工程负责人		校对	
审核		设计	
审定			

某办公楼配线光缆系统图

图2.47　某办公楼综合布线工程系统图

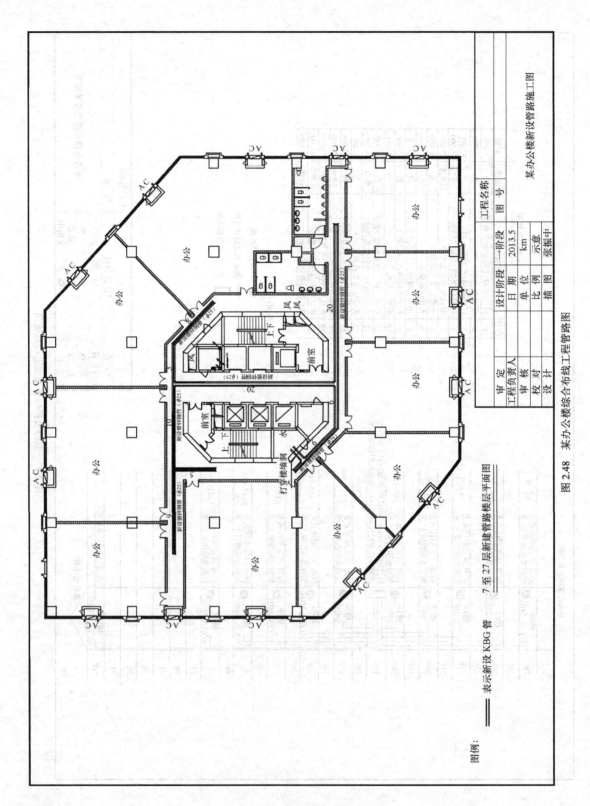

图 2.48 某办公楼综合布线工程管路图

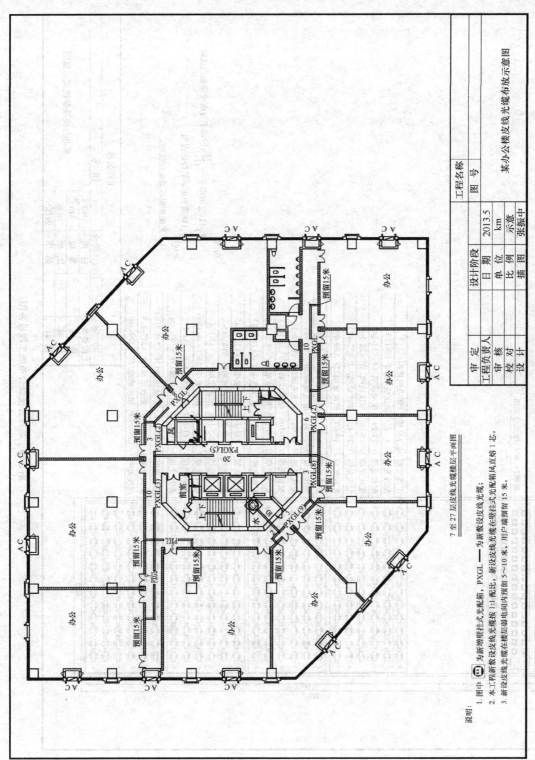

图 2.49　某办公楼综合布线工程平面图

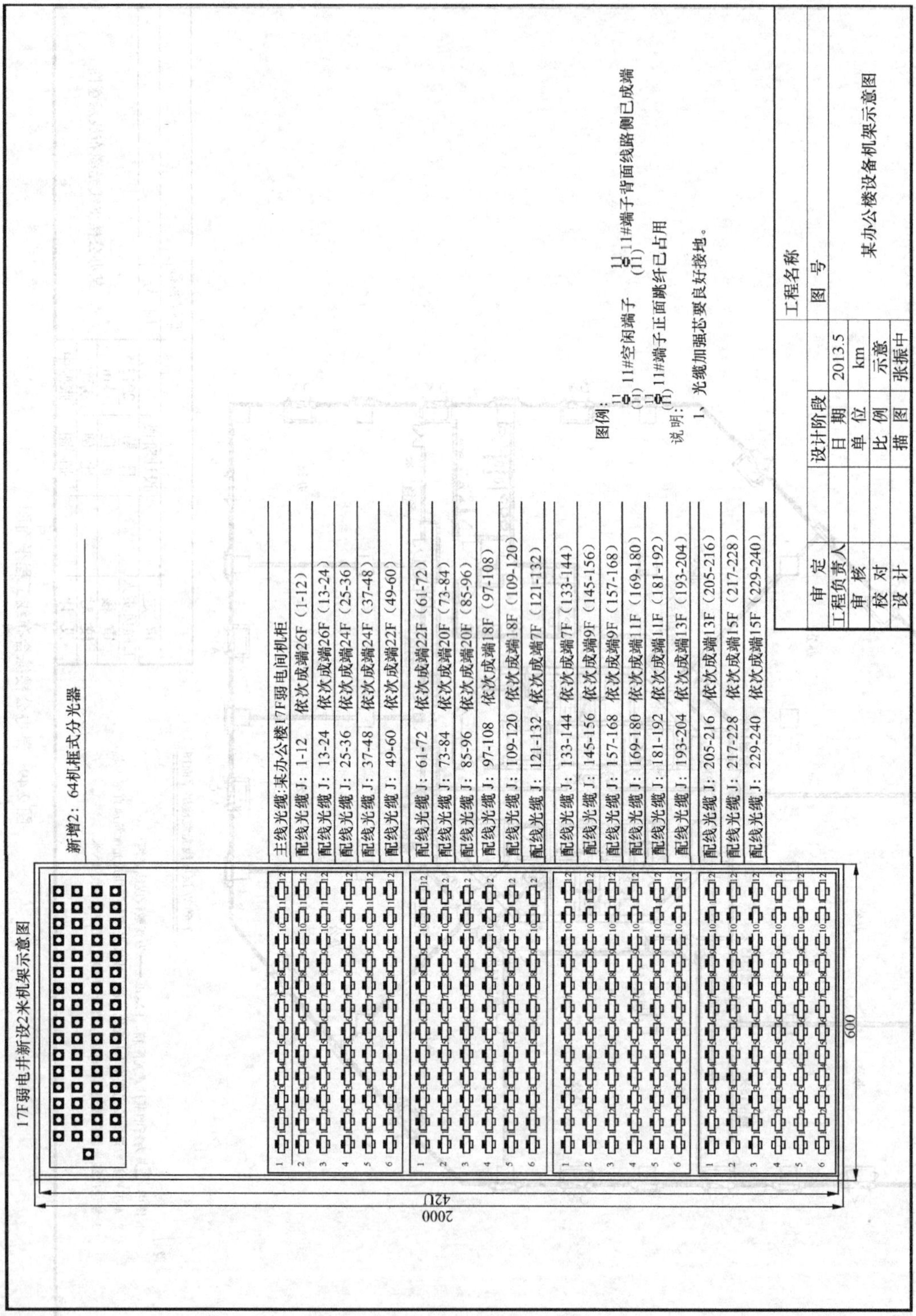

新增2：64机框式分光器

17F弱电井新设2米机架示意图

主线光缆 J：1-12 某办公楼17F弱电间机柜 （1-12）
配线光缆 J：13-24 依次成端26F （13-24）
配线光缆 J：25-36 依次成端24F （25-36）
配线光缆 J：37-48 依次成端24F （37-48）
配线光缆 J：49-60 依次成端22F （49-60）
配线光缆 J：61-72 依次成端22F （61-72）
配线光缆 J：73-84 依次成端20F （73-84）
配线光缆 J：85-96 依次成端20F （85-96）
配线光缆 J：97-108 依次成端18F （97-108）
配线光缆 J：109-120 依次成端18F （109-120）
配线光缆 J：121-132 依次成端7F （121-132）
配线光缆 J：133-144 依次成端7F （133-144）
配线光缆 J：145-156 依次成端9F （145-156）
配线光缆 J：157-168 依次成端9F （157-168）
配线光缆 J：169-180 依次成端11F （169-180）
配线光缆 J：181-192 依次成端11F （181-192）
配线光缆 J：193-204 依次成端13F （193-204）
配线光缆 J：205-216 依次成端13F （205-216）
配线光缆 J：217-228 依次成端15F （217-228）
配线光缆 J：229-240 依次成端15F （229-240）

图例：
11#空闲端子
11#端子正面跳纤已占用
11#端子背面线路侧已成端

说明：
1、光缆加强芯要良好接地。

2000 42U 600

某办公楼设备机架示意图

工程名称
图　号

设计阶段　　日　期　2013.5
单　位　km
比　例　示意
描　图　张振中

工程质责人　审　定
校　对　审　核
设　计

图2.50　某办公楼综合布线工程设备图

2.5.3 某住宅小区综合布线系统设计案例

1. 工程概况

（1）工程规模

本工程项目主要负责某住宅小区的综合布线工程，该住宅小区包括 1 栋、2 栋、3 栋、4 栋、5 栋共 5 幢建筑物，其中 1 栋和 2 栋为一梯 8 户，楼层高度为 4m；3 栋、4 栋、5 栋为一梯 4 户，楼层高度为 4m，各幢建筑物的楼层均为 7 层。小区中心机房已布设暗埋管道至各幢建筑。为了确保小区的安全，在每幢楼的四角各安装 1 个全方位的视频监控点，并能通过控制中心进行视频监控管理。

（2）用户信息点分布

根据办公大楼内部结构和实际使用情况，要求每个用户安装 2 个数据信息点、2 个语音信息点和 1 个有线电视信息点，共计需要安装 845 个数据信息点，215 个语音信息点，5 个有线电视信息点，用户信息点具体分布如表 2.36 所示。

表 2.36　　　　　　　　　　　用户信息点具体分布

楼栋号	数据信息点	语音信息点	有线电视信息点	视频监控点
1 栋	112	112	56	4
2 栋	112	112	56	4
3 栋	56	56	28	4
4 栋	56	56	28	4
5 栋	56	56	28	4
合计	392	392	196	20

住宅小区内 5 幢楼宇的户型基本相似，住户的每个卧室内均布设 1 个数据信息点和 1 个语音点，大厅布置 1 个有线电视信息点。小区共有 5 幢楼宇，每幢楼宇四角安装 1 个视频监控点，因此小区共计需要安装 20 个视频监控点。

2. 设计依据

（1）国家标准 GB 50311-2007《综合布线系统工程设计规范》。

（2）国家标准 GB 50312-2007《综合布线系统工程施工和验收规范》。

（3）行业标准 YD/T926.1-2009《大楼通信综合布线系统第一部分总规范》。

（4）行业标准 YD/T926.2-2009《大楼通信综合布线系统第二部分综合布线用电缆光缆技术要求》。

（5）行业标准 YD/T926.3-2009《大楼通信综合布线系统第三部分综合布线用连接硬件技术要求》。

（6）北美标准 ANSI/TIA/EIA568B《商用建筑通信布线标准》。

（7）国际标准 ISO/IEC11801《信息技术—用户通用布线系统》（第二版）。

3. 工程设计方案

（1）工作区子系统设计

根据工作区设计要求，考虑到小区住宅楼户型结构基本相同，每个用户有两间卧室、一个客厅、一个厨房和卫生间等相关配套设施，采用每个卧室内均布设 1 个数据信息点和 1 个语音信息点，客厅布置 1 个有线电视信息点，具体配置如表 2.37 所示。数据信息插座采用 6 类信息模块，并配有防尘盖的单口面板。电话语音插座采用 RJ-11 信息模块，并配有防尘盖的单口面板。有线电视插座将采用有线电视 CATV 插座。

表 2.37　　　　　　　　　　　　工作区子系统配置表

序号	名　　称	1 栋	2 栋	3 栋	4 栋	5 栋	合计
1	综合信息箱（套）	56	56	28	28	28	196
2	皮线光缆连接器（个）	112	112	56	56	56	392
3	信息插座（个）	112	112	56	56	56	392
4	电视插座（个）	56	56	28	28	28	196
5	同轴电缆（m）	280	280	140	140	140	980
6	双绞线（m）	560	560	280	280	280	1960
7	可视对讲分机（台）	56	56	28	28	28	196

为了不影响室内装修效果，所有信息点插座均暗埋在墙内，并在距地面 30cm 以上的位置。

（2）配线（水平）子系统设计

根据配线（水平）设计要求，数据网络采用 6 类非屏蔽双绞线，以实现 100MB 以太网络接入的要求；语音网络也采用 6 类非屏蔽双绞线，为以后的数据和语音信息点互换做好准备；有线电视网络采用 75Ω 同轴电缆，具体配置如表 2.38 所示。

表 2.38　　　　　　　　　　　　配线（水平）子系统配置表

序号	名　　称	1 栋	2 栋	3 栋	4 栋	5 栋	合计
1	皮线光缆（m）	840	820	518	518	518	3214
2	视频同轴电缆（可视对讲）（m）	588	588	392	392	392	2352
3	60mm×30mm PVC 线槽（m）	252	252	224	224	224	1176

为了不影响室内的美观，室内的所有线缆均采用暗埋方式进行布设。在建筑施工时，各住户已将 PVC 管暗埋到墙内，并与暗埋在墙内的插座底盒相连接。数据和语音系统的 UTP 电缆将混合在一起进行敷设，有线电视同轴电缆单独敷设。

（3）干线（垂直）子系统设计

根据干线（垂直）设计要求，考虑到小区内每幢住宅楼都为 7 层，楼内用户信息点不算密集，从造价及维护管理的角度考虑将不设置楼层配线间（管理间），因此楼内各住户的线缆将直接从住房内引出，然后沿着已埋设好的垂直管道布设到一楼的设备间，不再配备专门的主干电缆，具体配置如表 2.39 所示。

表 2.39　　　　　　　　　　　　干线（垂直）子系统配置表

序号	名　　称	1 栋	2 栋	3 栋	4 栋	5 栋	合计
1	皮线光缆（m）	1344	1344	672	672	672	4704
2	视频同轴电缆（可视对讲）（m）	672	672	336	336	336	2352
3	200mm×100mm PVC 线槽（m）	84	84	84	84	84	420

各住户的 UTP 电缆将直接布设至一楼设备间，有线电视同轴电缆从房内引出后，与楼道内的分配器相连，并通过一根视频同轴电缆布设至一楼设备间。

（4）设备间子系统设计

由于小区内每幢楼宇内的信息点不算密集，因此楼层不设楼层配线间，统一在一楼楼梯间设置设备间。小区的中心机房将作为整个小区的设备间，对小区的数据网络、语音网络、有线电视网络、视频监控网络进行集中管理，具体配置如表 2.40 所示。

表 2.40　　　　　　　　　　　设备间子系统配置表

序号	名　　称	1 栋	2 栋	3 栋	4 栋	5 栋	合计
1	挂壁式分光箱（套）	1	1	1	1	1	5
2	管理机（可视对讲）（台）	1	1	1	1	1	5
3	可视对讲主机（可视对讲）（台）	1	1	1	1	1	5
4	视频矩阵切换主机（监控）（台）	1					1
5	控制键盘（监控）（台）	1					1
6	16 画面的分割器（监控）（台）	1					1
7	监视器（监控）（台）	1					1
8	时滞录像机（监控）（台）	1					1

小区 1 栋设备间设置为小区视频监控中心。控制中心内将安装一个控制台、一台视频矩阵切换主机、1 个控制键盘、两台 16 画面的分割器、1 台监视器、1 台时滞录像机。

（5）进线间和建筑群子系统设计

根据进线间和建筑群的设计规范，小区内各个建筑物设备间之间采用 12 芯 62.5/125μm 多模光缆连接，并适当留有余量，满足各建筑物之间的高速数据网络及未来更高的速率需求。小区总设备间设置在 1 栋设备间，其他每栋住宅楼设备间通过光缆连接到 1 栋总设备间，实测各栋之间的距离如表 2.41 所示。

表 2.41　　　　　　　　学生宿舍区各建筑物到 1 栋的设备间的实测距离

序号	名　　称	实际测量距离（m）
1	2 栋的设备间到 1 栋的设备间光缆长度	160
2	3 栋的设备间到 1 栋的设备间光缆长度	50
3	3 栋的设备间到 4 栋的设备间光缆长度	85
4	4 栋的设备间到 5 栋的设备间光缆长度	85
5	建筑群子系统总光缆长度	380

根据用户需求可知，该小区需要在 5 幢楼宇的四角安装全方位的视频监控点，因此共计需要安装 20 个视频监控点。每个摄像机将布设一根视频同轴电缆和一根 2 芯控制电缆至小区中心机房，对于距离较远的楼宇应再配备一台中继放大器，以便延长电缆连接。

4．工程预算

本预算为某住宅小区综合布线工程的预算，预算总额为 2197115.23 元，其中建筑安装工程费为 1909499.92 元，建筑安装工程量为 664562.19 元，国内主材为 333538.55 元，工程建设其他费用为 203110.88 元具体如表 2.42 所示。

5．工程图纸

本图纸为某住宅小区综合布线工程的图纸，其中包括工程系统图如图 2.51 所示，1 栋一层平面图如图 2.52 所示，1 栋 2 至 7 层平面图如图 2.53 所示，工程设备图如图 2.54 所示。

表 2.42

项目名称：

工程名称：某住宅小区综合布线工程

工程预算总表（表一）

建设单位：湖南邮电职业技术学院

表格编号：Z01　全页

序号	表格编号	费 用 名 称	小型建筑工程费	需安装的设备费	不需安装的设备、工器具费	建筑安装工程费	其他费用	预备费	总 价 值	
						元			人民币（元）	其中外币（ ）
I	II	III	IV	V	VI	VII	VIII	IX	X	XI
1	表二	建筑安装工程费				1 909 499.92			1 909 499.92	
2		工程费（建安费＋设备费）				1 909 499.92			1 909 499.92	
3	表五甲	工程建设其他费用					203 110.88		203 110.88	
4		合计				1 909 499.92	203 110.88		2 112 610.80	
5		预备费（合计×4%）						84 504.43	84 504.43	
6		总计				1 909 499.92	203 110.88	84 504.43	2 197 115.23	

设计负责人：张振中　　　审核人：李立高　　　编制人：张振中　　　编制日期：2013 年 5 月 6 日

表 2.42

项目名称：

工程名称：某住宅小区综合布线工程　　建设单位：湖南邮电职业技术学院

建筑安装工程费用预算表（表二）

表格编号：Z02　全页

序号	费用名称	依据和计算方法	合计	序号	费用名称	依据和计算方法	合计
I	II	III	IV	I	II	III	IV
一、	建筑安装工程费	一二+三十四	1909499.92	8.	夜间施工增加费	人工费×3%	19936.87
（一）	直接工程费	（一）+（二）	1235135.92	9.	冬雨季施工增加费	人工费×0%	
（一）	直接工程费	1+2+3+4	999216.34	10.	生产工具用具使用费	人工费×3%	19936.87
1.	人工费	（1）+（2）	664562.19	11.	施工用水电蒸气费		
（1）	技工费	技工工日×48	309144.96	12.	特殊地区施工增加费	总工日×0	
（2）	普工费	普工工日×19	355417.23	13.	已完工程及设备保护费		
2.	材料费	（1）+（2）	334539.17	14.	运土费		
（1）	主要材料费	详见表四	333538.55	15.	施工队伍调遣费	2×单程调遣费×调遣人数	
（2）	辅助材料费	主材费×0.3%	1000.62	16.	大型施工机械调遣费	2×0.62×调遣运距×总吨位	
3.	机械使用费	见表三乙	60.48	二、	间接费	（一）+（二）	41028.56
4.	仪表使用费	见表三丙	54.5	（一）	规费	1+2+3+4	212659.9
（二）	措施费	1+…+16	235919.58	1.	工程排污费		
1.	环境保护费	人工费×1.5%	9968.43	2.	社会保障费	人工费×26.81%	178169.12
2.	文明施工费	人工费×1%	6645.62	3.	住房公积金	人工费×4.19%	27845.16
3.	工地器材搬运费	人工费×5%	33228.11	4.	危险作业意外伤害保险费	人工费×1%	6645.62
4.	工程干扰费	人工费×6%	39873.73	（二）	企业管理费	人工费×30%	199368.66
5.	工程点交、场地清理费	人工费×5%	33228.11	三、	利润	人工费×30%	199368.66
6.	临时设施费	人工费×5%	33228.11	四、	税金	（一二+三）×3.41%	62966.78
7.	工程车辆使用费	人工费×6%	39873.73				

设计负责人：张振中　　审核人：李立高　　编制人：张振中　　编制日期：2013 年 5 月 6 日

表 2.42

项目名称：

工程名称：某住宅小区综合布线工程　　建设单位：湖南邮电职业技术学院　　表格编号：Z03 甲

建筑安装工程量预算表（表三甲）

序号	定额编号	项目名称	单位	数量	单位定额值		合计值	
					技工	普工	技工	普工
I	II	III	IV	V	VI	VII	VIII	IX
1	BFTX-035	安装入户式综合信息（网络）机箱	套	196.000	1.2	0.6	235.2	117.6
2	BFTX-057	线槽，地板内明布皮线光缆	100 米条	79.740	0.9	0.9	71.77	71.77
3	BFTX-060	皮线光缆测试	段	5.000	0.3		1.5	
4	BFTX-072	安装光接续箱（分光分纤箱或分纤箱）（墙壁）	套	5.000	1	0.5	5	2.5
5	TXL5-190	皮线光纤连接-机械法单模	芯	392.000	0.43		168.56	
6	TXL5-191	皮线光纤连接-熔接法-单模	芯	12.000	0.5		6	
7	TXL7-026	安装信息插座底盒（接线盒）混凝土墙内	10 个	588.000		1.37		805.56
8	TXL7-011	敷设塑料线槽 100 宽以下	100m	1176.000	3.51	10.53	4127.76	12383.28
9	TXL7-012	敷设塑料线槽 100 宽以上	100m	420.000	4.21	12.64	1768.2	5308.8
10	TXL1-003	管道光（电）缆施工测量	100m	79.740	0.5		39.87	
11	TXL7-033	穿放 4 对对绞电缆	百米条	19.600	0.85	0.85	16.66	16.66
		合　计					6440.52	18706.17
		总　计					6440.52	18706.17

设计负责人：张振中　　编制人：张振中　　审核人：李立高　　编制人：张振中　　编制日期：2013 年 5 月 6 日

表2.42　　　国内器材预算表（表四甲）（主要材料表）

项目名称：

工程名称：某住宅小区综合布线工程　　　建设单位：湖南邮电职业技术学院　　　表格编号：Z04（主材）

序号	名　称	规格程式	单位	数量	单价（元）	合计（元）	备注
I	II	III	IV	V	VI	VII	VIII
1	皮线光缆		m	7974	9.03	72005.22	
2	射频电缆	SYV75-2-1	m	4704	1.06	4986.24	
3	4对对绞电缆		m	1960	0.82	1607.2	
4	光纤连接器材		套	392	85	33320	
5	塑料线槽	60mm×30mm	m	1176	7.51	8831.76	
6	塑料线槽	200mm×100mm	m	420	10.12	4250.4	
7	挂壁式分光箱		套	5	1065	5325	
8	综合信息箱		套	196	524	102704	
9	可视对讲系统		套	5	12000	60000	
10	监控系统		套	1	32000	32000	
11	信息插座底盒或接线盒		个	588	0.76	446.88	
	（1）、小计					325476.7	
	（2）、光缆类运杂费（序号1, 7~8之和×1%）					1800.34	
	（3）、电缆类运杂费（序号2~3之和×1.5%）					98.9	
	（4）、其他类运杂费（序号4之和×3.6%）					1199.52	
	（5）、塑料及塑料制品类运杂费（序号5~6, 11之和×4.3%）					581.75	
	（6）、设备类运杂费（序号9~10之和×0.8%）					736	
	（7）、运输保险费（1）×0.3%					976.43	
	（8）、采购及保管费（1）×0.82%					2668.91	
	（9）、采购代理服务费						
	合计（I）：合计（I）=（1）+（2）+（3）+（4）+（5）+（6）+（7）+（8）+（9）					333538.55	
	段合计：合计（I）					333538.55	
	总　计					333538.55	

设计负责人：张振中　　　编制人：张振中　　　审核人：李立高　　　编制日期：2013年5月6日

表2.42

项目名称：

工程名称：某住宅小区综合布线工程　　　　建设单位：湖南邮电职业技术学院

工程建设其他费用预算表（表五甲）　　　　表格编号：Z05　全页

序号	费用名称	计算依据及方法	金额（元）	备注
I	II	III	IV	V
1	建设用地及综合赔补偿费			按实计算
2	建设单位管理费	工程费 × 1.5%	32203.21	财建[2002]394 号
3	可行性研究费			计价格[1999]1283 号
4	研究试验验费			按实计算
5	勘察设计费	（1）+（2）	91592.67	
-1	勘察费	[(7.974-1)×1530+2000]×0.8×1×(1+0)	10136.18	计价格[2002]10 号
-2	设计费	{[(214680.67-2000000)×0.0397+90000]×1×0.85×1+0}×(1+0)	81456.49	计价格[2002]10 号
6	环境影响评价费			计价格[2002]125 号
7	劳动安全卫生评价费			按实计算
8	建设工程监理费	[(214680.67-0)×0.033+0]×1×0.85×1×(1+0)	60220	发改价格[2007]670号
9	安全生产费	建筑安装工程费 × 1%	19095	财金[2006]478 号
10	引进技术及引进设备其他费			按实计算
11	工程保险费			按实计算
12	工程招标代理费			计价格[2002]1980 号
13	专利及专利技术使用费			按实计算
14	总计		203110.88	
15	生产准备及开办费（运营费）			由投资企业自行测算，列入运营费

设计负责人：张振中　　　审核人：李立高　　　编制人：张振中　　　编制日期：2013 年 5 月 6 日

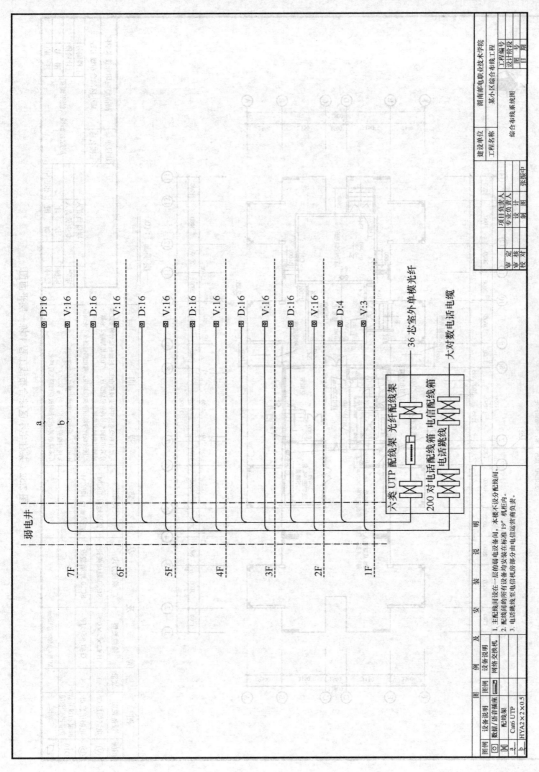

图 2.51　某住宅小区综合布线工程系统图

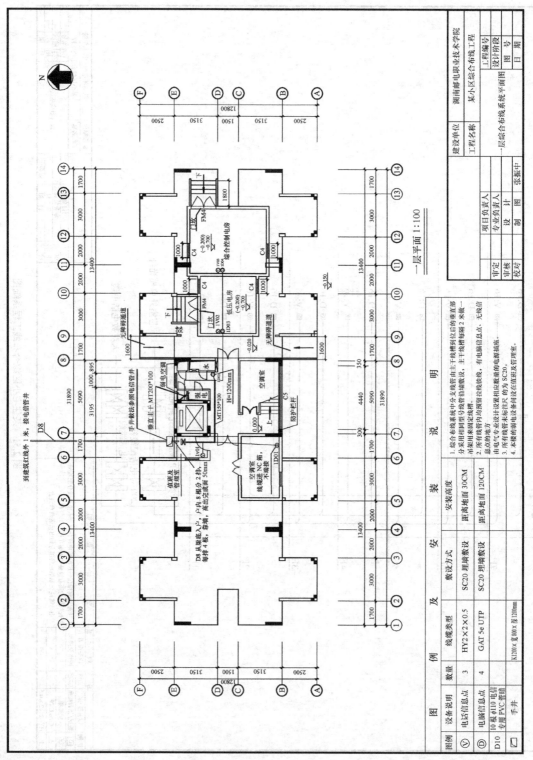

图 2.52 某住宅小区综合布线工程 1 栋一层平面图

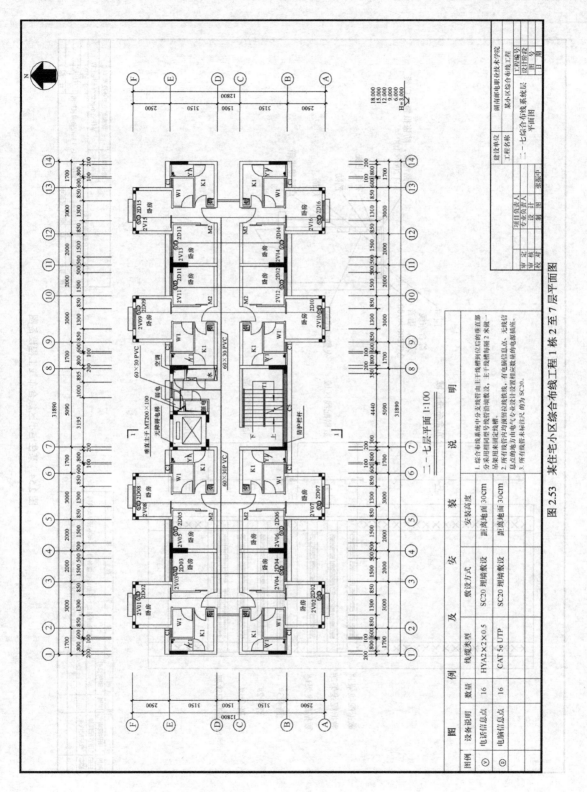

图 2.53　某住宅小区综合布线工程 1 栋 2 至 7 层平面图

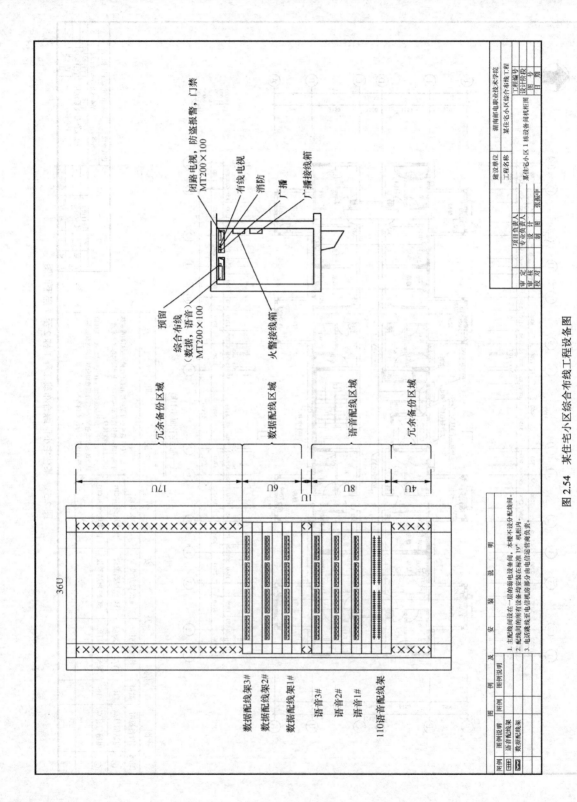

图 2.54　某住宅小区综合布线工程设备图

本章小结

综合布线系统的设计是一项系统工程，作为设计人员必须熟悉设计流程，认真做好用户需求分析，才能设计出行之有效的设计方案以及施工图纸。在方案设计中，重点针对工作区子系统、配线（水平）子系统、管理子系统、干线（垂直）子系统、设备间子系统、进线间子系统和建筑群子系统7个子系统进行设计。

设计人员的设计成果是通过设计方案体现出来的，因此要认真分析用户需求，按照方案书写要点及格式编写方案。编写方案时，要力求设计思路明确，文字通俗易懂。方案中工程设备清单是一份重要性文档，必须认真依据各子系统的设计方法进行核算，力求不要出现错误，否则会使招投标工作影响巨大。

应知测试

一、填空题

1．在综合布线系统中，安装在工作区墙壁上的信息插座应该距离地面（　　　　　）以上，距离电源插座（　　　　　）以上，信息插座与计算机终端设备的距离保持在（　　　　　）以内。

2．在综合布线系统中，工作区应安装足够的信息插座，以满足（　　　　　）、（　　　　　）、（　　　　　）、（　　　　　）等终端设备的安装使用。

3．工作区配置（　　　　　）信息插座以满足计算机连接，配置（　　　　　）信息插座以满足电话机和传真机等电话语音设备的连接，配置有线电视（　　　　　）插座以满足电视机连接。

4．设计水平子系统时必须折中考虑，一般可采用（　　　　　）、（　　　　　）和（　　　　　）3种类型。

5．水平子系统的一端连接到管理子系统的（　　　　　），另一端连接到工作区子系统的（　　　　　）上，布线线缆通常会使用（　　　　　），也可以根据需要选择（　　　　　）。

6．暗敷设通常沿楼层的（　　　　　）、（　　　　　）、（　　　　　），这种方式适合于建筑物设计与建设时已考虑综合布线系统的场合。

7．明敷设布线方式主要用于既没有天花板吊顶又没有预埋管槽的建筑物的综合布线系统，通常采用（　　　　　）和（　　　　　）相结合的方式来设计布线路由。

8．对于数据和语音网络可以优先选择（　　　　　）作为传输介质，对于屏蔽要求较高的场合，可选择（　　　　　）；对于屏蔽要求不高的场合应尽量选择（　　　　　）。对于有线电视系统，应选择（　　　　　）。对于要求传输速率高或保密性高的场合，应选择（　　　　　）、（　　　　　）、（　　　　　）作为水平布线线缆。

9．管理间子系统的交接方案有（　　　　　）和（　　　　　）两种。交接方案的选择与综合布线系统规模有直接关系，一般来说（   ）交接方案应用于综合布线系统规模较小的场合，而（   ）交接方案应用于综合布线系统规模较大的场合。

10．综合布线管理间子系统通常使用（   ）、（   ）和（   ）3 种标记。其中（   ）最常用。

11．综合布线系统的主干线路的连接方法目前有（   ）、（   ）和（   ）3 种。

12．目前垂直型的干线布线路由主要采用（   ）和（   ）两种方法。对于单层平面建筑物水平型的干线布线路由主要用（   ）和（   ）两种方法。

13．干线通道中所用的电缆孔是很短的管道，通常是用一根或数根直径为（   ）的金属管组成。它们嵌在混凝土地板中，这是浇注混凝土地板时嵌入的，比地板表面高出（   ）。

14．电缆井是指在每层楼板上开出一些方孔，一般长为（   ），宽为（   ），并有（   ）高的井栏，具体大小要根据所布线的干线电缆数量而定。

15．综合布线干线子系统建筑群配线架 CD 到楼层配线架 FD 的距离不应超过（   ），建筑物配线架 BD 到楼层配线架 FD 的距离不应超过（   ）。

16．双绞线一般以箱为单位订购，每箱双绞线长度为（   ）。

17．设备间的位置一般应选定在建筑物综合布线干线综合体的（   ）位置。

18．建筑群子系统采用的 3 种布线方案是（   ）、（   ）和（   ）。

19．综合布线系统中的电气保护主要分为（   ）和（   ）两类。

20．综合布线系统中常用的屏蔽保护系统是（   ）、（   ）、（   ）3 类。

21．根据商业建筑物接地和接线要求的规定，综合布线系统接地的结构包括（   ）、（   ）、（   ）、（   ）、（   ）和（   ）6 部分。

22．根据接地的作用不同，有多种接地形式，主要有（   ）、（   ）、（   ）、（   ）。

二、选择题

1．工作区安装在墙面上的信息插座，一般要求距离地面（   ）以上。

A．20cm   B．30cm

C．40cm   D．50cm

2．水平子系统中有线电视系统应使用的电缆是（   ）。

A．5 类非屏蔽双绞线电缆   B．3 类非屏蔽双绞线电缆

C．75Ω 同轴电缆   D．5 类屏蔽双绞线电缆

3．已知某一楼层需要接入 100 个电话语音信息点，则端接该楼层电话系统的干线电缆的规格和数量是（   ）。

A．1 根 100 对大对数非屏蔽双绞线   B．2 根 100 对大对数非屏蔽双绞线

C．1 根 50 对大对数非屏蔽双绞线   D．1 根 300 对大对数非屏蔽双绞线

4．对于电话语音系统，楼层配线间内的线路管理器件应选用（   ）。

A．110 数据配线架   B．模块化数据配线架

C．光纤配线架   D．光纤接线箱

5．已知两幢建筑物之间的布线路由长度为 2300m，则应选择（   ）来连接两幢楼的以太网络交换机。

A．3 类大对数非屏蔽双绞线电缆　　　B．单模室外光缆

C．多模室外光缆　　　　　　　　　　D．6 类 4 对非屏蔽双绞线

6．布线系统的工作区，如果使用 4 对非屏蔽双绞线作为传输介质，则信息插座与计算机终端设备的距离保持在（　　）以内。

A．2m　　　　　　　　　　　　　　　B．90m

C．5m　　　　　　　　　　　　　　　D．100m

7．综合布线系统采用 4 对非屏蔽双绞线作为水平干线，若大楼内共有 100 个信息点，则建设该系统需要（　　）个 RJ-45 水晶头。

A．200　　　　　　　　　　　　　　　B．400

C．230　　　　　　　　　　　　　　　D．460

8．一个信息插座到管理间都用水平线缆连接，从管理间出来的每一根 4 对双绞线都不能超过（　　）。

A．80m　　　　　　　　　　　　　　　B．500m

C．90m　　　　　　　　　　　　　　　D．100m

9．在水平干线子系统的布线方法中，（　　）采用固定在楼顶或墙壁上的桥架作为线缆的支撑，将水平线缆敷设在桥架中，装修后的天花板可以将桥架完全遮蔽。

A．直接埋管式　　　　　　　　　　　B．架空式

C．地面线槽式　　　　　　　　　　　D．护壁板式

10．（　　）就是弱电井出来的线走地面线槽到地面出线盒或由分线盒出来的支管到墙上的信息出口。由于地面出线盒或分线盒不依赖墙，直接走地面垫层，因此这种方式适合于大开间或需要打隔断的场合。

A．直接埋管式　　　　　　　　　　　B．架空式

C．地面线槽式　　　　　　　　　　　D．护壁板式

11．管理间机柜的语音点区有一个 S110 配线面板，该配线区分为两部分。一部分是来自语音信息点用户的双绞线缆；另一部分是（　　），用来连接公共电话网络。

A．4 对 5 类非屏蔽双绞线电缆　　　　B．62.5/125μm 多模光纤光缆

C．25 对大对数线　　　　　　　　　　D．50/125μm 多模光纤光缆

12．建筑物之间通常有地下通道，大多是供暖供水的，利用这些通道来敷设电缆不仅成本低，而且可利用原有的安全设施，采用这种方法的布线方法叫作（　　）。

A．架空电缆布线　　　　　　　　　　B．直埋电缆布线

C．管道内电缆布线　　　　　　　　　D．隧道内电缆布线

三、简答题

1．在综合布线设计的过程中，综合布线设计师需要做哪些工作？

2．工作区子系统包括哪些设备？

3．工作区子系统有哪几种布线方法？有什么不同？分别应用于什么样的建筑物？

4．水平（配线）子系统有哪几种布线方法？各有什么特点？应用于何种建筑物？

5．管理间中的机柜分成了几部分？每一部分安装什么设备？

6．垂直（干线）子系统的设计范围是什么？一般应怎样布线？

7．应如何确定设备间的位置？

8．建筑群子系统通常有哪几种布线方法？各有什么特点？

技能训练

实 训 名 称	综合布线方案书设计
实训目的	1. 学会依据用户需求分析和 GB50311-2007 标准编制综合布线方案书。 2. 学会依据方案书编制工程概预算。 3. 学会依据方案书绘制工程图纸
实训条件	实地勘察、概预算软件、AutoCAD 软件
实训内容	1. 以 3 人小组（其中 1 人负责方案书编制、1 人负责概预算编制、1 人负责工程图纸绘制）为单位组织教学，任课教师可以在学习本章节时布置本实训任务，学生边学习后续章节，边进行综合布线设计，待本章结束时学生再提交设计方案书、概预算和图纸 2. 每个学生小组可以任选设计内容（如学生宿舍区、教学楼、实验楼等），也可以由任课教师指定设计内容 3. 方案书包括设计原则、设计依据、用户需求分析、产品选型、各子系统设计（工作区子系统、配线子系统、管理间子系统、干线子系统、设备间子系统、进线间子系统和建筑群子系统 7 个部分），具体案例见教材相应章节 4. 工程概预算需要填写表一、表二、表三（甲、乙、丙）、表四和表五，可以使用预算软件，也可以手工计算，具体案例见教材相应章节 5. 工程图纸采用 AutoCAD 软件绘制，需要绘制管线图、系统图、建筑平面图、机柜设备布置图，具体案例见教材相应章节

第 3 章

综合布线工程招投标

【本章内容简介】 本章主要介绍综合布线工程招投标的必要性、招投标的方式、招投标的范围、招投标的原则、招投标的过程以及招投标的各方关系。

【本章重点难点】 本章重点是综合布线工程招投标的必要性和招投标的过程。本章难点是综合布线工程招投标的过程。

3.1　综合布线工程招投标概述

综合布线工程招投标是指以综合布线系统产品作为商品进行交换的一种交易形式，它由唯一的买主设定标底，招请若干个卖主通过秘密报价进行竞争，买主从中选择优胜者并与之达成交易协议，随后按照协议实现的一种法律行为。

3.1.1　实行招投标的必要性

国家计委和建设部早在 1985 年 6 月和 1992 年 12 月分别颁布了工程设计招标和工程建设施工招标的暂行办法，此后又相继制定了一系列有关招投标的法规。实行招投标制，对降低工程造价，进而使工程造价得到合理的控制具有十分重要的意义。

（1）逐步推行由市场定价的价格机制，鼓励竞争，投标人必须提供优化的工程实施方案和合理的价格，通过招投标优胜劣汰，使工程造价下降趋于合理，有利于节约投资，提高投资效益。

（2）有利于供求双方更好地相互选择，使工程价格符合价值基础，进而更好地控制工程造价。

（3）有利于规范价格行为，使公开、公平、公正的原则得以贯彻，按严格的程序和制度办事，对于排除干扰，克服不正当行为和避免"豆腐渣工程"起到一定的遏制作用。

3.1.2　工程招投标原则

按照国家有关法规的要求，对招标单位的资质、招投标程序及方式、评定等均应本着守法、公正、等价、有偿、诚信、科学和规范等原则，从技术水平、管理水平、服务质量和经济合理等方面综合考虑，鼓励竞争。不受地区、行业、部门的限制。综合布线工程招投标标书均应体现综合布线系统的标准化要求，并具有先进性、实用性、灵活性、可靠性和经济性等特点。

1．标准化

严格按照国家标准（行业标准）的规定进行工程的设计和实施，不符合其要求者，对招投标书不予确认。

2．先进性

综合布线工程的系统应用极富弹性概念，应体现指标先进，适应多媒体通信和宽带发展，为通信网络技术奠定基础。

3．实用性

综合布线工程布线应具有开放性，能够满足数据通信、语音通信和图像通信的要求，系统有一定的备用冗余，并适应带宽和高速率技术的不断发展。

4．灵活性

能满足各种应用的要求，任何信息点均可连接不同类型的设备；布线系统模块化，除缆线外，其余所有的接插件均为积木式标准件，兼容性和通用性强；系统应该既具有系统内部网络独立运行，又能和公用网络互联，可分可合的功能。

5．可靠性

布线系统除采用高品质材质外，布线方式应安全可靠，能抵御受电磁场强和其他缆线交叉干扰的影响，以及防止人为破坏等措施。系统的任一链路发生故障，不影响其他链路的运行。

6．经济性

在满足实用的基础上，为求降低工程造价，经济合理。

3.1.3　涉及招投标的各方关系

招投标工作涉及工程项目实施的业主、监理、承包单位（设计、施工、供货商）等不同部分，图 3.1 所示为实施各方的关系。

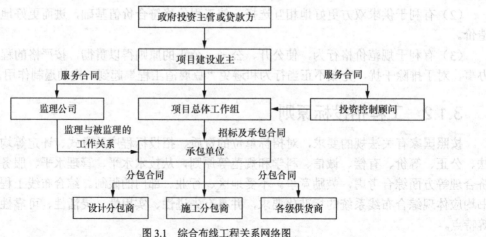

图 3.1　综合布线工程关系网络图

3.2　综合布线工程项目的招标

综合布线系统工程招标通常是指需要投资建设综合布线系统的单位（一般称为招标人），通过招标公告或投标邀请书等形式邀请有具备承担招标项目能力的系统集成施工单位（一般称为投标人）投标，最后选择其中对招标人最有利的投标人进行工程总承包的一种经济行为。

3.2.1　招标概述

1.　招标涉及的人员及职责

综合布线工程项目招标是业主对自愿参加该项目的承包商进行的审查、评比和选定的工程。因此，实行工程招标，业主首先提出目标要求，其中包括系统规模、功能、质量标准以及进度等，通过用户需求分析，经可行性研究的评估而提出。发布广告或邀请，使自愿投标者按业主要求的目标投标，业主按其投标报价的高低、技术水平、工程经验、财务状况、信誉等方面进行综合评价，全面分析，择优选定中标者签订合同后，工程招标方告结束。

进行工程招标，应该有专门的机构和人员。招投标单位的职责分明对招标的全部活动过程有重要的作用，可以对全过程加以组织和管理。实践证明，若能建立一个强有力的、内行的班子，则招标工作就有了成功的保证前提，因此，无论是招标或投标，对自己的职责明确，管理机构健全，高效运作是十分重要的。业主如不具备招标资格认定时，则应委托具有相应资质的招标代理机构代理。

（1）招标单位负责组织和办理招标申请、招标文件的编制、标底价格和招标全过程各项事宜及管理工作。其上级主管部门、地方行政主管部门（或建设项目董事会）负责对招标单位进行资质审查。

（2）投标单位按标书要求起草投标文件，报请招标单位审定，投标标书的侧重面应在较低价格、先进的技术、优良的质量和较短的工期等上。

（3）招标单位委托有关职能机构进行全过程监督，聘请专家组成评审委员会（或小组），对招投标文件负责审查和提出推荐建议。

2.　招标方式

根据国家《工程招标投标法》有关规定，综合布线工程中常采用的招标方式有公开招标、邀请招标和议标 3 种形式。

（1）公开招标

公开招标也称为无限竞争性招标，由业主通过国内外主要报纸、有关刊物、电视、广播以及网站发布招标广告，凡有兴趣应标的单位均可以参标，提供预审文件，预审合格后可购买招标文件进行投标。此种方式对所有参标的单位或承包商提供平等竞争的机会，业主要加强资格预审，认真评标。

（2）邀请招标

邀请招标也称为有限竞争性造反招标，不发布公告，业主根据自己的经验、推荐和各种

信息资料，调查研究选择有能力承担本项工程的承包商并发出邀请，一般邀请 5～10 家（不能少于 3 家）前来投标，此种方式由于受经验和信息不充分等因素的影响，存在一定的局限性，有可能漏掉一些技术性能和价格比更高的未被邀请的承包商无法参标。

（3）议标

议标也称为非竞争性招标或指定性招标，一般只邀请 1～2 家承包单位来直接协商谈判，实际上也是一种合同谈判的形式。此种方式适用于工程造价较低、工期紧、专业性强或保密工程。其优点可以节省时间，迅速达成协议开展工作，缺点是无法获得有竞争力的报价，为某些部门搞行业、地区保护提供借口。因此，无特殊情况，应尽量避免议标方式。

根据目前综合布线工程在市场的运作情况，多数大、中型工程项目的综合布线工程招投标均采用邀请招标方式，对优化系统方案、降低工程造价起到良好的作用。

3.2.2　招标程序

综合布线工程项目的设计或施工图设计完成之后，用招标方式选择施工单位，其"标物"则是建设单位（业主）交付的按设计规定的部分成品和工程进度、质量要求、投资控制等内容，并作为工程实施的依据。施工安装是工程实施极为重要的环节，为此，招标单位应事前对参标单位进行全面的调研考察，再根据其投标文件"货比三家"。综合布线工程施工公开招标的程序共有 16 个环节，如图 3.2 所示。

1．建设工程项目报建

建设工程项目报建的内容主要包括工程名称、建设地点、投资规模、资金来源、当年投资额、工程规模、结构类型、发包方式、计划竣工日期、工程筹建情况等。

2．审查建设单位资质

3．招标申请

招标单位填写"建设工程施工招标申请表"，凡招标单位有上级主管部门的，需经该主管部门批准同意后，连同"工程建设项目报建登记表"报招标管理机构审批。审批主要包括以下内容：工程名称、建设地点、招标建设规模、结构类型、招标范围、招标方式、要求施工企业等级、施工前期准备情况、招标机构组织情况等。

4．资格预审文件、招标文件编制与送审

公开招标采用资格预审时，只有资格预审合格的施工单位才可以参加投标；不采用资格预审的公开招标应进行资格后审，即在开标后进行资格审查。

5．工程标底价格的编制

6．发布招标通告

由相关招标中心通过报刊、电视、网络等媒介发布该项目的招标通告。

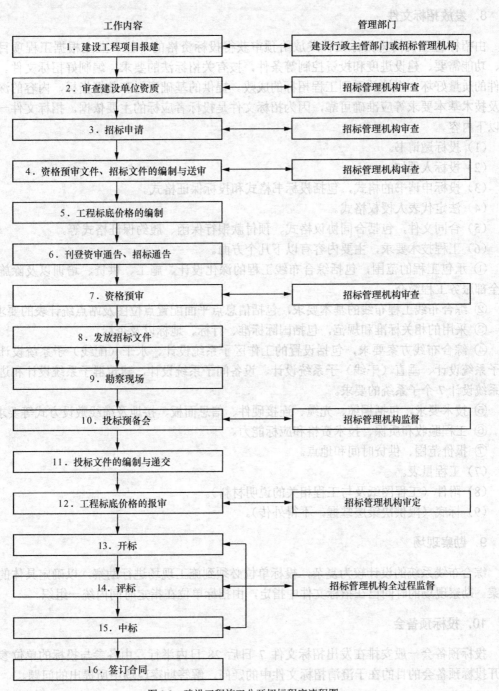

图 3.2　建设工程施工公开招标程序流程图

7．单位资格审查

由招标管理机构对申请投标单位进行资格审查，审查通过后以书面形式通知申请单位，在规定时间内领取招标文件。

8. 发放招标文件

由招标管理机构将招标文件发放给预审获得投标资格的单位。业主根据工程项目的规模、功能需要、建设进度和投资控制等条件，按有关招标法的要求，编制好招标文件。招标文件的质量好坏，直接关系到工程招标的成败。提供的基础资料和数据指标，内容的深、广度及技术基本要求等应准确可靠，因为招标文件是投标者应标的主要依据。招标文件一般包括以下内容。

（1）投标邀请书。

（2）投标人须知。

（3）投标申请书的格式，包括投标书格式和投标保证格式。

（4）法定代表人授权格式。

（5）合同文件，包括合同协议格式、预付款银行保函、履约保证格式等。

（6）工程技术要求，主要内容有以下几个方面。

① 承包工程的范围，包括综合布线工程的深化设计、施工、供贷、培训以及除施工外的全部服务工程简介。

② 综合布线工程布线的基本要求，包括信息点平面配置点位图及站点统计表的要求。

③ 采用的相关标准和规范，包括国际标准、行标、地标以及企标。

④ 综合布线方案要求，包括设置的工作区子系统设计、水平（配线）子系统设计、管理子系统设计、垂直（干线）子系统设计、设备间子系统设计、建筑群子系统设计和进线间子系统设计 7 个子系统的要求。

⑤ 技术要求，包括铜缆、光缆、连接硬件、信息面板、接地及缆线敷设方式等要求。

⑥ 工程验收和质保、技术资格和应标能力。

⑦ 报价范围、供贷时间和地点。

（7）工程量表。

（8）附件（工程图纸及与工程相关的说明材料）。

（9）标底（限供决策层掌握，不得外传）。

9. 勘察现场

综合布线系统的设计较为复杂，投标单位必须到施工现场进行勘察，以确定具体的布线方案。勘察现场的时间已在招标文件中指定，由招标单位在指定时间内统一组织。

10. 投标预备会

投标预备会一般安排在发出招标文件 7 日后 28 日内举行，由各参与投标的单位参与。召开投标预备会的目的在于澄清招标文件中的疑问，解答勘察现场中所提出的问题。

11. 投标文件管理

在投标截止时间前，投标单位必须按时将投标文件递交到招标单位。招标单位要注意检查所接收的投标文件是否按照招投标的规定进行密封。在开标之前，必须妥善保管好投标文件资料。

12. 工程标底价格的报审

开标前，招标单位必须按照招投标有关管理规定，将工程标底价格以书面形式上报招标管理机构。

13. 开标

在招标单位或招标管理机构的组织下，所有投标单位代表在指定时间内到达开标现场。招标单位或招标管理机构以公开方式拆除各单位投标文件密封标志，然后逐一报出每个单位的竞标价格。

14. 评标

评标工作是招投标中的重要环节，一般设立临时的评标委员会或评标小组。评标委员会或评标小组由招标办、业主、建设单位的上级主管部门、建设单位的财务、审计部门、监理公司、投资控制顾问及有关技术专家共同组成。由业主负责组织，总工程师、总经济师参加，评标组织按评标方法对投标文件进行严格的审查，按评分排列次序，选择性能价格比最高的投标单位推荐为中标候选者，提供给领导做最后决策。为此，评标组织应在评审前编制评标办法，按招标文件中所规定的各项标准确定商务标准和技术标准。目前通用评标的方法有专家评议法、最低标价法和打分法 3 种。

（1）专家评议法

主要根据工程报价、工期、主要材料消耗、施工组织设计、工程质量保证和安全措施等进行综合评议，专家经过讨论、协商，集中大多数人的意见，选择出各项条件较为优良者，推荐为中标单位。

（2）最低标价法

最低标价法能够满足招标文件的实质性要求，并且经评审的投标价格最低，但是投标价格低于成本的除外。在严格预审各项条件均符合投标书要求的前提下，选择最低报价单位作为中标者。

（3）打分法

按投标书及答辩中的商务和技术的各项内容采用无记名的方式填表打分，一般采用百分制，统计获取最高的评分单位，即为中标者。评标结束后，评标小组提出评标报告，评委均应签字确认，文件归档。

15. 中标

由招标单位召开会议，对专家推荐的评标结果进行审议，最后确认中标单位。招标单位应及时以书面形式通知中标单位，并要求中标单位在指定时间内签订合同。

16. 合同签订

通过开标、评标，确定中标单位之后，招标单位应及时以书面形式通知中标单位，并要求中标单位在指定时间内签订合同，同时招标单位应在一周内通知未中标单位，并退回投标保函和投标保证金，未中标单位在收到投标保函后，应迅速退回招标文件。《中华人民共和国标准施工招标文件》中的通用合同条款全文共 24 条 130 款，分为以下 8 组，如表 3.1 所示。

表 3.1 通用合同条款

序号	合同条款约束范围	功能描述	条款具体内容
1	合同主要用语定义和一般性约定	对合同中使用的主要用语和常用语予以专门定义，对于相关合同文件的通用性解释和一般性说明	1. 一般约定
2	合同双方的责任、权利和义务	约定合同双方的责任、权利和义务	2. 发包人义务
			3. 监理人
			4. 承包人
3	合同双方的施工资源投入	列出双方投入施工资源的责任及其具体操作内容	5. 材料和工程设备
			6. 施工设备和临时设备
			7. 交通运输
			8. 测量放线
			9. 施工安全、治安保卫和环境保护
4	工程进度控制	列出双方对工程进度控制的责任及具体操作内容	10. 进度计划
			11. 开工和竣工
			12. 停止施工
5	工程质量控制	列出双方对工程质量控制的责任及具体操作内容	13. 工程质量
			14. 试验和检验
6	工程投资控制	列出双方对工程投资控制的责任及具体操作内容	15. 变更
			16. 价格调整
			17. 计量和支付
7	工程验收和保修	列出双方对工程竣工验收、缺陷修复、保修责任及具体操作内容	18. 竣工验收
			19. 缺陷责任和保修责任
8	工程风险、违约和索赔	列出双方对工程风险、违约和索赔的责任及具体操作内容	20. 保险
			21. 不可抗的灾害
			22. 违约
			23. 索赔
			24. 争议和解决

3.3 综合布线工程项目的投标

综合布线系统工程投标通常是指系统集成施工单位（一般称为投标人）在获得了招标人工程建设项目的招标信息后，通过分析招标文件，迅速而有针对性地编写投标文件，参与竞标的一种经济行为。

3.3.1 投标概述

1. 投标人及其资格

投标人是响应招标、参加投标竞争的法人或者其他组织。投标人应当具备承担招标项目的能力。国家有关规定或招标文件对投标人的资格条件有规定的，投标人应当具备规定的资格条件。一般投标人需要提交的自制证明文件包括以下几种。

（1）投标人的企业法人营业执照副本。

（2）投标人的企业法人组织代码证。

（3）投标人的税务登记证明。

（4）系统集成资质证书。

（5）施工资质证明。

（6）ISO9000 系列质量保证体系认证证书。

（7）金融机构出具的资信证明。

（8）产品厂家授权的分销或代理证书。

（9）产品鉴定入网证书。

（10）投标人认为有必要的其他资质证明文件。

2．投标的组织工作

工程投标的组织工作应由专门的机构和人员负责，其组成可以包括项目负责人以及管理、技术、施工等方面的专业人员。投标人应充分体现出技术、经验、实力和信誉等方面的组织管理水平。

对于较大的和技术复杂的工程可以由几家工程公司联合承包，应体现强强联合的优势，并做好相互间的协调与计划。

3.3.2　投标程序

投标内容可以包括从填写资格预审表到将正式投标文件交付业主为止的全部工作，主要包括以下几项工作。

1．工程项目的现场考察

这是投标前的一项重要准备工作。在现场考察前对招标文件中所提出的范围、条款、建筑设计图纸和说明认真阅读，仔细研究。现场考察应重点调查了解以下几个方面。

（1）建筑物施工情况。

（2）工地及周边环境、电力等情况。

（3）本工程与其他工程间的关系。

（4）工地附近住宿及加工条件。

2．分析招标文件

招标文件是编制投标文件的主要依据，投标人必须对招标文件进行仔细研究，重点注意以下几个方面。

（1）招标技术要求，该部分是投标人核准工程量、制定施工方案、估算工程总造价的重要依据。对其中建筑物设计图样、工程量、布线系统等级、布线产品档次等内容必须进行分析，做到心中有数。

（2）招标商务要求，主要研究投标人须知、合同条件、开标、评标和定标的原则和方式

等内容。

（3）通过对招标文件的研究和分析，投标人可以核准项目工程量，并且制定施工方案，完成投标文件编制的重要工作。

3．编制投标文件（标书）

投标者应认真阅读和理解招标文件的要求，以招标书为依据，编制相应的投标文件（书）。投标人对标书的要求如有异议，应及时以书面形式明确提出，在征得投标人同意后，可对其中某些条文进行修改，如投标人不同意修改，则仍以原标书为准。投标人应当按照招标文件的要求编制投标文件，并对招标文件提出的实质性要求和条件作出响应。

（1）投标申请书。

（2）投标书及其附录。投标书提供投标总价、总工期进度实施表等，附录应包括设备及缆线材料到货时间、安装、调试及保修期限，提供有偿或免费培训人数和时间。

（3）投标报价书。以人民币为报价，由于引进特殊，只允许运用一种外币计算，但必须按当日汇率折算人民币总价；产品报价包括出厂价、运费、保险费、税金、关税、增值税、运杂费等；各子系统的安装工程费；设备、缆线及插接模块的单价和总价。

（4）投标产品合格证明。有关产品的生产许可证复印件、原产地证明文件；产品主要技术数据和性能特性。

（5）投标资格证明文件。其中包括营业执照（复印件）；税务营业证（复印件）；法人代表证书（复印件）；建设部和信息产业部有关综合布线工程的资质；主要技术管理人员及其资质；投标者如为产品代理商，还必须出具厂商授权书；投标者近几年来年主要工程业绩；用户评价信函。

（6）设计、施工组织计划书。按招标文件工程技术要求，提出系统设计方案；施工组织设计，包括施工服务、督导、管理、文档；工期及施工质量保证措施；测试及验收。

（7）其他说明文件（如果投标者有）。

4．工程投标报价

工程项目投标报价应当对项目成本和利润进行分析，参照厂家产品报价，结合项目主要设备、工具和材料的价格，项目安装调试费，设计费，培训费，对整个项目进行造价的估算，给出最后工程总价。工程报价重点注意以下几个方面。

（1）投标人不得相互串通投标报价，不得排挤其他投标人的公平竞争，损害招标人或者其他投标人的合法权益。

（2）投标不得与招标人串通投标，损害国家利益、社会公共利益或者他人的合法权益。不得以向招标人或者评委会成员行贿的手段谋取中标。

（3）投标人不得以低于成本的报价竞标，也不得以他人名义投标或者以其他方式弄虚作假，骗取中标。

5．封送投标书

在规定的截止日期之前，将准备妥的所有投标文件密封递送到招标单位。

6．开标

招标单位按招投标法的要求和投标程序进行开标。

7．评标

一般由招标人组成专家评审小组对各投标书进行评议和打分，打分结果应有评委成员的签字方可生效，然后评选出中标承包商。在评标过程中，评委会要求投标人针对某些问题进行答复。

8．中标与签订合同

根据打分和评议结果选择中标承包商，或根据评委打分的结果推荐 2～3 名投标人入选，由业主再经考核和评议确定中标承包商，然后由建设单位与承包商签订合同。

 本章小结

综合布线工程是根据建筑主体专业的等级和功能需求而配套设置。因此，综合布线工程招投标工作中，通常只是伴随在主体项目之内或者包含在工程的弱电系统中加以考虑。由于综合布线具有很大的专业技术特点，所以往往由集成商在总承包的条件下，再进行二次分包。对于规模大、安全保密性强的工程项目，可以采取对工程进行单项招投标的方法。

 应知测试

一、填空题

1．综合布线工程招标分为 3 类，即（　　　　　）、（　　　　　）和（　　　　　），综合布线工程一般属于后两项。

2．综合布线工程中常采用的招标方式有（　　　　　）、（　　　　　）和（　　　　　）3 种形式。

3．无论哪一种招标方式，业主都必须按照规定的程序进行招标，要制定统一的（　　　　　），投标也必须按照（　　　　　）的规定进行投标。

4．投标文件一般包括（　　　　　）部分与（　　　　　）部分，特别需注重（　　　　　）的描述。

5．（　　　　　）的质量好坏，直接关系到工程招标的成败。提供的基础资料和数据指标，内容的深、广度及技术基本要求等应准确可靠。

6．评标的方法，目前通用的有（　　　　　）、（　　　　　）和（　　　　　）3 种。

二、简答题

1．简述工程招投标范围。

2．简述工程招投标原则。

3．建设工程施工公开招标的程序是什么？

4．工程投标的一般程序是什么？

5．投标文件应该包括哪些内容？

 技能训练

实 训 名 称	模拟综合布线工程招投标
实训目的	1．学会依据用户需求模拟组织综合布线工程招标 2．学会依据设计方案书模拟参与综合布线工程投标
实训条件	情景模拟
实训内容	1．依据用户需求模拟报建工程项目、审查建设单位资质、编制工程标底价格、发布招标通告、编制招标文件、开标、评标、中标和签订合同 2．依据招标文件模拟现场考察工程项目、编制投标文件、提出工程投标报价、送投标书、参招标签订合同，具体说明见模板 3．有条件的学校可组织学生参与实际综合布线工程招投标

第 4 章

综合布线工程施工

【本章内容简介】综合布线工程施工是本书的重点内容之一，是每一位从事综合布线的技术人员必须具备的技能。本项目主要介绍综合布线工程施工过程，具体施工过程包括：综合布线施工前准备；线槽管安装、桥架安装、底盒安装；电缆布放、光缆布放；双绞线端接、同轴电缆端接、光纤端接；机柜、设备安装；系统运行调试。

【本章重点难点】本章重点是线槽管安装、桥架安装、底盒安装，线缆布放，设备安装、双绞线端接、同轴电缆端接、光纤端接，系统运行调试。本章难点是线缆布放、模块制作、光纤接头制作、系统运行调试。

4.1 综合布线施工概述

综合布线施工的组织管理工作主要分为工程实施前的准备工作、施工过程中组织管理工作、工程竣工验收工作 3 个阶段。要确保综合布线工程的质量就必须在这 3 个阶段中认真按照工程规范的要求进行工程组织管理工作。

4.1.1 施工前准备工作

施工前的准备工作主要包括技术准备、施工前的环境检查、施工前设备器材及施工工具检查、施工组织准备等环节。

1. 技术准备工作

① 熟悉综合布线系统工程设计、施工、验收的规范要求，掌握综合布线各子系统的施工技术以及整个工程的施工组织技术。

② 熟悉和会审施工图纸。施工图纸是工程人员施工的依据，因此作为施工人员必须认真读懂施工图纸，理解图纸设计的内容，掌握设计人员的设计思想。只有对施工图纸了如指掌后，才能明确工程的施工要求，明确工程所需的设备和材料，明确与土建工程及其他安装工程的交叉配合情况，确保施工过程不破坏建筑物的外观，不与其他安装工程发生冲突。

③ 熟悉与工程有关的技术资料，如厂家提供的说明书和产品测试报告、技术规程、质量验收评定标准等内容。

④ 技术交底。技术交底工作主要由设计单位的设计人员和工程安装承包单位的项目技术负责人一起进行的。技术交底的主要内容包括：设计要求和施工组织设计中的有关要求；工程使用的材料、设备性能参数；工程施工条件、施工顺序、施工方法；施工中采用的新技

术、新设备、新材料的性能和操作使用方法；预埋部件注意事项；工程质量标准和验收评定标准；施工中安全注意事项。技术交底的方式有书面技术交底、会议交底、设计交底、施工组织设计交底、口头交底等形式。

⑤ 编制施工方案。在全面熟悉施工图纸的基础上，依据图纸并根据施工现场情况、技术力量及技术准备情况，综合做出合理的施工方案。

⑥ 制定施工进度表。制定施工进度表要留有适当的余地，施工过程中意想不到的事情随时可能发生，要求立即协调。

⑦ 编制工程预算。工程预算具体包括工程材料清单和施工预算。

2. 施工前的环境检查

在工程施工开始以前应对楼层配线间、二级交接间、设备间的建筑和环境条件进行检查，具备下列条件方可开工。

① 楼层配线间、二级交接间、设备间、工作区土建工程已全部竣工。房屋地面平整、光洁，门的高度和宽度应不妨碍设备和器材的搬运，门锁和钥匙齐全。

② 房屋预留地槽、暗管、孔洞的位置、数量、尺寸均应符合设计要求。

③ 对设备间的铺设活动地板应专门检查，地板板块铺设必须严密坚固。每平方米水平允许偏差不应大于 2mm，地板支柱牢固，活动地板防静电措施的接地应符合设计和产品说明要求。

④ 楼层配线间、二级交接间、设备间应提供可靠的电源和接地装置。

⑤ 楼层配线间、二级交接间、设备间的面积，环境温湿度、照明、防火等均应符合设计要求和相关规定。

3. 施工前的器材检查

工程施工前应认真对施工器材进行检查，经检验的器材应做好记录，对不合格的器材应单独存放，以备检查和处理。

（1）型材、管材与铁件的检查要求

① 各种型材的材质、规格、型号应符合设计文件的规定，表面应光滑、平整，不得变形、断裂。预埋金属线槽、过线盒、接线盒及桥架表面涂覆或镀层均匀、完整，不得变形、损坏。

② 管材采用钢管、硬质聚氯乙烯管时，其管身应光滑、无伤痕，管孔无变形，孔径、壁厚应符合设计要求。

③ 管道采用水泥管道时，应按通信管道工程施工及验收中相关规定进行检验。

④ 各种铁件的材质、规格均应符合质量标准，不得有歪斜、扭曲、飞刺、断裂或破损。

⑤ 铁件的表面处理和镀层应均匀、完整，表面光洁，无脱落、气泡等缺陷。

（2）电缆和光缆的检查要求

① 工程中所用的电缆、光缆的规格和型号应符合设计的规定。

② 每箱电缆或每圈光缆的型号和长度应与出厂质量合格证内容一致。

③ 线缆外护套应完整无损，芯线无断线和混线，并应有明显的色标。

④ 线缆外护套具有阻燃特性的，应取一小截电缆进行燃烧测试。

⑤ 对进入施工现场的线缆应进行性能抽测。抽测方法可以采用随机方式抽出某一段电

缆（最好是 100m），然后使用测线仪器进行各项参数的测试，以检验该电缆是否符合工程所要求的性能指标。

（3）配线设备的检查要求

① 检查机柜或机架上的各种零件是否脱落或碰坏，表面如有脱落应予以补漆。各种零件应完整、清晰。

② 检查各种配线设备的型号、规格是否符合设计要求。各类标志是否统一、清晰。

③ 检查各配线设备的部件是否完整，是否安装到位。

4.1.2 施工过程中的注意事项

为了保证综合布线工程的顺利进行，在施工过程中应注意以下问题。

1．现场施工

现场施工采用项目经理负责制。由项目经理组织各部门进行现场技术分析、技术交底、人员安排；由技术部负责技术交流、现场技术指导、组织解决技术问题；由施工部进行现场施工、布线施工、卡线及设备安装；由质检部负责施工质量和验收。

2．施工规范

严格按照综合布线系统施工规范要求施工。

3．施工进度

严格控制施工进度，保证施工周期。

4．施工安全

综合布线工程施工过程中，除了要保证线缆及整个系统的安装快捷迅速外，还要保证在施工过程中不出现任何差错，保证设备、参加工程施工的工作人员以及终端用户没有任何危险。

（1）穿着合适

穿着合适的工装可以保证工作中的安全，一般情况下，工装裤、衬衫和夹克就够用了。除了这些服装之外，在某些操作中还需要下面一些配件。

① 安全眼镜。在特殊操作中要始终佩戴安全眼镜，防止在如线缆端接、光纤接续等时候，有异物弹出来伤及眼睛。

② 安全帽。在工地上应始终佩戴安全帽，防止高空坠物带来的危险。

③ 手套。在操作过程中手套可以防止尖锐物品刺伤施工人员的手，并能增大手上的摩擦力防止物品掉落。

④ 劳保鞋。在操作过程中劳保鞋可以防止尖锐物品刺伤施工人员的脚，保护脚踝，并能增大脚下的摩擦力防止打滑。

（2）计划工作时谨记安全

在做工作计划时要谨记安全，如果计划工作的时候发现有关的工作区域存在安全问题，可以请监督工程的人员来一起查看解决。

（3）保证工作区域的安全

确保在工作区域的每个人的安全，一旦工程确定，在整个布线施工区域要设置安全带和安全标记，妥善安排管理各种施工工具以使其不妨碍他人，缺乏管理的工具是造成伤害的安全隐患。

（4）使用合适的工具

在安装任何布线系统时，都会使用到手工工具。在保证使用安全工具的同时，应该注意选择合适的工具。

5. 质量管理及措施

根据工程特点推行全面质量管理制度，拟定各项要做的管理计划并付诸实施，在施工各阶段做到有组织、有制度、有各种数据，把工程质量提高到一个新的水平，具体措施如下。

（1）质量保证措施

实行各专用质量责任制，建立以公司工程师指导、项目经理负责质量检查的领导体制。项目经理组织各专业组长为开工做好技术准备，各专业技术组按照设计方案、施工图纸、施工规程和本工程具体情况，编制分项分部工程实施步骤，向班组人员进行任务交底。严格按图施工，严格遵守工艺操作规程。各班组应以各工序质量保证工程整体质量，各班组长必须对负责的专业工序进行现场监督检查。现场施工人员必须虚心接受甲方及各级质检人员的检查监督，出现质量问题时必须及时上报并提出整改措施，进行层层落实。

（2）安全文明施工措施

建立以项目经理为组长、各专业组长参加的现场管理小组，负责现场管理、监督和协调工作。由各专业组长进行施工前现场调查，结合现场情况制定安全措施，明确施工中的注意事项。现场领导小组定期进行安全及文明施工检查，发现问题及时纠正。现场作业人员应配备有效的劳动保护装备，保证施工环境的照明和通信条件。做到文明现场施工，采取必要的防盗防撬措施，争做文明施工队伍。

（3）节约措施

准确核算施工材料，实行限额领料，搞好计划减少材料损失。搞好机具设备的使用、维护，加强设备停滞时间和机具故障率管理，合理安排进场人员，加强劳动纪律，提高工作效率。搞好已完工工程的管理和保护，避免因保护不当损坏已完成的工程，造成重复施工。抓紧完工工程的检查及工程资料的收集、整理，工图的绘制，抓紧工程收尾，减少管理费用支出。加强仪器工具的使用管理，按作业班组落实专人负责，以免造成丢失、损坏而影响工期。

4.1.3 工程竣工验收要求

根据综合布线工程施工与验收规范的规定，综合布线工程竣工验收主要包括 3 个阶段：工程验收准备、工程验收检查、工程竣工验收。工程验收工作主要由施工单位、监理单位、用户单位 3 方一起参与实施的。

1. 工程验收准备

工程竣工完成后，施工单位应向用户单位提交一式三份的工程竣工技术文档，具体应包含以下内容。

① 竣工图纸。竣工图纸应包含设计单位提交的系统图和施工图，以及在施工过程中变更的图纸资料。

② 设备材料清单。它包含综合布线各类设备类型及数量，以及管槽等材料。

③ 安装技术记录。它包含施工过程中的验收记录和隐蔽工程签证。

④ 施工变更记录。它包含由设计单位、施工单位及用户单位一起协商确定的更改设计资料。

⑤ 测试报告。测试报告是由施工单位对已竣工的综合布线工程的测试结果记录。它包含楼内各个信息点通道的详细测试数据以及楼宇之间光缆通道的测试数据。

2. 工程验收检查

工程验收检查工作是由施工方、监理方、用户方 3 方一起进行的，根据检查出的问题可以立即制定整改措施，如果验收检查已基本符合要求的，可以提出下一步竣工验收的时间。工程验收检查工作主要包含下面内容。

（1）信息插座检查

信息插座标记是否齐全；信息插座的规格和型号是否符合设计要求；信息插座安装的位置是否符合设计要求；信息插座模块的端接是否符合要求；信息插座各种螺丝是否拧紧；如果是屏蔽系统，还要检查屏蔽层是否接地可靠。

（2）楼内线缆的敷设检查

线缆的规格和型号是否符合设计要求；线缆的敷设工艺是否达到要求；管槽内敷设的线缆容量是否符合要求。

（3）管槽施工检查

安装路由是否符合设计要求；安装工艺是否符合要求；如果采用金属管，要检查金属管是否可靠地接地；检查安装管槽时，已破坏的建筑物局部区域是否已进行修补并达到原有的感观效果。

（4）线缆端接检查

信息插座的线缆端接是否符合要求；配线设备的模块端接是否符合要求；各类跳线规格及安装工艺是否符合要求；光纤插座安装是否符合工艺要求。

（5）机柜和配线架的检查

规格和型号是否符合设计要求；安装的位置是否符合要求；外观及相关标志是否齐全；各种螺丝是否拧紧；接地连接是否可靠。

（6）楼宇之间线缆敷设检查

线缆的规格和型号是否符合设计要求；线缆的电气防护设施是否正确安装；线缆与其他线路的间距是否符合要求；对于架空线缆要注意架设的方式以及线缆引入建筑物的方式是否符合要求，对于管道线缆要注意管径、入孔位置是否符合要求，对于直埋线缆注意其路由、深度、地面标志是否符合要求。

3. 工程竣工验收

工程竣工验收是由施工方、监理方、用户方 3 方一起组织人员实施的。它是工程验收中一个重要环节，最终要通过该环节来确定工程是否符合设计要求。工程竣工验收包含整个工程质量和传输性能的验收。

工程质量验收是通过到工程现场检查的方式来实施的，具体内容可以参照工程验收检查的内容。由于测试之前，施工单位已自行对所有信息点的通道进行了完整的测试并提交了测试报告，因此该环节主要以抽检方式进行，一般可以抽查工程的 20%信息点进行测试。如果测试结果达不到要求，则要求工程的所有信息点均需要整改并重新测试。

4.2　路由通道建设

4.2.1　线槽、线管、桥架的类型与规格

1. 线槽、线管的类型与规格

（1）线槽

线槽是指方形的线缆支撑保护材料，用于构建线缆的敷设通道，实物如图 4.1 所示。在布线系统中使用的线管主要有金属线槽和塑料 PVC 线槽两种。金属线槽又称槽式桥架，由槽底和槽盖组成，每根槽一般长度为 2m，槽与槽连接时使用相应尺寸的铁板和螺丝固定。塑料线槽是综合布线工程中明敷管槽时广泛使用的一种材料。

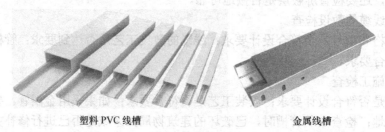

塑料 PVC 线槽　　　　　　　　　　　　　　　金属线槽

图 4.1　线槽实物图

在综合布线系统中一般使用的金属槽的规格有：50mm×100mm、100mm×100mm、100mm×200mm、100mm×300mm、200mm×400mm 等多种规格。塑料槽从规格上讲有：20×12、25×12.5、25×25、30×15、40×20 等。线槽配套的附件有：阳角、阴角、直转角、平三通、左三通、右三通、连接头、终端头、接线盒（暗盒、明盒）等，如表 4.1 所示。

表 4.1　　　　　　　　　　　　PVC 线槽配套的附件

产品名称	图　例	产品名称	图　例	产品名称	图　例
阳角		平三通		连接头	
阴角		左三通		终端头	
直转角		右三通		接线盒	

（2）线管

线管是指圆形的线缆支撑保护材料，用于构建线缆的敷设通道，实物如图 4.2 所示。在布线系统中使用的线管主要有塑料 PVC 管和金属管（钢管）两种。一般要求线管具有一定的抗压强度，可明敷墙外或暗敷于混凝土内；具有耐一般酸碱腐蚀的能力，防虫蛀、鼠咬；具有阻燃性，能避免火势蔓延；表面光滑、壁厚均匀。

塑料 PVC 管

金属管

图 4.2　线管实物图

金属管是用于分支结构或暗埋的线路，它的规格也有多种，以外径 mm 为单位。工程施工中常用的管线有：D16、D20、D25、D32、D40、D50、D63、D25、D110 等规格。与管线安装配套的附件有：接头、螺圈、弯头、弯管弹簧；一通接线盒、二通接线盒、三通接线盒、四通接线盒、开口管卡、专用截管器、PVC 粘合剂等。

（3）波纹管

波纹管是一种内壁光滑、外壁呈中空波纹状并具密封胶圈的新颖塑料管，如图 4.3 所示。由于外壁波纹，增加了管子本身的惯性矩，提高了管材的刚性和承压能力，同时赐予了管子一定的纵向柔性。

（4）蜂窝管

蜂窝管是一种新型的光缆护套管，采用一体多孔蜂窝结构，便于光缆的穿入、隔离及保护。具有提高功效、节约成本、安装方便可靠等优点。PVC 蜂窝管有 3 孔、4 孔、5 孔、6 孔、7 孔等规格，7 孔蜂窝管如图 4.4 所示。

图 4.3　波纹管实物图

图 4.4　7 孔蜂窝管实物图

（5）底盒

信息点插座底盒按照材料组成一般分为金属底盒和塑料底盒，按照安装方式一般分为暗装底盒和明装塑料，按照配套面板规格分为 86 系列和 120 系列。

一般墙面安装 86 系列面板时，配套的底盒有明装和暗装两种。明装底盒经常在改扩建工程墙面明装方式布线时使用，一般为白色塑料盒，外型美观，表面光滑，外型尺寸比面板稍小一些，为长 84mm、宽 84mm、深 36mm，底板上有若干个直径 6mm 的安装孔，用于将底座固定在墙面，正面有 2 个 M4 螺孔，用于固定面板，侧面预留有上下进线孔，如图 4.5（a）所示。

暗装底盒一般在新建项目和装饰工程中使用，暗装底盒常见的有金属和塑料两种。塑料底盒一般为白色，一次注塑成型，表面比较粗糙，外型尺寸比面板小一些，常见尺寸为长 80mm、宽 80mm、深 50mm，5 面都预留有进出线孔，方便进出线，底板上有 2 个安装孔，用于将底座固定在墙面，正面有 2 个 M4 螺孔，用于固定面板，如图 4.5（b）所示。金属底盒一般一次冲压成型，表面都进行电镀处理，避免生锈，尺寸与塑料底盒基本相同，如图 4.5（c）所示。

（a）明装底盒　　　　　　（b）暗装塑料底盒　　　　　　（c）暗装金属底盒

图 4.5　底盒实物图

2. 桥架的类型与规格

桥架通常是固定在楼顶或墙壁上的，主要用作线缆的支撑。桥架主要分为槽式桥架、梯式桥架、托盘式桥架，由支架、托臂和安装附件等组成。

（1）槽式桥架

槽式桥架为全封闭式结构，如图 4.6 所示。它对控制电缆的屏蔽干扰和重腐蚀环境中电缆的防护都有较好的效果。适用于敷设计算机电缆、通信电缆、热电偶电缆及其他高灵敏系统的控制电缆等。

（2）梯式桥架

梯式桥架为开放式结构，如图 4.7 所示。它具有重量轻、成本低、造型别具、安装方便、散热、透气好等优点。适用于一般直径较大电缆的敷设，适合于高、低压动力电缆的敷设。

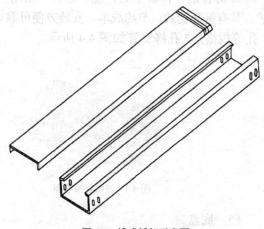

图 4.6　槽式桥架示意图

（3）托盘式桥架

托盘式电缆桥架是石油、化工、轻工、电讯等方面应用最广泛的一种，如图 4.8 所示。它具有重量轻、载荷大、造型美观、结构简单、安装方便等优点。它既适用于动力电缆的安装，也适合于控制电缆的敷设。

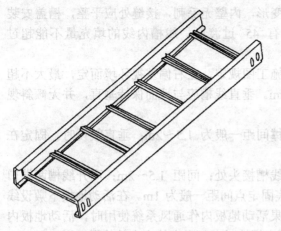

图 4.7 梯式桥架示意图

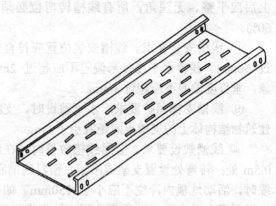

图 4.8 托盘式桥架示意图

4.2.2 线槽、管的安装

1. 技术规范

根据《综合布线系统工程验收规范》GB 50312-2007 的要求，线槽、线管安装过程中应遵循以下技术规范。

① 线管加工要求。综合布线工程使用的金属管应该符合设计文件的规定，表面不应有穿孔、裂缝和明显的凹凸不平，内壁应该光滑，不允许有锈蚀。为了防止在穿电缆时划伤电缆，管口应该没有毛刺和尖锐棱角。

② 线管切割要求。在配管时，应根据实际需要的长度，对管子进行切割。管子的切割可使用钢锯、管子切割刀或电动切管机，严禁用气割。

③ 线管弯曲要求。在敷设线管时，应尽量减少弯头。每根线管的弯头不应超过 3 个，直角弯头不应超过 2 个，并不应有 S 弯出现。管子无弯曲时，长度可达 45m；管子有 1 个弯时，直线长度可达 30m；管子有 2 个弯时，直线长度可达 20m；管子有 3 个弯时，直线长度可达 12m。

④ 线管连接要求。金属管间的连接通常有短套管连接和管接头螺纹连接两种方法。套接的短套管或带螺纹的管接头的长度不应小于金属管外径的 2.2 倍。暗管的管口应该光滑并加有绝缘套管，管口伸出部位应为 25～50mm。金属管的连接采用短套接时，施工简单方便；采用管接头螺纹连接则较为美观，可以保证金属管连接后的强度。无论采用哪一种方式，均应保证需要连接的金属管管口对准、牢固、密封。

⑤ 线管暗设要求。预埋在墙体中间的金属管内径不宜超过 50mm，楼板中的管径宜为 15～25mm，直线布管时一般应在 30m 处设置暗线盒。敷设在混凝土、水泥里的金属管，其地基应该坚实、平整，不应有沉陷，以保证敷设后的线缆安全运行。金属管道应有不小于 0.1% 的排水坡度。建筑群之间金属管埋没深度不应小于 0.8m；在人行道下面敷设时，不应小于 0.5m。金属管的两端应有标记，表示建筑物、楼层、房间和长度。

⑥ 线管明铺要求。线管的支持点间距有设计要求时应该按照规定进行施工，无设计要求时不应超过 3m，在距离接线盒 0.3m 处使用管卡固定，在弯头两边应用管卡固定。

⑦ 线槽加工要求。线槽应平整，无扭曲变形，内壁无毛刺，接缝处应平整，槽盖安装上后应平整、无翘角，所有线槽转弯位必须有 45°过渡段，线槽内线的填充量不能超过60%。

⑧ 线槽安装要求。线槽安装位置应符合施工图规定，左右偏差视环境而定，最大不超过 50mm。线槽水平度每米偏差不应超过 2mm。垂直线槽应与地面保持垂直，并无倾斜现象，垂直度偏差不应超过 3mm。

⑨ 线槽支撑保护要求。水平敷设时，支撑间距一般为 1.5～2m；垂直敷设时，固定在建筑物结构体上的支撑点间距宜小于 2m。

⑩ 线槽敷设要求。金属线槽敷设时，在线槽接头处；间距 1.5～2m；离开线槽两端口0.5m 处；转弯处设置支架或吊架。塑料线槽底固定点间距一般为 1m。在活动地板下敷设线缆时，活动地板内净空不应小于 150mm。如果活动地板内作通风系统使用时，活动地板内净空不应小于 300mm。采用公用立柱作为吊顶支撑柱时，可在立柱中布放线缆。

⑪ 预埋金属线槽支撑保护要求。在建筑物中预埋线槽时可以根据不同的尺寸，按一层或二层设备，应至少预埋两根以上，线槽截面高度不宜超过 25mm。线槽直埋长度超过 15m时，或在线槽路由上出现交叉、转变时宜设置拉线盒，以便布放线缆和维护。

⑫ 底盒安装要求。安装在地面上的接线盒应防水和抗压，安装在墙面或柱子上的信息插座底盒、多用户信息插座盒及集合点配线箱体的底部离地面的高度宜为 300mm，距离电源插座 200mm。工作区的电源每 1 个工作区至少应配置 1 个 220V 交流电源插座，电源插座应选用带保护接地的单相电源插座，保护接地与零线应严格分开。

2. 安装步骤

安装线槽、线管的步骤如下。

第 1 步：确定线槽、线管规格。须按照需要容纳双绞线的数量来确定，选择常用的标准线槽规格，不要选择非标准规格。

第 2 步：安装底盒。根据各个房间信息点出线管口在楼道或房间的高度，预留有进出线孔，方便进出线，底板上有 2 个安装孔，用于将底座固定在墙面。

第 3 步：安装线槽、线管。根据各个房间信息点的出线槽、线管口在楼道的高度，确定楼层线槽、线管的安装高度，其次按照使用双面胶、钉子、管卡等将线槽、线管固定在墙面，如图 4.9 所示。注意安装的线槽、线管上下左右应在一条直线上，转角处可使用相应的附件。

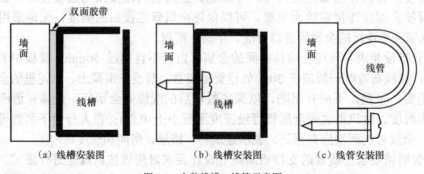

（a）线槽安装图　　　　　　（b）线槽安装图　　　　　　（c）线管安装图

图 4.9　安装线槽、线管示意图

第 4 步：线缆布放。见 4.3 章节。

第 5 步：装线槽盖板（只有线槽需要，线管不需要）。将楼道全部线槽固定好以后，再将各个管口的出线逐一放入线槽，边放线边盖板，放线时注意拐弯处保持比较大的曲率半径。

4.2.3　桥架安装

1. 技术规范

根据《综合布线系统工程验收规范》GB 50312-2007 的要求，桥架安装过程中应遵循以下技术规范。

① 桥架由室外进入建筑物内时，桥架向外的坡度不得小于 1/100。

② 桥架与用电设备交越时，其间的净距不小于 0.5m。

③ 两组桥架在同一高度平行敷设时，其间净距不小于 0.6m。

④ 在平行图上绘出桥架的路由，要注明桥架起点、终点、拐弯点、分支点及升降点的坐标或定位尺寸、标高，如能绘制桥架敷设轴侧图，则对材料统计将更精确。

⑤ 桥架支撑点，如立柱、托臂或非标准支、构架的间距、安装方式、型号规格、标高，可同时在平面上列表说明，也可分段标出，用不同的剖面图、单线图或大样图表示。

⑥ 线缆引下点位置及引下方式，一般而言，大批线缆引下可用垂直弯接板和垂直引上架，少量电缆引下可用导板或引管，注明引下方式即可。

⑦ 线缆桥架宜高出地面 2.2m 以上，桥架顶部距顶棚或其他障碍物不应小于 0.3m，桥架宽度不宜小于 0.1m，桥架内横断面的填充率不应超过 50%。

⑧ 桥架内缆线垂直敷设时，在缆线的上端和每间隔 1.5m 处应固定在桥架的支架上，水平敷设时，在缆线的首、尾、转弯及每间隔 3～5m 处进行固定。

⑨ 在吊顶内设置时，槽盖开启面应保持 80mm 的垂直净空，线槽截面利用率不应超过50%。

⑩ 布放在线槽的缆线可以不绑扎，槽内缆线应顺直，尽量不交叉，缆线不应溢出线槽，在缆线进出线槽部位，转弯处应绑扎固定。垂直线槽布放缆线应每间隔 1.5m 固定在缆线支架上。

⑪ 在桥架敷设线缆时，应对线缆进行绑扎，绑扎间距不宜大于 1.5m，线扣间距应均匀，松紧适度。

⑫ 桥架水平敷设时，支撑间距一般为 1.5～3m，垂直敷设时固定在建筑物构体上的间距宜小于 2m。

⑬ 金属线槽敷设时，在线槽接头处、间距 3m 处、离开线槽两端口 0.5m 处、转弯处设置支架或吊架。

2. 安装步骤

第 1 步：确定位置。根据建筑平面布置图，结合空调管线和电气管线等设置情况、方便维修，以及电缆路由的疏密来确定电缆桥架的最佳路由。在室内，尽可能沿建筑物的墙、柱、梁及楼板架设，如许利用综合管廊架设时，则应在管道一侧或上方平行架设，并考虑引下线和分支线尽量避免交叉，如无其他管架借用，则需自设立（支）柱。

第 2 步：确定桥架的宽度。根据布放电缆条数、电缆直径及电缆的间距来确定电缆桥架的型号、规格，托臂的长度，支柱的长度、间距，桥架的宽度和层数。

第 3 步：确定安装方式。根据场所的设置条件确定桥架的固定方式，选择悬吊式、直立式、侧壁式或是混合式，连接件和紧固件一般是配套供应的，此外，根据桥架结构选择相应的盖板。

① 悬吊式。在楼板吊装桥架时，首先确定桥架安装高度和位置，并且安装膨胀螺栓和吊杆，其次安装挂板和桥架，同时将桥架固定在挂板上，最后在桥架开孔和布线，如图 4.10 所示。缆线引入桥架时，必须穿保护管，并且保持比较大的曲率半径。

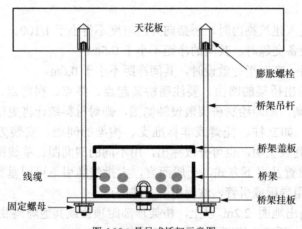

图 4.10 悬吊式桥架示意图

② 直立式。在楼道墙面安装金属桥架时，安装方法也是首先根据各个房间信息点出线管口在楼道的高度，确定楼道桥架安装高度并且画线，其次先安装 L 型支架或者三角形支架，按照每米 2～3 个。支架安装完毕后，用螺栓将桥架固定在每个支架上，并且在桥架对应的管出口处开孔，如图 4.11 所示。

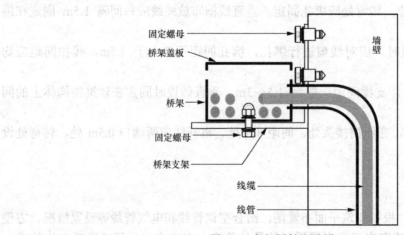

图 4.11 直立式桥架示意图

第 4 步：布线。见 4.3 章节。

第 5 步：装桥架盖板。

4.3　线缆布放技术

4.3.1　线缆选择

线缆包括光缆和电缆两大类，其中电缆有双绞线和同轴电缆两种；光缆有多模光纤光缆和单模光纤光缆两种。

1. 双绞线选择

双绞线（Twisted Pair，TP）是综合布线工程中最常用的一种传输介质。所谓双绞线，就是把两条相互绝缘的铜导线按照一定的方向顺时针或逆时针拧在一起，形状就像一根麻花，故名双绞线。

（1）双绞线的结构

双绞线采用一对互相绝缘的金属导线互相绞合的方式来抵御一部分外界电磁波的干扰，更主要的是降低自身信号的对外干扰。把两根绝缘的铜导线按一定密度互相绞在一起，可以降低信号干扰的程度，每一根导线在传输中辐射的电波会被另一根线上发出的电波抵消。一般扭线的越密其抗干扰能力就越强。与其他传输介质相比，双绞线在传输距离、信道宽度和数据传输速度等方面均受到一定限制，但价格较为低廉。

双绞线结构分为 3 层，分别由内层铜导线、绝缘层、塑料护套组成，如图 4.12 所示。双绞线内层的铜导线遵循 AWG 标准（美国线规尺寸标准，规定了导体的直径），大小有22、24 和 26 等规格，规格数字越大，导线越细；外层的绝缘层一般由 PVC（聚氯乙烯化合物）制成；最外层还有一层塑料护套，用于保护电缆，护套外皮有非阻燃（CMR）、阻燃（CMP）和低烟无卤（LSZH）3 种材料。

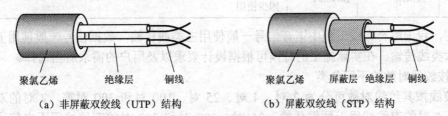

（a）非屏蔽双绞线（UTP）结构　　　　　（b）屏蔽双绞线（STP）结构

图 4.12　双绞线结构示意图

双绞线的每一条线都有色标，一条 4 对双绞线有橙色对、绿色对、蓝色对和棕色对 4 种色对，每种线对中一条是纯色，另一条是白色或是与白色相间的，如橙色线对是一条橙色的线和一条橙白相间的缠绕在一起的线。通过色标，就可以对双绞线中的每一条线进行识别和连接。

（2）双绞线的分类

① 按绝缘层的不同分类

按照绝缘层外部是否有金属屏蔽层，双绞线可以分为非屏蔽双绞线（Unshielded Twisted Pair，UTP）和屏蔽双绞线（Shielded Twisted Pair，STP）两大类，如图 4.12 所示。屏蔽双绞线电缆的外层由铝铂包裹，以减小辐射，但并不能完全消除辐射，屏蔽双绞线价格相对较

高，安装时要比非屏蔽双绞线电缆困难。屏蔽双绞线电缆按增加的金属屏蔽层数量和金属屏蔽层绕包方式，又可分为 STP、FTP 和 SFTP 3 种。非屏蔽双绞线电缆具有无屏蔽外套、直径小、节省所占用的空间，重量轻、易弯曲、易安装，将串扰减至最小或加以消除，独立性和灵活性等优点，适用于综合布线系统。

② 按传输速率的不同分类

按照传输速率的不同，双绞线可以分为 9 种不同的型号，如表 4.2 所示。

表 4.2   按双绞线传输速率的不同分类

型 号	传输带宽	传输速率	应 用
CAT1 一类线	100kHz	100kbit/s	主要用于语音传输（传输模拟电话信号），现已停止使用
CAT2 二类线	1MHz	4Mbit/s	主要用于 4Mbit/s 规范令牌传递协议的旧的令牌网，现已停止使用
CAT3 三类线	16MHz	10Mbit/s	主要用于 10BASE-T，数字语音传输
CAT4 四类线	20MHz	16Mbit/s	主要用于基于令牌的局域网和 10BASE-T/100BASE-T，数字语音传输
CAT5 五类线	100MHz	100Mbit/s	主要用于 10BASE-T/100BASE-T 网络，是目前常用的以太网电缆
CAT5e 超五类线	155MHz	100Mbit/s	主要用于吉比特以太网（1000Mbit/s），是目前常用的以太网电缆
CAT6 六类线	1～250MHz	1000Mbit/s	传输带宽是超五类的两倍，主要用于吉比特以太网，是目前常用的以太网电缆
CAT6e 超六类线	200～250MHz	1000Mbit/s	在传输频率方面与六类线一样，只是在串扰、衰减和信噪比等方面有较大改善
CAT7 七类线	500MHz	10Gbit/s	传输带宽是六类线和超六类线的 2 倍以上，主要应用于欧盟，中国少使用

目前，我国综合布线工程中语音信号一般使用三类线传输，数据信号一般使用五类、超五类、六类线传输。在实际施工的时候可根据设计要求以及用户的需求适当选择。

③ 按绞线对数的不同分类

双绞线按其绞线对数可分为 2 对、4 对、25 对、100 对和 300 对等。2 对的双绞线用于电话，4 对的双绞线用于数据传输，25 对、100 对和 300 对的双绞线用于电信通信大对数线缆。

2. 同轴电缆选择

同轴电缆（Coaxial Cable），内外由相互绝缘的同轴心导体构成的电缆，其频率特性比双绞线好，能进行较高速率的传输，是局域网中最常见的传输介质之一，常用于电视信号的传送。

（1）同轴电缆的结构

同轴电缆是有线电视系统中用来传输射频信号的主要媒质，它是由芯线和屏蔽网筒构成的两根导体，因为这两根导体的轴心是重合的，故称同轴电缆或同轴线。同轴电缆分成 4 层，分别由导体、绝缘层、屏蔽层和外包皮组成，如图 4.13 所示。

① 导体

导体通常由一根实心铜线构成，利用高频信号的集肤效应，可采用空铜管，也可用镀铜铝棒，对不需供电的用户网采用铜包钢线，对于需要供电的分配网或主干线建议采用铜包铝线，这样既能保证电缆的传输性能，又可以满足供电及机械性能的要求，减轻了电缆的重量，也降低了电缆的造价。

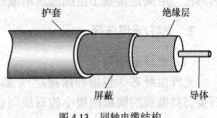

图 4.13　同轴电缆结构

② 绝缘层

绝缘层可以采用聚乙烯、聚丙烯、聚氯乙烯（PVC）和氟塑料等，常用的绝缘介质是损耗小、工艺性能好的聚乙烯。

③ 屏蔽层

同轴电缆的屏蔽层有双重作用，它既可作为传输回路的一根导线，又具有屏蔽作用，外导体通常有 3 种结构。

a. 金属管状。这种结构采用铜或铝带纵包焊接，或者是无缝铜管挤包拉延而成，这种结构形式的屏蔽性能最好，但柔软性差，常用于干线电缆。

b. 铝塑料复合带纵包搭接。这种结构有较好的屏蔽作用，且制造成本低，但由于外导体是带纵缝的圆管，电磁波会从缝隙处穿出而泄漏，应慎重使用。

c. 编织网与铝塑复合带纵包组合。这是从单一编织网结构发展而来的，它具有柔软性好、重量轻和接头可靠等特点，实验证明，采用合理的复合结构，对屏蔽性能有很大提高，目前这种结构形式被大量使用。

④ 外包皮

室外电缆宜用具有优良气候特性的黑色聚乙烯，室内用户电缆从美观考虑则宜采用浅色的聚乙烯。

（2）同轴电缆的分类

同轴电缆根据其直径大小可以分为粗同轴电缆 RG-11 和细同轴电缆 RG-58。粗缆适用于比较大型的局部网络，它的标准距离长、可靠性高，由于安装时不需要切断电缆，因此可以根据需要灵活调整计算机的入网位置，但粗缆网络必须安装收发器电缆，安装难度大，所以总体造价高。相反，细缆安装则比较简单，造价低，但由于安装过程要切断电缆，两头须装上基本网络连接头（BNC），然后接在 T 型连接器两端，所以当接头多时容易产生不良的隐患，这是目前运行中的以太网所发生的最常见故障之一。

① 细同轴电缆

细缆（RG-58）的直径为 0.26cm，最大传输距离 185m，使用时与 50Ω 终端电阻、T 型连接器、BNC 接头与网卡相连，线材价格和连接头成本都比较便宜，而且不需要购置集线器等设备，十分适合架设终端设备较为集中的小型以太网络。缆线总长不要超过 185m，否则信号将严重衰减。细缆的阻抗是 50Ω。

② 粗同轴电缆

粗缆（RG-11）的直径为 1.27cm，最大传输距离达到 500m。由于直径相当粗，因此它的弹性较差，不适合在室内狭窄的环境内架设，而且 RG-11 连接头的制作方式也相对要复杂许多，并不能直接与电脑连接，它需要通过一个转接器转成 AUI 接头，然后再接到电脑

上。由于粗缆的强度较强，最大传输距离也比细缆长，因此粗缆的主要用途是扮演网络主干的角色，用来连接数个由细缆所结成的网络。粗缆的阻抗是 75Ω。

3. 光纤/光缆选择

（1）光纤的结构

光纤由纤芯、包层和涂覆层 3 部分组成，如图 4.14 所示。通信用的光纤绝大多数是用石英材料做成的横截面很小的双层同心圆柱体，外层的折射率比内层低。

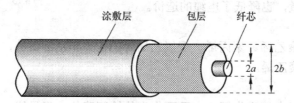

图 4.14　光纤结构示意图

折射率高的中心部分叫作纤芯，其折射率为 n_1，直径为 $2a=4\sim50\mu m$，材料为高纯度 SiO_2，掺有极少量的掺杂剂（GeO_2，P_2O_5），作用是提高纤芯折射率（n_1），以传输光信号。折射率低的外围部分称为包层，其折射率为 n_2，直径为 $2b=125\mu m$，其成分也是含有极少量掺杂剂的高纯度 SiO_2。而掺杂剂（如 B_2O_3）的作用则是适当降低包层对光的折射（n_2），使之略低于纤芯的折射率，即 $n_1>n_2$，它使得光信号封闭在纤芯中传输。

（2）光纤的分类

① 按照光纤横截面折射率分布的不同来划分

a．阶跃型光纤：纤芯折射率 n_1 沿半径方向保持一定，包层折射率 n_2 沿半径方向也保持一定，而且纤芯和包层的折射率在边界处呈阶梯形变化的光纤称为阶跃型光纤，又称为均匀光纤。

b．渐变型光纤：如果纤芯折射率 n_1 随着半径加大而逐渐减小，而包层中折射率 n_2 是均匀的，这种光纤称为渐变型光纤，又称为非均匀光纤。

② 按照纤芯中传输模式的不同来划分

a．单模光纤：光纤中只传输一种模式时，叫做单模光纤。单模光纤的纤芯直径较小，约为 $4\sim10\mu m$。单模光纤只能传输基模（最低阶模），不存在模间的传输时延差，具有比多模光纤大得多的带宽，适用于大容量、长距离的光纤通信。

b．多模光纤：在工作波长一定的情况下，光纤中存在有多个传输模式，这种光纤就称为多模光纤。多模光纤的纤芯直径约为 $50\mu m$（欧洲）或 $62.5\mu m$（美国）。多模光纤可以采用阶跃折射率分布，也可以采用渐变折射率分布，适用于短途光纤通信。

③ 按照套塑类型的不同来划分

a．紧套光纤：紧套光纤是指二次、三次涂敷层与预涂敷层及光纤的纤芯、包层等紧密地结合在一起的光纤。未经套塑的光纤，其衰耗—温度特性本是十分优良的，但经过套塑之后其温度特性下降。这是因为套塑材料的膨胀系数比石英高得多，在低温时收缩较厉害，压迫光纤发生微弯曲，增加了光纤的衰耗。

b．松套光纤：松套光纤是指经过预涂敷后的光纤松散地放置在一层塑料管之内，不再进行二次、三次涂敷。松套光纤的制造工艺简单，其衰耗—温度特性与机械性能也比紧套光纤好，因此越来越受到人们的重视。

（3）光缆的结构及分类

光缆由缆芯、护层和加强芯组成。缆芯由光纤的芯数决定，可分为单芯型和多芯型两种；护层主要是对已成缆的光纤芯线起保护作用，避免受外界机械力和环境的损坏。护层可分为内护层（多用聚乙烯或聚氯乙烯等）和外护层（多用铝带和聚乙烯组成的 LAP 外护套加钢丝铠装等）；加强芯主要承受敷设安装时所加的外力。室外光缆的基本结构有层绞式、中心管式、骨架式 3 种。每种基本结构中既可放置分离光纤，亦可放置带状光纤。

① 层绞式光缆

层绞式光缆结构是由多根容纳光纤的松套管（或部分填充绳）绕中心金属加强件绞合成圆形的缆芯，缆芯外先纵包复合铝带并挤上聚乙烯内护套，再纵包阻水带和双面覆膜皱纹钢（铝）带再加上一层聚乙烯外护层组成，层绞式光缆端面如图 4.15 所示。

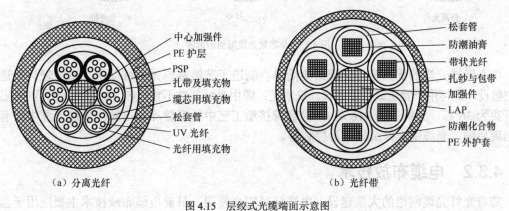

　（a）分离光纤　　　　　　　　　　　　　　（b）光纤带

图 4.15　层绞式光缆端面示意图

层绞式光缆的结构特点是：光缆中容纳的光纤数量多，光缆中光纤余长易控制，光缆的机械、环境性能好，它适宜于直埋、管道敷设，也可用于架空敷设。

② 骨架式结构光缆

骨架式结构光缆是把紧套光纤或一次涂覆光纤放入加强芯周围的螺旋形塑料骨架凹槽内而构成，如图 4.16 所示。

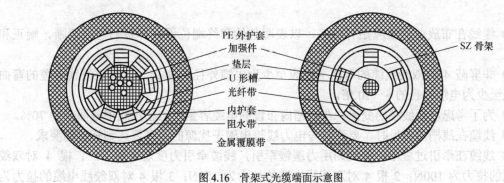

图 4.16　骨架式光缆端面示意图

骨架式光纤带光缆的优点是：结构紧凑、缆径小、纤芯密度大（上千芯至数千芯），接续时无需清除阻水油膏、接续效率高。缺点是：制造设备复杂（需要专用的骨架生产线）、

工艺环节多、生产技术难度大等。

③ 中心管结构光缆

由一根二次光纤松套管或螺旋形光纤松套管，无绞合直接放在缆的中心位置，纵包阻水带和双面涂塑钢（铝）带，两根平行加强圆磷化碳钢丝或玻璃钢圆棒位于聚乙烯护层中组成的，如图 4.17 所示。

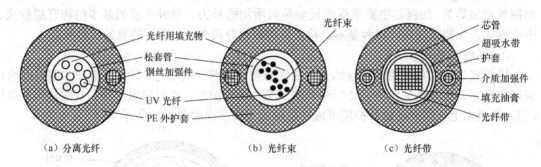

（a）分离光纤　　　　　　　　（b）光纤束　　　　　　　　（c）光纤带

图 4.17　单芯软光缆端面示意图

中心管式光缆的优点是：光缆结构简单、制造工艺简洁，光缆截面小、重量轻，很适宜架空敷设，也可用于管道或直埋敷设。缺点是：缆中光纤芯数不宜过多（如分离光纤为 12 芯、光纤束为 36 芯、光纤带为 216 芯），松套管挤塑工艺中松套管冷却不够，成品光缆中松套管会出现后缩，光缆中光纤余长不易控制等。

4.3.2　电缆布放技术

随着光纤光缆网络的大量建设，电缆已经较少使用，目前电缆布放技术主要应用于监控系统、可视对讲系统、门禁系统等领域。

1．电缆布放技术规范

根据《综合布线系统工程验收规范》GB 50312-2007 的要求，电缆布放安装过程中应遵循以下技术规范。

① 线缆在布放过程中应平直，不得产生扭绞、打圈等现象，不应受到外力的挤压和损伤。

② 缆线在布放前两端应贴有标签，以表明起始和终端位置，标签书写应清晰、端正和正确。

③ 非屏蔽 4 对双绞线缆的弯曲半径应至少为电缆外径的 4 倍，屏蔽双绞线电缆的弯曲半径应至少为电缆外径的 6～10 倍。

④ 为了考虑以后线缆的变更，在线槽内布设的电缆容量不应超过线槽截面积的 70%。

⑤ 线缆在线槽内布设时，要注意与电力线等电磁干扰源的距离要达到规范的要求。

⑥ 线缆在牵引过程中，要均匀用力缓慢牵引，线缆牵引力度规定如下：1 根 4 对双绞线电缆的拉力为 100N；2 根 4 对双绞线电缆的拉力为 150N；3 根 4 对双绞线电缆的拉力为 200N；不管多少根线对电缆，最大拉力不能超过 400N。

⑦ 缆线布放时应有冗余。在管理间、设备间线对绞电缆预留长度一般为 3～6m，工作区为 0.3～0.6m，有特殊要求的应按设计要求预留长度。

2. 水平布线施工技术

建筑物内水平布线可选用明线或暗线布线方式，在决定采用哪种方法之前，应到施工现场进行比较，从中选择一种最佳的施工方案。

（1）明线布线操作步骤

明线布线是水平布线中最常使用的方式之一。常用于老建筑物扩容改造或没有预埋管道的新建筑物。

第 1 步：根据建筑物的结构或建筑图纸确定布线路由。

第 2 步：沿着布线路由方向安装线槽，线槽安装要讲究直线美观，也可以不装线槽直接用卡钉固定。

第 3 步：线槽每隔 50cm 要安装固定镙钉，如采用卡钉固定，每隔 50cm 安装一个卡钉，并不再需要操作第 4 步和第 5 步。

第 4 步：布放线缆时，线槽内的线缆容量不超过线槽截面积的 70%。

第 5 步：布放线缆的同时盖上线槽的塑料槽盖。

（2）暗线布线操作步骤

第 1 步：要向用户索要建筑物的图纸，并现场勘察，了解建筑物内水、电、气管路的布局和走向，然后详细绘制布线图纸，确定布线施工方案。

第 2 步：将合适长度的牵引线从离配线间最远的一端开始，将牵引线沿着暗管至末端，注意要分段牵引。

第 3 步：将多条线缆聚集成一束，并使它们的末端对齐，再用电工胶带紧绕在线缆束外面。

第 4 步：人工或机器牵引拉绳，将电缆从线箱或线轴中拉出并经过暗管牵引到配线间。

第 5 步：电缆从信息插座布放到配线间并预留足够的长度后，从线缆箱一端切断电缆，然后在电缆末端贴上标签并标注与线缆箱相同的标注信息。

3. 垂直布线施工技术

垂直干线是建筑物的主要线缆，它为从设备间到每层楼上的管理间之间传输信号提供通路。在新的建筑物中，通常利用竖井通道敷设垂直干线。在竖井中敷设垂直干线一般有两种方式：向下垂放电缆和向上牵引电缆。相比较而言，向下垂放比向上牵引容易。

（1）向下垂放电缆操作步骤

第 1 步：首先把线缆卷轴搬放到建筑物的最高层。

第 2 步：在离楼层的垂直孔洞处 3～4m 处安装好线缆卷轴，并从卷轴顶部馈线。

第 3 步：在线缆卷轴处安排所需的布线施工人员，每层上要安排一个工人以便引导下垂的线缆。

第 4 步：开始旋转卷轴，将线缆从卷轴上拉出。

第 5 步：将拉出的线缆引导进竖井中的孔洞。

第 6 步：慢慢地从卷轴上放缆并进入孔洞向下垂放，注意不要快速地放缆。

第 7 步：继续向下垂放线缆，直到下一层布线工人能将线缆引到下一个孔洞。

第 8 步：按前面的步骤，继续慢慢地向下垂放线缆，并将线缆引入各层的孔洞。

（2）向上牵引电缆操作步骤

第1步：先往绞车上穿一条拉绳。

第2步：启动绞车，并往下垂放一条拉绳，拉绳向下垂放直到安放线缆的底层。

第3步：将线缆与拉绳牢固地绑扎在一起。

第4步：启动绞车，慢慢地将线缆通过各层的孔洞向上牵引。

第5步：线缆的末端到达顶层时，停止绞车。

第6步：在地板孔边沿上用夹具将线缆固定好。

第7步：当所有连接制作好之后，从绞车上释放线缆的末端。

4.3.3　光缆布放

1. 入户光缆布放技术规范

根据《综合布线系统工程验收规范》GB 50312-2007 的要求，光缆布放安装过程中应遵循以下技术规范。

① 入户光缆敷设前应考虑用户住宅建筑物的类型、环境条件和已有线缆的敷设路由，同时需要对施工的经济性、安全性以及将来维护的便捷性和用户满意度进行综合判断。

② 应尽量利用已有的入户暗管敷设入户光缆，对无暗管入户或入户暗管不可利用的住宅楼宜通过在楼内布放波纹管的方式敷设蝶形引入光缆。

③ 对于建有垂直布线桥架的住宅楼，宜在桥架内安装波纹管和楼层过路盒，用于穿放蝶形引入光缆。如桥架内无空间安装波纹管，则应采用缠绕管对敷设在内的蝶形引入光缆进行包扎，以起到对光缆的保护作用。

④ 由于蝶形引入光缆不能长期浸泡在水中，因此一般不适宜直接在地下管道中敷设。

⑤ 敷设蝶形引入光缆的最小弯曲半径应符合以下条件：敷设过程中不应小于 30mm，固定后不应小于 15mm。

⑥ 一般情况下，蝶形引入光缆敷设时的牵引力不宜超过光缆允许张力的 80%；瞬间最大牵引力不得超过光缆允许张力的 100%，且主要牵引力应加在光缆的加强构件上。

⑦ 应使用光缆盘携带蝶形引入光缆，并在敷设光缆时使用放缆托架，使光缆盘能自动转动，以防止光缆被缠绕。

⑧ 在光缆敷设过程中，应严格注意光纤的拉伸强度、弯曲半径，避免光纤被缠绕、扭转、损伤和踩踏。

⑨ 在入户光缆敷设过程中，如发现可疑情况，应及时对光缆进行检测，确认光纤是否良好。

⑩ 蝶形引入光缆敷设入户后，光缆分纤箱或光分路箱一侧预留 1.0m，住户家庭信息配线箱或光纤面板插座一侧预留 0.5m。

⑪ 应尽量在干净的环境中制作光纤机械接续连接插头，并保持手指的清洁。

⑫ 入户光缆敷设完毕后应使用光源、光功率计对其进行测试，入户光缆段在 1310nm、1490nm 波长的光衰减值均应小于 1.5dB，如入户光缆段光衰减值大于 1.5dB，应对其进行修补，修补后还未得到改善的，需重新制作光纤机械接续连接插头或者重新敷设光缆。

⑬ 入户光缆施工结束后，需用户签署完工确认单，并在确认单上记录入户光缆段的光

衰减测定值，供日后维护参考。

2．室内光缆布放技术

（1）墙体开孔与光缆穿孔保护

第 1 步：根据入户光缆的敷设路由，确定其穿越墙体的位置。一般宜选用已有的弱电墙孔穿放光缆，对于没有现成墙孔的建筑物应尽量选择在隐蔽且无障碍物的位置开启过墙孔。

第 2 步：判断需穿放蝶形引入光缆的数量（根据住户数），选择墙体开孔的尺寸，一般直径为 10mm 的孔可穿放 2 条蝶形引入光缆。

第 3 步：根据墙体开孔处的材质与开孔尺寸选取开孔工具（电钻或冲击钻）以及钻头的规格。

第 4 步：为防止雨水的灌入，应从内墙面向外墙面并倾斜 10° 进行钻孔，如图 4.18 所示。

第 5 步：墙体开孔后，为了确保钻孔处的美观，内墙面应在墙孔内套入过墙套管或在墙孔口处安装墙面装饰盖板。

第 6 步：如所开的墙孔比预计的要大，可用水泥进行修复，应尽量做到洞口处的美观，如图 4.19 所示。

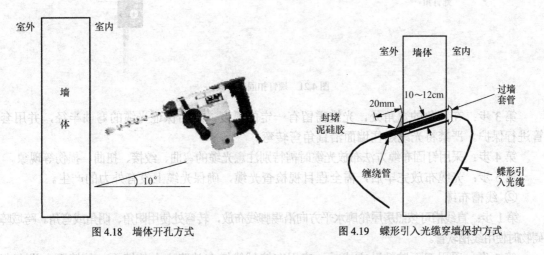

图 4.18　墙体开孔方式　　　　　图 4.19　蝶形引入光缆穿墙保护方式

第 7 步：将蝶形引入光缆穿放过孔，并用缠绕管包扎穿越墙孔处的光缆，以防止光缆裂化。

第 8 步：光缆穿越墙孔后，应采用封堵泥 、硅胶等填充物封堵外墙面，以防雨水渗入或虫类爬入。

第 9 步：蝶形引入光缆穿越墙体的两端应留有一定的弧度，以保证光缆的弯曲半径。

（2）明线布放

① 卡钉固定布缆

第 1 步：选择光缆钉固路由，一般光缆宜钉固在隐蔽且人手较难触及的墙面上，卡钉扣间距 50cm。在室内钉固蝶形引入光缆应采用卡钉扣，如图 4.20 所示；在室外钉固自承式蝶形引入光缆应采用螺钉扣，如图 4.21 所示。

第 2 步：在安装钉固件的同时可将光缆固定在钉固件内，由于卡钉扣和螺钉扣都是通过夹住光缆外护套进行固定的，因此在施工中应注意一边目视检查，一边进行光缆的固定，必须确保光缆无扭曲，且钉固件无挤压在光缆上的现象发生。

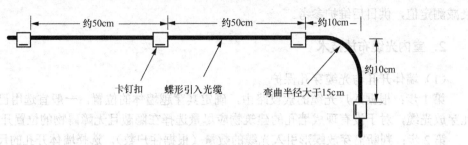

图 4.20　卡钉扣固定方式

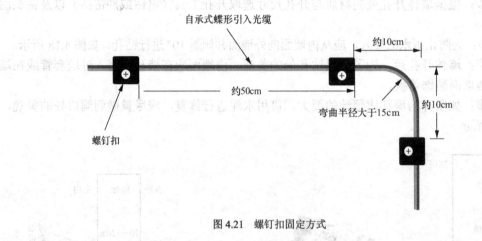

图 4.21　螺钉扣固定方式

第 3 步：在墙角的弯角处，光缆需留有一定的弧度，从而保证光缆的弯曲半径，并用套管进行保护。严禁将光缆贴住墙面沿直角弯转弯。

第 4 步：采用钉固布缆方法布放光缆时需特别注意光缆的弯曲、绞接、扭曲、损伤等现象。

第 5 步：光缆布放完毕后，需全程目视检查光缆，确保光缆上没有外力的产生。

② 线槽布缆

第 1 步：直线槽可按照房屋轮廓水平方向沿踢脚线布放，转弯处使用阳角、阴角或弯角。跨域障碍物时使用线槽软管。

第 2 步：采用双面胶粘贴方式时，应用布擦拭线槽布放路由上的墙面，使墙面上没有灰尘和垃圾，然后将双面胶贴在线槽及其配件上，并粘贴固定在墙面上，如图 4.22 所示。当直线敷设距离较长时，每隔 1.5～2 米需用螺钉固定 1 次。

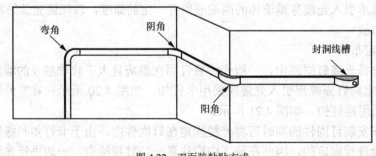

图 4.22　双面胶粘贴方式

第 3 步：采用螺钉固定方式时，应根据线槽及其配件上标注的螺钉固定位置，将线槽及其配件固定在墙面上，一般 1m 直线槽需用 3 个螺钉进行固定，如图 4.23 所示。

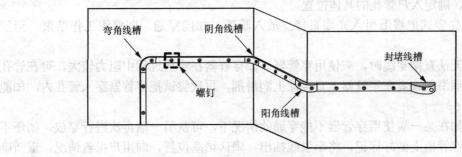

图 4.23　螺钉固定方式

第 4 步：根据现场的实际情况对线槽及其配件进行组合，在切割直线槽时，由于线槽盖和底槽是配对的，一般不宜分别处理线槽盖和底槽。

第 5 步：把蝶形光缆布放入线槽，关闭线槽盖时应注意不要夹伤蝶形光缆。

第 6 步：线槽布放应横平竖直，安装牢固，各个器件之间应安装严实、密封。

③ 波纹管布缆

第 1 步：选择波纹管布放路由，波纹管应尽量安装在人手无法触及的地方，且不要设置在有损美观的位置，一般宜采用外径不小于 25mm 的波纹管。

第 2 步：确定过路盒的安装位置，在住宅单元的入户口处以及水平、垂直管的交叉处设置过路盒；当水平波纹管直线段长超过 30m 或段长超过 15m 并且有 2 个以上的 90°弯角时，应设置过路盒，如图 4.24 所示。

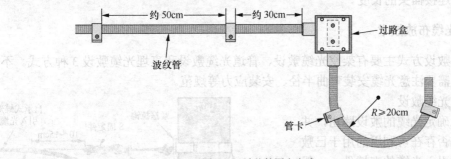

图 4.24　波纹管固定方式

第 3 步：安装管卡并固定波纹管，在路由的拐角或建筑物的凹凸处，波纹管需保持一定的弧度后安装固定，以确保蝶形引入光缆的弯曲半径和便于光缆的穿放。

第 4 步：在波纹管内穿放蝶形引入光缆（在距离较长的波纹管内穿放光缆时可使用穿管器）。

第 5 步：连续穿越 2 个直线过路盒或通过过路盒转弯以及在入户点牵引蝶形引入光缆时，应把光缆抽出过路盒后再行穿放。

第 6 步：过路盒内的蝶形引入光缆不需留有余长，只要满足光缆的弯曲半径即可。光缆穿通后，应确认过路盒内的光缆没有被挤压，特别要注意通过过路盒转弯处的光缆。

第 7 步：关闭各个过路盒的盖子。

（3）暗线布放

第 1 步：根据设备（光分路器、ONU）的安装位置，以及入户暗管和户内管的实际布放情况，查找、确定入户管孔的具体位置。

第 2 步：先尝试把蝶形引入光缆直接穿放入暗管，如能穿通，即穿缆工作结束，至步骤 8。

第 3 步：无法直接穿缆时，应使用穿管器。如穿管器在穿放过程中阻力较大，可在管孔内倒入适量的润滑剂或者在穿管器上直接涂上润滑剂，再次尝试把穿管器穿入管孔内，如能穿通，至步骤 6。

第 4 步：如在某一端使用穿管器不能穿通的情况下，可从另一端再次进行穿放，如还不能成功，应在穿管器上做好标记，将牵引线抽出，确认堵塞位置，向用户报告情况，重新确定布缆方式。

第 5 步：当穿管器顺利穿通管孔后，把穿线器的一端与蝶形引入光缆连接起来，制作合格的光缆牵引端头（穿管器牵引线的端部和光缆端部相互缠绕 20cm，并用绝缘胶带包扎，但不要包得太厚），如在同一管孔中敷设有其他线缆，宜使用润滑剂，以防止损伤其他线缆。

第 6 步：将蝶形引入光缆牵引入管时的配合是很重要的，应由二人进行作业，双方必须相互间喊话，例如牵引开始的信号、牵引时互相间的口令、牵引的速度以及光缆的状态等。由于牵引端的作业人员看不到放缆端的作业人员，所以不能勉强硬拉光缆。

第 7 步：将蝶形引入光缆牵引出管孔后，应分别用手和眼睛确认光缆引出段上是否有凹陷或损伤，如果有损伤，则放弃穿管的施工方式。

第 8 步：确认光缆引出的长度，剪断光缆。注意千万不能剪得过短，必须预留用于制作光纤机械接续连接插头的长度。

3. 室外光缆布放技术

室外光缆敷设方式主要有架空光缆敷设、管道光缆敷设和直埋光缆敷设 3 种方式。不论何种方式，均需要注意光缆安装弯曲半径、安装应力等规范。

（1）架空光缆敷设

第 1 步：确定光缆的敷设路由，并勘察路由上是否存在可利用的用于已敷设自承式蝶形引入光缆的支撑件，一般每个支撑件可固定 8 根自承式蝶形引入光缆。

第 2 步：根据装置牢固、间隔均匀、有利于维修的原则选择支撑件及其安装位置。

第 3 步：采用紧箍钢带与紧箍夹将紧箍拉钩固定在电杆上，如图 4.25 和图 4.26 所示。采用膨胀螺丝与螺钉将 C 型拉钩固定在外墙面上，对于木质外墙可直接将环形拉钩固定在上面，如图 4.27 所示。

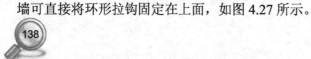

图 4.25　杆路终结处装置规格

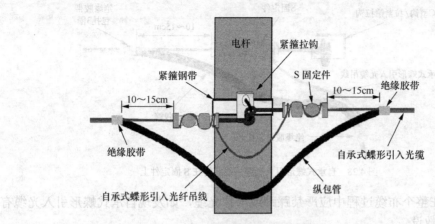

图 4.26　杆路中间处装置规格

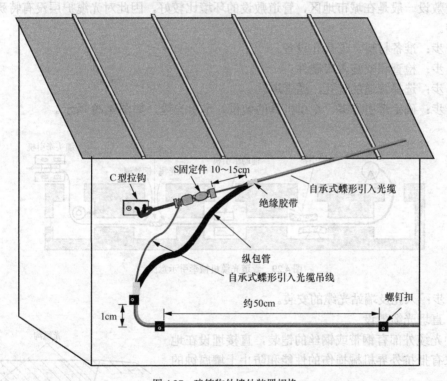

图 4.27　建筑物外墙处装置规格

第 4 步：分离自承式蝶形引入光缆的吊线，并将吊线扎缚在 S 固定件上，然后拉挂在支撑件上，当需敷设的光缆长度较长时，宜选择从中间点位置开始布放。

第 5 步：用纵包管包扎自承式蝶形引入光缆吊线与 S 固定件扎缚处的余长光缆。

第 6 步：自承式蝶形引入光缆与其他线缆交叉处应使用缠绕管进行包扎保护，如图 4.28 所示。

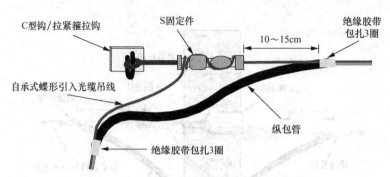

图 4.28　自承式蝶形引入光缆吊线扎缚在 S 固定件上

第 7 步：在整个布缆过程中应严禁踩踏或卡住光缆，如发现自承式蝶形引入光缆有损伤，需考虑重新敷设。

（2）管道光缆敷设

管道敷设一般是在城市地区，管道敷设的环境比较好，因此对光缆护层没有特殊要求，无需铠装。

第 1 步：准备材料、工具和设备。

第 2 步：检查和安装入口硬件。

第 3 步：选择管道的管孔、通管道。

第 4 步：确定牵引方案、牵引机具的装设、牵引光缆，如图 4.29 所示。

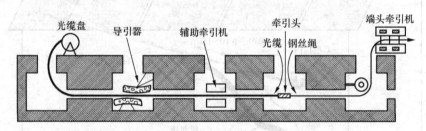

图 4.29　管道光缆机械牵引示意图

第 5 步：入孔及端站光缆的安装。

（3）直埋光缆敷设

这种光缆外部有钢带或钢丝的铠装，直接埋设在地下，要求有抵抗外界机械损伤的性能和防止土壤腐蚀的性能。

第 1 步：准备材料、工具和设备。

第 2 步：挖沟。挖沟应尽量保持直线路径，沟底要平坦，不得蛇形弯曲，如图 4.30 所示。对于不同土质和环境，光缆埋深有不同的要求，施工中应按设计规定地段的地质情况达到表 4.3 中的深度要求。对于全石质路径，在特殊情况下，埋深可降为 50cm，但应采取封沟措施。

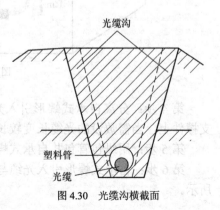

图 4.30　光缆沟横截面

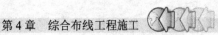

表 4.3　　　　　　　　　　　　直埋式光缆的埋深

敷 设 地 段	埋深（m）
普通土、硬土	≥1.2
半石质（砂砾土、风化石）	≥1.0
全石质、流砂	≥0.8
市郊村镇	≥1.2
市区人行道	≥1.0
穿越铁路（距道碴底）、公路（距路面）	≥1.2
沟、渠、水塘	≥1.2

第 3 步：填平沟底。

① 普通土质地区沟底的处理。挖沟完成后，在沟底填一层优质沙或软土（厚约 10cm），作为光缆地基。用木夯或机夯夯实。

② 风化石和碎石地区沟底的处理。沟底的软土和碎石被清除后，在软土和碎石构成的切削面上填一层厚度最小为 5cm 的砂浆，再在砂浆上面填一层约 10cm 厚的优质沙或软土，并且要夯实。

③ 石质地区沟底的处理。挖到所需深度后，清理表面，然后铺上砂浆（1:4 水泥和荒沙的混合物）。

④ 穿越障碍物路由的准备工作。长途直埋光缆在敷设过程中，路由中会遇到铁路、公路、河流等障碍物，应视具体情况在光缆敷设前做好准备。

第 4 步：光缆布放。

① 移动光缆盘敷设。在机动车辆能接近光缆沟的地段，将光缆载在卡车平台上，以千斤顶托起或用光缆专用运输工具，准备好导向滚轮，确保光缆所受张力不超过允许值，并由张力仪监控。

② 固定光缆盘敷设。在机动车辆不能接近光缆沟的地段，光缆盘以千斤顶托起，适当配置滚轴，用人工或绞盘将光缆拉入光缆沟。

第 5 步：回填。必须把光缆放在厚为 10cm 的沙质基底上，然后填上 10cm 厚的软土，之后每回填 20cm 厚的土壤，应用夯实机或其他夯实工具彻底夯实。为了避免光缆损坏，在光缆附近必须使用无石头的土。

① 在碎石地区，用上述类似的方式回填，但必须预先从回填土中除去由爆破产生的刃形碎石。如果敷设工地上的回填土无法利用，必须从其他地方运来适宜的沙或土。

② 在硬石地区，混凝土层回填的好沙或软土上面一直铺到沟中岩床的上缘，并使混凝土与岩床之间有良好的粘合力。

第 6 步：铺放标志带。光缆路径标志一般安装在下列位置：光缆连接位置；沿同样路径敷缆位置改变的地方；敷缆位置改变的公路处的分支位置和交叉位置；从河床下穿过时，河床边缘处埋设光缆的上方；走近路方式埋设光缆的弯曲段两端；与其他建筑靠近的光缆位置；为便于光缆维护而必须定位的其他点，或由于其他原因，至少 200m 有一个标志的地方。为了长年使用，光缆标志必须耐风化，并清楚的在表面上标上必要的数据。

4.4 线缆端接技术

4.4.1 双绞线端接技术

1. 双绞线跳线、信息模块、信息插座选择

（1）双绞线连接器

双绞线连接器是一种透明的塑料接插件，因为其看起来很透明像水晶，所以又称作水晶头。根据它的用途不同，连接网线的是 RJ-45 连接器，连接电话线的是 RJ-11 连接器，如图 4.31 和图 4.32 所示。

图 4.31　RJ-45 连接器（网线）

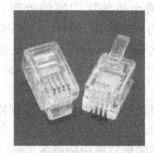

图 4.32　RJ-11 连接器（电话线）

新买来的 RJ-45 插头（还未连接双绞线时）的头部有 8 片平行的带 "V" 字型刀口的铜片并排放置，"V" 字头的两尖锐处是较锋利的刀口。

（2）EIA/TIA-568 标准

EIA/TIA-568 是由电子工业协会（EIA）和电信工业协会（TIA）共同制定的布线标准。该标准分为 EIA/TIA-568A 和 EIA/TIA-568B 两种，用于确定 RJ-45 插座/连接头中的导线排列次序，如表 4.4 所示。在国内 EIA/TIA T568B 配线图被认为是首选的配线图，EIA/TIA T568A 为可选配线图，主要用于交叉双绞线的制作。

表 4.4　　　　　　　　　　　　EIA/TIA-568A 和 EIA/TIA-568B 线序

EIA/TIA-568A 标准			EIA/TIA-568B 标准		
引脚顺序	连接信号	排列顺序	引脚顺序	连接信号	排列顺序
1	TX+（发送）	白绿	1	TX+（发送）	白橙
2	TX-（发送）	绿	2	TX-（发送）	橙
3	RX+（接收）	白橙	3	RX+（接收）	白绿
4	未定义	蓝	4	未定义	蓝
5	未定义	白蓝	5	未定义	白蓝
6	RX-（接收）	橙	6	RX-（接收）	绿
7	未定义	白棕	7	未定义	白棕
8	未定义	棕	8	未定义	棕

在一个综合布线工程中，可采用任何一种标准，但所有的布线设备及布线施工必须采用同一标准。

（3）双绞线跳线的类型

① 直通线

两端水晶头的线序排列完全相同的跳线称为直通线，我国直通线通常采用 EIA/TIA-568B 标准制作如表 4.5 所示，适用于连接两个不同类型的设备互联，如计算机至交换机、计算机与集线器等。

表 4.5　　　　　　　　　　　　　　直通线线序

引　　脚	1	2	3	4	5	6	7	8
端 1（EIA/TIA-568B）	白橙	橙	白绿	蓝	白蓝	绿	白棕	棕
端 2（EIA/TIA-568B）	白橙	橙	白绿	蓝	白蓝	绿	白棕	棕

当一根网线接到网卡上时，其实网卡并没有用到网线内的所有 4 对线（8 根），它只用了 2 对线，即 1 和 2（橙色线对），3 和 6（绿色线对）4 根线，其中 1、2 引脚用于发送数据（TX+，TX－），3、6 引脚用于接收数据（RX+，RX－）。

直通线网卡到交换机（集线器）接口的电气定义如图 4.33 所示。通常电信号要一个正极性和一个负极性组成一个闭合回路信号才能通信，即 TX＋（正发）→RX＋（正收）和 TX－（负发）←RX－（负收）。

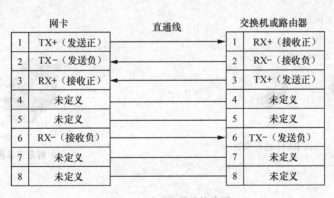

图 4.33　直通双绞线接线图

② 交叉线

两端水晶头的线序排列完全不相同的跳线称为交叉线，即一端采用 EIA/TIA-568A 标准，另一端则采用 EIA/TIA-568B 标准如表 4.6 所示，适用于连接两个同类型的设备互联，如计算机至计算机等。

表 4.6　　　　　　　　　　　　　　交叉线线序

引　　脚	1	2	3	4	5	6	7	8
端 1（EIA/TIA-568B）	白橙	橙	白绿	蓝	白蓝	绿	白棕	棕
端 2（EIA/TIA-568A）	白绿	绿	白橙	蓝	白蓝	橙	白棕	棕

交叉线网卡到网卡接口的电气定义如图 4.34 所示。交叉线原理同上，只是 1 和 2 使用绿色线对，3 和 6 使用橙色线对。

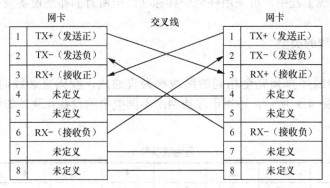

图 4.34　交叉双绞线接线图

（4）信息模块

信息模块用于电缆的端接或终结。按照屏蔽类型的不同可以分为屏蔽和非屏蔽信息模块；按照传输速率的不同可以分为五类、超五类、六类、超六类信息模块；按照业务类型的不同可以分为语音、数据和光纤信息模块；按照线位数的不同可以分为四线位模块、六线位模块和八线位模块，其中四线位或六线位模块用于语音通信，八线位模块用于数据通信；按照是否需要使用打线工具的不同可分为打线式信息模块和免打线式信息模块，实物如图 4.35 所示。

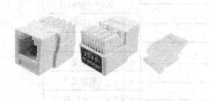

（a）RJ-11 语音模块

（c）屏蔽信息模块

（b）RJ-45 信息模块

（d）免打线信息模块

图 4.35　信息模块实物图

（5）信息插座

信息插座的外型类似于电源插座，而且和电源插座一样也是固定于墙壁上的，其作用是为终端设备提供一个信息接口。信息插座通常由信息模块（包括语音模块、数据模块、电视模块和光纤模块等）、面板和底座组成。信息插座所使用的面板的不同决定着信息插座所适用的环境，而信息模块所遵循的通信标准决定着信息插座的适用范围。根据信息插座所使用的面板的不同，信息插座可以分为墙上型、桌上型和地上型 3 类。

① 墙上型。墙上型插座多为内嵌式插座，适用于与主体建筑同时完成的布线工程，主要安装于墙壁内或护壁板中，如图 4.36 所示。

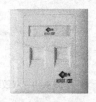

（a）信息插座面板 　　　　　　（b）信息插座底座

图 4.36　墙上型信息插座

墙上型插座面板一般为塑料制造，只适合在墙面安装，每只售价为 5～20 元，具有防尘功能，使用时打开防尘盖，不使用时，防尘盖自动关闭。

② 地上型。地上型插座也为内嵌式插座，大多为铜制，而且具有防水的功能，可以根据实际需要随时打开使用，主要适用于地面或架空地板，如图 4.37 所示。地上型插座一般为黄铜制造，只适合在地面安装，每只售价为 100～200 元，地上型插座面板一般都具有防水、防尘、抗压功能，使用时打开盖板，不使用时，盖好盖板与地面高度相同。

③ 桌上型。桌上型插座适用于主体建筑完成后进行的网络布线工程，一般既可以安装于墙壁，也可以直接固定在桌面上，如图 4.38 所示。桌上型面板一般为塑料制造，适合安装在桌面或者台面上，在综合布线系统设计中很少应用。

图 4.37　地上型信息插座 　　　　　　图 4.38　桌上型信息插座

2．双绞线跳线的端接

（1）器材与工具

根据双绞线跳线的端接要求准备好 5 类、超 5 类或 6 类 UTP 双绞线、RJ-45 插头或 RJ-11 插头（水晶头）和一把专用的压线钳。

（2）操作步骤

第 1 步：剥线。用双绞线剥线器将双绞线塑料外皮剥去 2～3cm，如图 4.39 所示。一般双绞线内部有一条柔软的尼龙绳，用于撕剥外皮，如果剥离部分太短，则不利于制作 RJ-45

接头，此时可以利用撕剥线撕开外皮。剥去外皮的双绞线如图 4.40 所示。

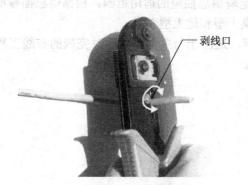

图 4.39 剥离外皮

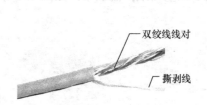

图 4.40 双绞线内部芯线

第 2 步：排线。将露出的双绞线线对按照橙、绿、蓝、棕的顺序从左至右排列，如图 4.41 所示。将各个双绞线线对分开，白色的导线均位于左侧，如图 4.42 所示。

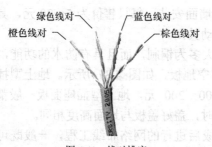

图 4.41 线对排序

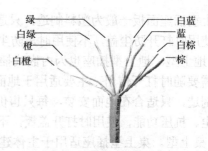

图 4.42 拆分双绞线线对

第 3 步：理线。将绿色导线（左起第 4 根）和蓝色导线（左起第 6 根）对调，其余导线保持相对位置不变。此时导线的左起顺序为白橙/橙/白绿/蓝/白蓝/绿/白棕/棕，如图 4.43 和图 4.44 所示。

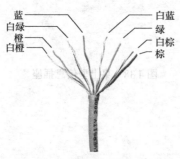

图 4.43 对调后的线序

图 4.44 整理导线

第 4 步：剪齐。用压线钳的切口将 8 根导线整齐地剪断，如图 4.45 所示。注意留下的长度要合适，一般为 1～1.5cm。不太熟练时可以拿 RJ-45 连接头比对一下，以确定剪切位置，如图 4.46 所示。

图 4.45　剪齐导线

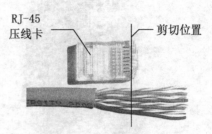

RJ-45
压线卡

剪切位置

图 4.46　比对剪切长度

第 5 步：插入。一手以拇指和中指捏住水晶头，并用食指抵住，水晶头的方向是金属引脚朝上、弹片朝下，如图 4.47 所示。另一只手捏住双绞线，用力缓缓将双绞线 8 条导线依序插入水晶头，并一直插到 8 个凹槽顶端，如图 4.48 所示。

铜片触点向上并
面对自己

白橙导线
（第 1 根）

图 4.47　准备插入连接头

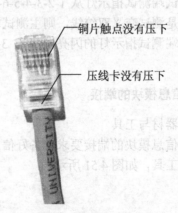

铜片触点没有压下

压线卡没有压下

图 4.48　已经插入连接头

第 6 步：检查。检查水晶头正面，查看线序是否正确；检查水晶头顶部，查看 8 根线芯是否都顶到顶部。

第 7 步：压接。确认无误后，将 RJ-45 水晶头推入压线钳夹槽后，用力握紧压线钳，将突出在外面的针脚全部压入 RJ-45 水晶头内，RJ-45 水晶头连接完成，如图 4.49 和图 4.50 所示。

（3）双绞线测试

在双绞线制作完成后，一般需要使用专门的双绞线测试仪来判断双绞线的连通性。连通性测试仪采用 8 根双绞线逐根自动扫描的方式，快速测试 STP/UTP 双绞线的连通性，也可以测试同轴电缆的连通性。

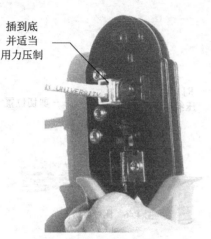

插到底
并适当
用力压制

铜片被压下，接触导线

压线卡压下，卡住导线外皮

图 4.49　压制 RJ-45 连接头　　　　　　　　　　图 4.50　制作完毕的 RJ-45 连接头

第 1 步：把双绞线两端的连接头分别插入主测试端和远程测试端的 RJ-45 接口（即双绞线测试口 A 和双绞线测试口 B）

第 2 步：将主测试端开关拨至 ON 挡或慢速 S 挡。

第 3 步：观察主测试端和远程测试端测试指示灯。如果是测试直通双绞线，则主测试端和远程测试端测试指示灯从 1-2-3-4-5-6-7-8-G 逐个闪亮，若某一灯不亮则表示对应的导线不通。如果是测试交叉双绞线，则主测试端测试指示灯依然从 1-2-3-4-5-6-7-8-G 逐个闪亮，而远程测试端测试指示灯的闪亮顺序为 3-6-1-4-5-2-7-8-G，若某一灯不亮，则表示对应的导线不通。

3. 信息模块的端接

（1）器材与工具

根据信息模块的端接要求准备好信息模块、信息插座、打线器、压线钳和连通性测试仪等器材与工具，如图 4.51 所示。

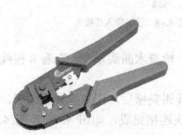

（a）RJ-45 压线钳　　　　　　（b）打线器　　　　　　（c）连通性测试仪

图 4.51　信息模块端接工具

（2）信息模块端接操作步骤

各厂家的信息模块结构有所差异，因此具体的模块压接方法各不相同，本任务以安普或
TCL 信息模块压接为例介绍信息模块端接的具体操作步骤，其他厂家的产品可以参考厂家
说明资料。

第 1 步：使用剥线工具，在距线缆末端 5cm 处剥除线缆的外皮，如图 4.52 所示。

第 2 步：将各线对分别按色标顺序压入模块的各个槽位内，如图 4.53 所示。

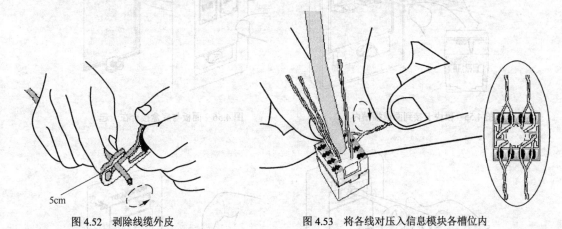

图 4.52　剥除线缆外皮　　　　　图 4.53　将各线对压入信息模块各槽位内

第 3 步：使用打线工具加固各线对与插槽的连接，如图 4.54 所示。

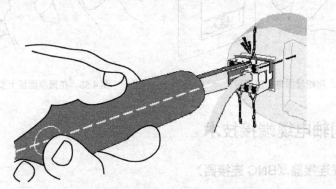

图 4.54　使用打线工具加固线对与插座的连接

（3）信息插座的操作步骤

模块端接完成后，接下来就要安装到信息插座内，以便工作区内终端设备的使用。各厂
家信息插座安装方法有相似性，具体可以参考厂家说明资料。

第 1 步：将已端接好的信息模块卡接在插座面板槽位内，如图 4.55 所示。

第 2 步：将已卡接了信息模块的面板与暗埋在墙内的底盒接合在一起，如图 4.56 所示。

第 3 步：用螺丝将插座面板固定在底盒上，如图 4.57 所示。

第 4 步：在插座面板上安装标签条，如图 4.58 所示。

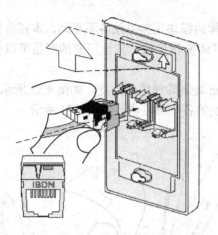

图 4.55　模块卡接到面板插槽内

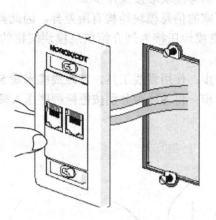

图 4.56　面板与底盒接合在一起

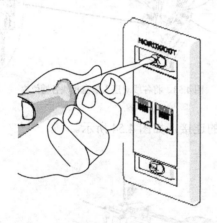

图 4.57　用螺丝固定插座面板

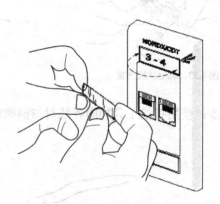

图 4.58　在插座面板上安装标签条

4.4.2　同轴电缆端接技术

1. 同轴电缆连接器（BNC 连接器）

同轴电缆连接器，也称为 BNC（Bayonet Neill-Concelman）连接器，为卡口形式，有传送距离长、信号稳定、安装方便且价格低廉等优点，实物如图 4.59 所示。

图 4.59　同轴电缆连接器（BNC 连接器）

目前它还被大量用于通信系统中，如网络设备中的 E1 接口（2MB 接口）就是用两根 BNC 接头的同轴电缆来连接的，在高档的监视器、音响设备中也经常用来传送音频、视频信号。

2．同轴电缆连接器端接

（1）器材与工具

根据同轴电缆连接器的端接要求准备好斜口钳、剥线钳、六角压线钳、烙铁、焊锡等器材与工具。

（2）操作步骤

第 1 步：剥线。使用剥线钳将线缆绝缘外层剥去，如图 4.60 所示。

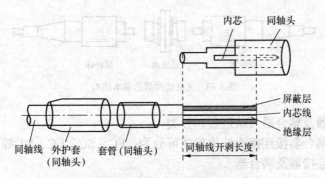

图 4.60　同轴电缆的开剥

第 2 步：焊接芯线。依次套入电缆头尾套，压接套管，将屏蔽网（编织线）往后翻开，剥开内绝缘层，露出芯线长 2.5mm，将芯线（内导体）插入接头，注意芯线必须插入接头的内开孔槽中，最后上锡，如图 4.61 所示。

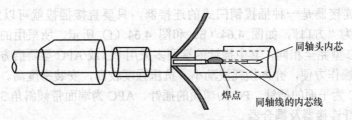

图 4.61　同轴电缆的焊接

第 3 步：装配 BNC 接头。连接好芯线后，先将屏蔽金属套筒套入同轴电缆，再将芯线插针从 BNC 接头本体尾部孔中向前插入，使芯线插针从前端向外伸出，最后将金属套筒前推，使套筒将外层金属屏蔽线卡在 BNC 接头本体尾部的圆柱体内，如图 4.62 所示。

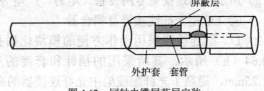

图 4.62　同轴电缆屏蔽层安装

第 4 步：压线。将屏蔽网修剪齐，余约 6.0mm，然后将压接套管及屏蔽网一起推入接头尾部，用六角压线钳压紧套管，最后将芯线焊牢。

4.4.3 光纤端接

1. 光纤连接器

光纤连接器，俗称活动接头，光纤连接器主要用于实现系统中设备与设备、设备与仪表、设备与光纤及光纤与光纤的非永久性固定连接等。

（1）光纤连接器结构

光纤连接器由 3 个部分组成的：两个配合插头和一个耦合器（珐琅盘）。两个插头装进两根光纤尾端；耦合管起对准套管的作用，如图 4.63 所示。

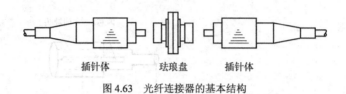

插针体　　　珐琅盘　　　插针体

图 4.63　光纤连接器的基本结构

（2）光纤连接器及耦合器（珐琅盘）分类

光纤连接器及耦合器按连接头结构形式可分为：FC、SC、LC、ST 等多钟形式。

① FC 型光纤连接器及耦合器

FC 使用的外部加强方式是采用金属套，紧固方式为螺丝扣，因此可简称为"螺口"，如图 4.64（a）和图 4.64（e）所示。FC 类型的连接器采用的陶瓷插针的对接端面呈球面的插针（PC）。FC 型光纤连接器多用在光纤终端盒或光纤配线架上，在实际工程中用在光纤终端盒最常见。

② SC 型光纤连接器及耦合器

SC 型光纤连接器是一种插拔销闩式的连接器，只要直接插拔就可以对接，外壳呈矩形，因此可以称为"方口"，如图 4.64（b）和图 4.64（f）所示。所采用的插针与耦合套筒的结构尺寸与 FC 型完全相同，其中插针的端面多采用 PC 或 APC 型研磨方式。此类连接器价格低廉，插拔操作方便，介入损耗波动小，抗压强度较高，安装密度高。光纤连接器插针的端面主要有 FC 为平面的插针、PC 为球面的插针、APC 为端面带倾斜角 3 种。

③ ST 型光纤连接器及耦合器

ST 光纤连接器有一个卡销式金属圆环以便与匹配的耦合器连接，上有一个卡槽，直接将插孔的钥匙卡进卡槽并旋转即可，因此也可以称为"卡口"，如图 4.64（c）和图 4.64（g）所示。用途就是专网设备（电力、广电等）接头。

④ LC 型光纤连接器及耦合器

LC 型连接器采用操作方便的模块化插孔（RJ）闩锁机理制成，如图 4.64（d）和图 4.64（h）所示。其所采用的插针和套筒的尺寸是普通 SC、FC 等所用尺寸的一半，为 1.25mm，提高了光纤配线架中光纤连接器的密度。LC 俗称小方头，也是方形卡接头，一般用于设备出纤。

⑤ MT-RJ 型连接器

MT-RJ 起步于日本 NTT 开发的 MT 连接器，带有与 RJ-45 型 LAN 电连接器相同的闩锁机构，通过安装小型套管两侧的导向销对准光纤，为便于与光收发信机相连，连接器端面光纤为双芯（间隔 0.75mm）排列设计，是主要用于数据传输的下一代高密度光纤连接器。

（a）FC 型光纤连接器　　（b）SC 型光纤连接器　　（c）ST 型光纤连接器　　（d）LC 型光纤连接器

（e）FC 型光纤耦合器　　（f）SC 型光纤耦合器　　（g）ST 型光纤耦合器　　（h）LC 型光纤耦合器

图 4.64　光纤连接器分类

2．光纤熔接技术

（1）器材与工具

根据光纤熔接的要求准备好光纤熔接机、光纤端面制备器（切割刀）、光纤、剥纤钳、酒精（99%工业酒精最好，用 75%的医用酒精也可）、棉花（用面巾纸也可）、热缩套管等器材与工具，如图 4.65 所示。

① 开缆刀：开缆刀用于剥除不同护套层厚度的光（电）缆，实物如图 4.65（a）所示。

② 护套开剥钳：用于剥除蝶形引入光缆的护套和剪断加强件，实物如图 4.65（b）所示。

③ 光纤松套管剥线钳：用于剥离光纤表面的松套管，实物如图 4.65（c）所示。

④ 光纤涂覆层剥线钳：用于剥离光纤表面的涂覆层，实物如图 4.65（d）所示。

⑤ 光纤端面制备器：用于制备光纤断面，实物如图 4.65（e）所示。

⑥ 光纤熔接机：光纤熔接机采用芯对芯标准系统设计，能进行光纤的快速、全自动熔接，实物如图 4.65（f）所示。

⑦ 热缩套管：用于保护光纤，实物如图 4.65（g）所示。

⑧ 清洁工具：清洁工具主要包括无水酒精、清洁棉纸等，用于保证光纤连接插头的清洁，实物如图 4.65（h）、图 4.65（i）所示。

（2）操作步骤

第 1 步：光纤端面处理。光纤的端面处理，习惯上又称端面制备。这是光纤连接技术中的一项关键工序，尤其对于熔接法连接光纤来说尤为重要，对整个熔接质量的好坏有直接的影响。光纤端面处理包括去除套塑层、去除涂覆层、清洗、切割。

① 去除松套管。松套光纤去除套塑层，是将调整好（进刀深度）的松套切割钳旋转切割（一周），然后用手轻轻一折，松套管便断裂，再轻轻从光纤上退下。一次去除的长度，

一般不超过 60 公分，当需要去除长度较长时，可分段去除。去除时应操作得当，避免损伤光纤。

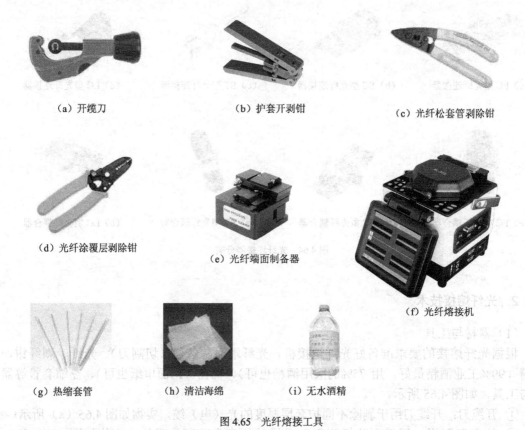

(a) 开缆刀   (b) 护套开剥钳   (c) 光纤松套管剥除钳

(d) 光纤涂覆层剥除钳   (e) 光纤端面制备器   (f) 光纤熔接机

(g) 热缩套管   (h) 清洁海绵   (i) 无水酒精

图 4.65 光纤熔接工具

② 去除涂覆层。去除涂覆层时，要一次性去除并且应干净，不留残余物，否则放置于微调整架的 V 形槽后，影响光纤的准直性。这一步骤，主要是针对松套光纤而言的。

③ 端面切割。用脱脂棉沾无水酒精，纵向清洗两次，听到"吱吱"的声响。

④ 端面清洁。在连接技术中，制备端面是一项共同的关键工序，尤其是熔接法，要求光纤端面边缘整齐，无缺损、毛刺。光纤切割方法叫"刻痕"法切割，以获得平滑的端面，切割留长（16±1）mm。（特别注意：切割掉的碎纤，一定要丢弃到指定的容器内，防止被碎纤扎到！）

第 2 步：校准及熔接。目前使用的熔接设备都是自动校准及熔接，一般要求将制备好的光纤端面放在电极和 V 型槽之间约 1/2 的位置，可以靠近电极但不得超过电极。在放置过程中，光纤端面不得碰到任何地方，否则端面将可能被损伤，如图 4.66 所示。光纤熔接机就是利用电弧放电原理对光纤进行熔接的机器，熔接瞬间电压可以达到 3kV，所以

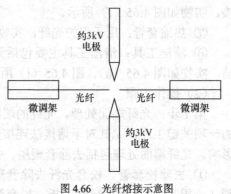

图 4.66 光纤熔接示意图

必须保证防风盖盖好。

第 3 步：质量评估。应在熔接机的显示屏应平整无毛刺，熔接后的光功率损耗应小于 0.1dB。光纤熔接质量可以通过熔接点的外形和推定损耗，大致判定熔接质量的好坏，其具体质量评估、形成原因和处理方法如表 4.7 所示。

表 4.7　　　　　　　　　　　　　光纤熔接质量不好的情况

序号	屏幕上显示图形	形成原因及处理方法
1		由于端面尘埃、结露、切断角不良以及放电时间过短引起。熔接损耗很高，需要重新熔接
2		由于端面不良或放电电流过大引起，需重新熔接
3		熔接参数设置不当，引起光纤间隙过大。需要重新熔接
4		端面污染或接续操作不良。选按 "ARC" 追加放电后，如黑影消失，推算损耗值又较小，仍可认为合格。否则，需要重新熔接
5	白线	光学现象，对连接特性没有影响
6	模糊细线	光学现象，对连接特性没有影响
7	包层错位	两根光纤的偏心率不同。推算损耗较小，说明光纤已对准，属质量良好
8	包层不齐	两根光纤外径不同。若推算损耗值合格，可看作质量合格
9	污点或伤痕	应注意光纤的清洁和切断操作，不影响传光

第 4 步：增强保护。热收缩管是增强件，熔接前先套在光纤一侧，光纤熔接完后再移至接头部位，如图 4.67 所示，然后加热收缩之。一般采用专用加热器收缩，加热顺序为先中心后两侧。加热完后加热器的控制回路自动停止加热，此时将其移至散热片上，使之冷却，以便保持接头不变形。

① 易熔管：是一种低熔点胶管，当加热收缩后，易熔管与裸纤熔为一体成为新的涂层。

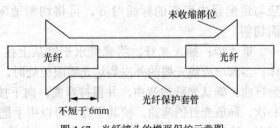

图 4.67　光纤接头的增强保护示意图

② 加强棒：材料主要有不锈钢针、尼龙棒（玻璃钢）、凹型金属片等几种，它起抗张力和抗弯曲的作用。

③ 热收缩管：收缩后使增强件成为一体，起保护作用。

在使用热缩管进行加热时，要求光纤接续部位必须放置在热缩管正中间，而放好的热缩

管也必须放置在加热器的正中间，以此保证热缩管的收缩效果。

3. 光纤冷接技术（机械式光纤接续技术）

机械式光纤接续又称为光纤冷接，是不需要热熔接机，通过简单的工具、利用机械连接技术实现两芯光纤永久连接的方式。

（1）器材与工具

根据光纤冷接的要求准备好护套开剥钳、光纤涂层剥离钳、光纤切割刀、光纤机械接续连接插头组件、光纤夹具、光纤、酒精（99%工业酒精最好，用 75%的医用酒精也可）、棉花（用面巾纸也可）等器材与工具。

① 护套开剥钳：用于剥除蝶形引入光缆的护套和剪断加强件。

② 光纤涂层剥离钳：用于剥离光纤表面的涂覆层。

③ 光纤切割刀：用于制备光纤断面。

④ 光纤机械接续连接插头组件：用于蝶形光缆或紧套软光缆的快速成端，SC 型单芯。

⑤ 光纤夹具：预留所需光纤长度，并进行固定后切割裸光纤。

⑥ 酒精：用于清洗裸光纤。

⑦ 清洁棉纸：用于沾湿酒精后擦洗裸光纤。

（2）制作快速连接器的操作步骤

光纤快速连接器是用在施工现场，在光纤或光缆护套上用机械方式实现光纤或光缆快速端接的光纤活动连接器。如图 4.68 所示。

第 1 步：开剥光缆。因为皮线布放施工时前端有可能因受力而折断，可用斜口钳把皮线缆前端的 10cm 剪掉。开剥光缆需将皮线光缆穿入尾帽，用斜口钳把皮线缆中间剪开 1cm，然后撕开 5cm，沿着根部剪断塑料护套。

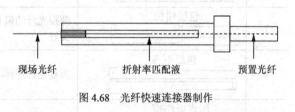

图 4.68　光纤快速连接器制作

第 2 步：清洁光纤。用涂覆层剥除钳剥离光纤涂覆层，并用清洁海绵沾无水酒精清洁裸光纤。

第 3 步：切割光纤。将清洁好的光纤放置于切割适配器（夹具）内，外护套剥离处应与适配器内底部的标线对齐。再将切割适配器放置于切割刀适配器槽内，进行光纤端面切割。

第 4 步：插入光纤。将光纤水平地从上往下放靠近小孔，然后把裸光纤插入连接器主体。当入户皮线光缆的外皮到达光缆限位处时，停止插入光纤。250μm 涂覆层可以明显观察到弯曲。确认光纤的弯曲，并保持弯曲，向下按压主体上白色的压接盖到底，并均匀用力压 3 次。释放光纤的弯曲，使其平直（可以用手把两夹片往外掰，让皮线光缆自然平直）。将尾帽套上连接器主体，并旋紧。套上外壳，外壳上的空槽和主体上白色压接盖的方向应一致，至此插头操作完成。

第 5 步：固定光缆。把做好的 SC 插头插到底盒内的法兰上，插头尾部的皮线光缆夹在面板的夹槽里固定皮线光缆成端。把皮线在面板盒内顺着方向盘 3 圈（约 0.5 米），小心注意别把光缆扭曲和用力过猛。最后把插座固定在墙上，并盖上盖子，拧紧螺丝，在盖上写上相关信息。

（3）制作光纤机械连接器（冷接子）的操作步骤

光纤机械连接器（也称冷接子）是以机械方式实现两根光纤固定连接的光纤连接器。

第 1 步：开剥蝶形光缆并去除护套，清洁裸光纤，切割端面。

第 2 步：把冷接子按合适的方向放入基座中，压下压板使冷接子打开，按光纤的不同直径把其放入对应的槽中，留出足够长度的光纤（1～2mm），关闭光纤滑块座夹，如图 4.69 所示。

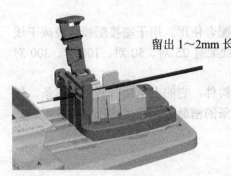
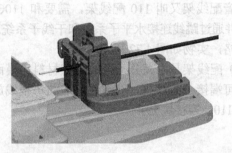

留出 1～2mm 长度

图 4.69　打开和关闭光纤滑块座夹

第 3 步：把右侧光纤滑块向左推到底使光纤插入冷接子，重复右侧动作把左侧光纤滑块座及光纤滑块分别向右推到底使光纤插入冷接子。当左侧光纤滑块推到底时，可看到右侧光纤被微微推出，如图 4.70 所示。

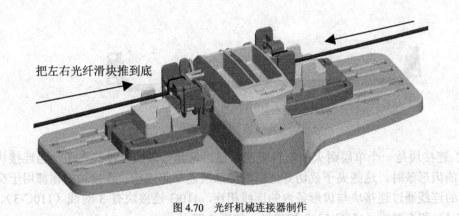

把左右光纤滑块推到底

图 4.70　光纤机械连接器制作

第 4 步：打开压板，打开夹具，取出冷接子，完成接续，如图 4.71 所示。

图 4.71　完成的冷接子

4.4.4 配线架端接技术

配线架是综合布线中最重要的组件，是实现垂直干线和水平配线两个子系统交叉连接的枢纽。配线架通常安装在机柜或墙上。通过安装附件，配线架可以全线满足 UTP、STP、同轴电缆、光纤、语音视频的相互连接的需要。在网络工程中常用的配线架有双绞线配线架和光纤配线架。

1. 配线架的选择

（1）语音配线架

语音配线架又叫 110 配线架，需要和 110C 连接块配合使用。用于端接配线电缆或干线电缆，并通过跳线连接水平子系统和干线子系统。110 配线架有 25 对、50 对、100 对、300 对多种规格，实物如图 4.72 所示。

110 配线架是由高分子合成阻燃材料压模而成的塑料件，它的上面装有若干齿形条，每行最多可端接 25 对线。双绞线电缆的每根线放入齿形条的槽缝里，利用冲压工具就可以把线压入 110C 连接块上。

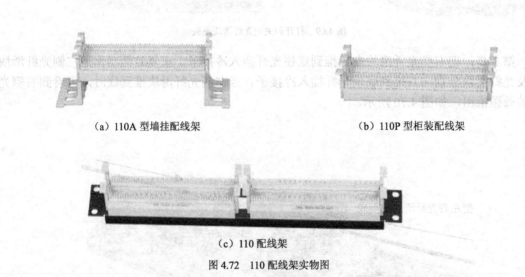

（a）110A 型墙挂配线架　　　　　　　　　　（b）110P 型柜装配线架

（c）110 配线架

图 4.72　110 配线架实物图

110C 连接块是一个单层耐火的塑料模密封器，内含熔锡快速接线夹子，当连接块被推入配线架的齿形条时，这些夹子就切开连线的绝缘层建立起连接。连接块的顶部用于交叉连接，顶部的连线通过连接块与齿形条内的连线相连，110C 连接块有 3 对线（110C-3）、4 对线（110C-4）和 5 对线（110C-5）3 种规格，如图 4.73 所示。

图 4.73　常用 4 对线和 5 对线的 110C 连接块

（2）数据配线架

数据配线架又称 RJ-45 模块化配线架，用于端接水平电缆和通过跳线连接交换机等网络设备，如图 4.74 所示。

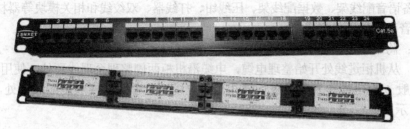

图 4.74 24 口数据配线架

模块配线架通常放置在布线配线系统中的接线间中，配置有若干个 RJ-45 插座模块，比如 24 端口配线架或 48 端口配线架，它们分别表示带有 24 个或 48 个 RJ-45 插座模块。

（3）光纤配线架

光纤配线架又称为 ODF 配线架，是光传输系统中一个重要的配套设备，它主要用于光缆终端的光纤熔接、光连接器安装、光路的调接、多余尾纤的存储及光缆的保护等，它对于光纤通信网络安全运行和灵活使用有着重要的作用。

依据光纤配线架结构的不同，可分为壁挂式和机架式，如图 4.75 所示。壁挂式光纤配线架可直接固定在墙体上，一般为箱体结构，适用于光缆条数和光纤芯数都较少的场所。机架式光纤配线架又可分为两种，一种是固定配置的配线架，光纤耦合器被直接固定在机箱上；另一种采用模块化设计，用户可根据光纤的数量和规格选择相对应的模板，便于网络的调整和扩展。

（a）机架式配线架 （b）壁挂式配线架

图 4.75 光纤配线架实物图

光纤配线架作为光缆线路的终端设备，拥有固定、熔接、调配和存储 4 项基本功能。光纤配线架是光传输系统中的一个重要的配套设备，它对光纤通信网络的安全运行和灵活使用

有着重要的作用。

2. 双绞线配线架端接

（1）器材与工具

需要准备语音配线架、数据配线架、压线钳、打线器、双绞线和相关模块等器材与工具。

（2）语音配线架操作步骤

第 1 步：将配线架固定到机柜合适位置，在配线架背面安装理线环。

第 2 步：从机柜进线处开始整理电缆，电缆沿机柜两侧整理至理线环处，使用绑扎带固定好电缆，一般 6 根电缆作为一组进行绑扎，将电缆穿过理线环摆放至配线架处，如图 4.76 和图 4.77 所示。

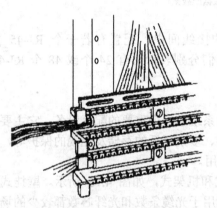

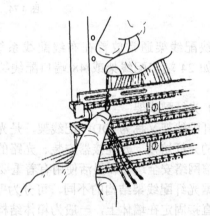

图 4.76　整理线缆，剥去线缆外皮　　　　　　　图 4.77　压紧线对

第 3 步：根据每根电缆连接接口的位置，测量端接电缆应预留的长度（大约 25cm），然后使用压线钳、剪刀、斜口钳等工具剪断电缆。

第 4 步：根据电缆色谱排列顺序，将对应颜色的线对逐一压入槽内，然后使用 110 打线工具固定线对连接，同时将伸出槽位外多余的导线截断（注意：刀要与配线架垂直，刀口向外），完成后的效果如图 4.78 所示。

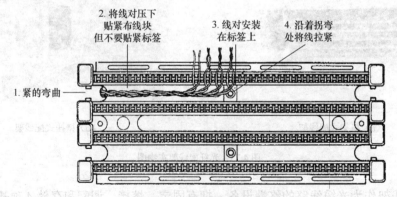

图 4.78　110 型配线架的端接

第 5 步：然后准备 5 对打线工具和 110 连接块，连接块放入 5 对打线工具中，把连接块垂直压入槽内，并贴上编号标签。注意连接端子的组合是：在 25 对的 110 配线架基座上安装时，应选择 5 个 4 对连接块和 1 个 5 对连接块，或 7 个 3 对连接块和 1 个 4 对连接块。从左到右完成白区、红区、黑区、黄区和紫区的安装。完成后如图 4.79 所示。

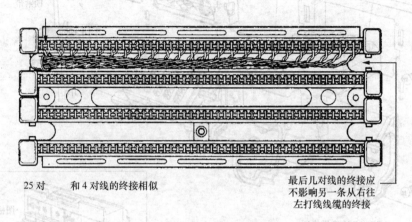

25 对　　　和 4 对线的终接相似

最后几对线的终接应
不影响另一条从右往
左打线线缆的终接

图 4.79　110 型配线架的端接完成

（3）数据配线架端接

第 1 步：将配线架固定到机柜合适位置，在配线架背面安装理线环。

第 2 步：从机柜进线处开始整理电缆，电缆沿机柜两侧整理至理线环处，使用绑扎带固定好电缆，一般 6 根电缆作为一组进行绑扎，将电缆穿过理线环摆放至配线架处。

第 3 步：根据每根电缆连接接口的位置，测量端接电缆应预留的长度，然后使用压线钳、剪刀、斜口钳等工具剪断电缆。

第 4 步：根据选定的接线标准，将 T568A 或 T568B 标签压入模块组插槽内。

第 5 步：根据标签色标排列顺序，将对应颜色的线对逐一压入槽内，然后使用打线工具固定线对连接，同时将伸出槽位外多余的导线截断，如图 4.80 所示。

第 6 步：将每组线缆压入槽位内，然后整理并绑扎固定线缆，如图 4.81 所示，固定式配线架安装完毕。

3. 光纤配线架端接

（1）器材与工具

需要准备光纤配线架、光纤熔接机、光纤端接器材、光纤清洁器材和相关工具等。

（2）操作步骤

第 1 步：光纤配线架的配置。盘纤盒可以根据用户数量适当叠加安装，每一个盘纤盒占用机柜立柱上的一个方孔宽度，通过皇冠螺钉固定即可，如图 4.82 所示。

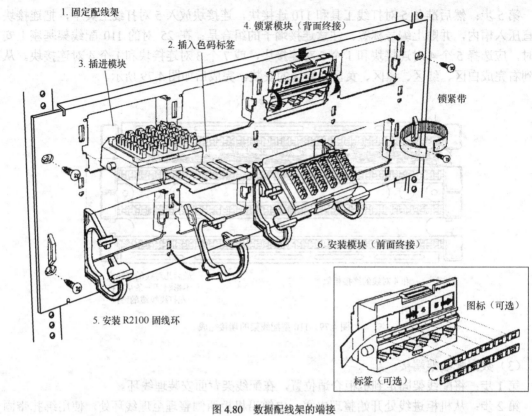

1. 固定配线架

4. 锁紧模块（背面终接）

2. 插入色码标签

3. 插进模块

锁紧带

6. 安装模块（前面终接）

5. 安装 R2100 固线环

图标（可选）

标签（可选）

图 4.80 数据配线架的端接

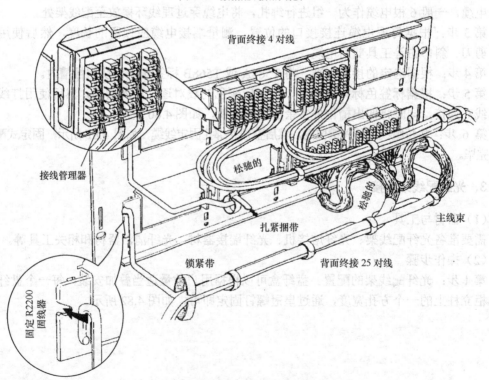

背面终接 4 对线

接线管理器

松驰的

松驰的

主线束

扎紧捆带

锁紧带

背面终接 25 对线

固定 R2200
固线器

图 4.81 数据配线架的端接完成

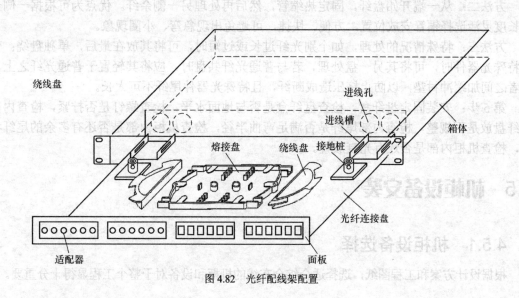

图 4.82　光纤配线架配置

第 2 步：光纤端面制备。光纤端面制备包括剥覆、清洁和切割这几个环节，具体内容见 4.4.3 小节。

第 3 步：光纤熔接。根据光纤的材料和类型进行熔接，具体内容见 4.4.3 小节。

第 4 步：盘纤。

方法一：先将热缩后的套管逐个放置于固定槽中，然后再处理两侧的余纤。优点为有利于保护光纤接点，避免盘纤可能造成的损害。在光纤预留盘空间小、光纤不易盘绕和固定时，常用此种方法，如图 4.83 所示。

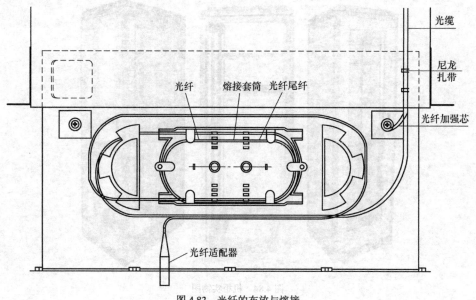

图 4.83　光纤的布放与熔接

方法二：从一端开始盘纤，固定热缩管，然后再处理另一侧余纤。优点为可根据一侧余纤长度灵活选择铜管安放位置，方便、快捷，可避免出现急弯、小圈现象。

方法三：特殊情况的处理，如个别光纤过长或过短时，可将其放在最后，单独盘绕；带有特殊光器件时，可将其另一盘处理，若与普通光纤共盘时，应将其轻置于普通光纤之上，两者之间加缓冲衬垫，以防止挤压造成断纤，且特殊光器件尾纤不可太长。

第5步：安装固定盘纤盒。检查盘纤盒是否与地面水平，检查螺钉是否拧紧，检查内部尾纤盘放是否规整，检查内部尾纤是否满足弯曲半径，检查机柜内部是否还有多余的尾纤盘放，检查机柜内部是否还有光衰放置。

4.5 机柜设备安装

4.5.1 机柜设备选择

根据设计方案和工程图纸，选择适合综合布线的机柜和设备对于整个工程显得十分重要。

1. 机柜的选择

机柜用于布线配线设备、计算机网络设备、通信设备、电子设备等的叠放，具有增强电磁屏蔽、削弱设备工作噪音、减少设备占地面积等优点。机柜由框架和盖板（门）组成，一般具有长方体的外形，落地放置，如图4.84所示。机柜有宽度、高度和深度3个常规指标，机柜内设备安装所占高度用一个特殊单位"U"表示，1U=44.45mm，如42U机柜尺寸通常为600mm（宽）×900mm（深）×2000mm（高）。机柜内可安装语音配线架（如110配线架）、数据配线架（如24口配线架）、光纤配线架、理线架、集线器、交换机和路由器设备等。

图4.84 机柜实物图

机柜的材料与机柜的性能密切相关，制造机柜的材料主要有铝材和冷轧钢板两种。用铝材制造的机柜比较轻便，适合堆放轻型器材，且价格相对便宜。冷轧钢板制造的机柜具有机械强度高、承重大的特点。另外，机柜的制作工艺和表面油漆工艺，以及内部隔板、导轨、滑轨、走线槽、插座的精细程度和附件质量也是衡量机柜品质的重要指标。好的机柜不但稳重，符合主流的安全规范，而且设备装入平稳、固定稳固，机柜前后门和两边侧板密闭性好，柜内设备受力均匀，而且配件丰富，能满足各种应用的需要。

2. 设备的选择

（1）网络设备的选择

综合布线工程中常见的网络设备有集线器、交换机和路由器等。

① 交换机

交换机（SW）是工作在 OSI 参考模型第二层——数据链路层的存储转发设备。交换机的主要功能包括物理编址、网络拓扑结构、错误校验、帧序列以及流控等。集线器采用的是共享带宽的工作方式，而交换机是独享带宽，实物如图 4.85 所示。

图 4.85 交换机实物图

交换机根据网络覆盖范围的不同可分为局域网交换机和广域网交换机。根据传输介质和传输速度的不同可划分为以太网交换机、快速以太网交换机、千兆以太网交换机、10KMB以太网交换机、ATM 交换机、FDDI 交换机和令牌环交换机。根据交换机应用网络层次的不同可划分为企业级交换机、校园网交换机、部门级交换机和工作组交换机、桌机型交换机。根据交换机端口结构的不同可划分为固定端口交换机和模块化交换机。根据工作协议层的不同可划分为第二层交换机、第三层交换机和第四层交换机。

② 路由器

路由器（Router）是工作在 OSI 参考模型第三层——网络层的数据包转发设备。路由器有两大典型功能，即数据通道功能和控制功能。数据通道功能包括转发决定、背板转发以及输出链路调度等，一般由特定的硬件来完成；控制功能一般用软件来实现，包括与相邻路由器之间的信息交换、系统配置、系统管理等，实物如图 4.86 所示。

图 4.86 路由器实物图

路由器根据结构的不同可分为模块化结构与非模块化结构，通常中高端路由器为模块化结构，低端路由器为非模块化结构。根据网络位置的不同可分为核心路由器与接入路由器，核心路由器位于网络中心，接入路由器位于网络边缘。根据功能的不同可分为通用路由器与专用路由器，一般所说的路由器为通用路由器，专用路由器通常为实现某种特定功能的对路由器接口、硬件等做专门优化。根据性能上的不同可分为线速路由器以及非线速路由器。

（2）光网络设备选择

综合布线工程中常见的光网络设备有光网络单元 ONU、光配线网络 ODN 和光线路终端 OLT。

① 光网络单元 ONU 是指装有包括光接收机、上行光发射机、多个桥接放大器网络监控的设备，实物如图 4.87 所示。其灵敏度高达−25.5dBm，发送功率高达−1～+4dBm。ONU可以为用户提供数据、IPTV 和 VoIP 语音服务等综合业务，真正实现三网融合。

② 光配线网络 ODN 是为 OLT 和 ONU 之间提供光传输通道的设备。从功能上分，ODN 从局端到用户端可分为馈线光缆子系统、配线光缆子系统、入户线光缆子系统和光纤终端子系统 4 个部分。

图 4.87　ONU 设备实物图

③ 光线路终端 OLT 是一个多业务提供平台，同时支持 IP 业务和传统的 TDM 业务。放置在城域网边缘或社区接入网出口，收敛接入业务并分别传递到 IP 网。

（3）监控系统设备的选择

典型的视频监控系统主要由前端监视设备、传输设备、后端控制显示设备这 3 大部分组成，其中前端监视设备包括摄像机、镜头、云台、智能球形摄像机等；后端设备包括录像机、服务器、监视器和相关连接配件等设备；它们之间的联系（也可称作传输系统）可通过电缆、光纤或微波等多种方式来实现，实物如图 4.88 所示。

（a）枪式摄像机　　　（b）球状摄像机　　　（c）录像机、服务器　　　（d）监视器

图 4.88　视频监控系统主要设备实物图

① 摄像部分

摄像部分是电视监控系统的前沿部分，是整个系统的"眼睛"。在被监视场所面积较大时，在摄像机上加装变焦距镜头，使摄像机所能观察的距离更远、更清楚；还可把摄像机安装在电动云台上，可以使云台带动摄像机进行水平和垂直方向的转动，从而使摄像机能覆盖的角度更大。

② 传输部分

传输部分就是系统的图像信号通路。一般来说，传输部分包括图像信号、声音信号和控制信号。在传输方式上，近距离一般采用视频线传输，不超过 1～2km 的距离一般采用同轴电缆传输，更远的距离则可采用光纤传输。对于远距离传输，还需配备视频信号放大、图像信号的核正与补偿设备。

③ 控制与记录部分

控制与记录部分负责对摄像机及其辅助部件（如镜头、云台）的控制，并对图像、声音的信号进行记录。目前硬盘录像机的技术发展得较完善，它不但可以记录图像和声音，而且还包含了画面分割切换、云台镜头控制等功能，基本上取代了以往使用的画面切换器、画面分割器、云台控制器、镜头控制器等产品。如果客户要求能对云台、镜头（特别是高速球）进行非常方便的控制，则可以加配控制键盘。

④ 显示部分

显示部分一般由几台或多台监视器组成，目前液晶、等离子、DLP 大屏等技术正逐步取代传统的 CRT 监视器。监视器分彩色、黑白两色，尺寸有 9 英寸、10 英寸、12 英寸、14 英寸、15 英寸、17 英寸、21 英寸等，常用的是 14 英寸。监视器也有分辨率，同摄像机一样用线数表示，实际使用时一般要求监视器线数要与摄像机匹配。

（4）可视对讲系统设备的选择

可视对讲系统是一套现代化的小区住宅服务措施，提供访客与住户之间双向可视通话，达到图像、语音双重识别，从而增加安全可靠性，同时节省大量的时间，提高了工作效率。可视对讲系统主要由门口主机、室内分机、管理中心机等组成，实物如图 4.89 所示。

　　（a）室内分机　　　　　　（b）门口主机　　　　　　（c）管理中心机

图 4.89 可视对讲系统实物图

① 室内分机

室内分机主要有对讲及可视对讲两大类产品，基本功能为对讲（可视对讲）、开锁。随着产品的不断丰富，许多产品还具备了监控、安防报警及设撤防、户户通、信息接收、远程电话报警、留影留言提取、家电控制等功能。可视对讲分机有彩色液晶及黑白显示器两大类。

② 门口主机

门口主机除具备呼叫住户的基本功能外还需具备呼叫管理中心的功能，红外辅助光源、夜间辅助键盘背光等是门口主机必须具备的功能。ID 卡技术及读头成本降低使得感应卡门禁技术被应用在门口主机上以实现刷卡开锁功能，另外为使用方便，许多产品还提供回铃音

提示，键音提示、呼叫提示以及各种语音提示等功能，使得门口主机性能日趋完善。

③ 管理中心机

管理中心机一般具有呼叫、报警接收的基本功能，是小区联网系统的基本设备。使用电脑作为管理中心机极大地扩展了楼宇对讲系统的功能，很多厂家不惜余力在管理机软件上下功夫使其集成如三表、巡更等系统。配合系统硬件，用电脑来连接的管理中心，可以实现信息发布、小区信息查询、物业服务、呼叫及报警记录查询功能、设撤防纪录查询功能等。

4.5.2　机柜设备安装

1. 机柜、设备安装要求

根据《综合布线系统工程验收规范》GB 50312-2007 的要求，机柜、设备安装过程中应遵循以下技术规范。

① 机架、设备的型号、品种、规格和数量均应按设计文件规定配置。

② 机架、设备的排列布置、安装位置和设备面向都应按设计要求，其水平度和垂直度都必须符合生产厂家的规定，若厂家无规定时，要求机架和设备与地面垂直，其前后左右的垂直偏差度均不应大于 3mm。

③ 为便于施工和维护人员操作，机架和设备前应预留 1500mm 的空间，机架和设备背面距离墙面应大于 800mm，以便人员施工、维护和通行。相邻机架设备应靠近，同列机架和设备的机面应排列平齐。

④ 建筑群配线架或建筑物配线架如采用双面配线架的落地安装方式时，应符合以下规定要求。

a. 如果缆线从配线架下面引上走线方式时，配线架的底座位置应与成端电缆的上线孔相对应，以利缆线平直引入架上。

b. 各个直列上下两端垂直倾斜误差不应大于 3mm，底座水平误差每平方米不应大于 2mm。

c. 跳线环等装置牢固，其位置横竖、上下、前后均应整齐平直一致。

d. 接线端子应按电缆用途划分连接区域，方便连接，且应设置各种标志，以示区别，有利于维护管理。

⑤ 建筑群配线架或建筑物配线架如采用单面配线架的墙上安装方式时，要求墙壁必须坚固牢靠，能承受机架重量，其机架（柜）底距地面宜为 300~800mm，或视具体情况取定。其接线端子应按电缆用途划分连接区域，方便连接，并设置标志，以示区别。

⑥ 在新建的智能建筑中，综合布线系统应采用暗配线敷设方式，所使用的配线设备（包括所有配线接续设备）也应采取暗敷方式，埋装在墙壁内。为此，在建筑设计中应根据综合布线系统要求，在规定装设设备的位置处，预留墙洞，并先将设备箱体埋在墙内，内部连接硬件和面板由综合布线系统工程中安装施工，以免损坏连接硬件和面板。箱体的底部距离地面宜为 500~1000mm。在已建的建筑物中因无暗敷管路，配线设备等接续设备宜采取明敷方式，以减少凿打墙洞的工作量和影响建筑物的结构强度。

⑦ 机架、设备、金属钢管和槽道的接地装置应符合设计和施工及验收规范规定的要求，并保持良好的电气连接。所有与地线连接处应使用接地垫圈，垫圈尖角应对铁件，刺破

其涂层。只允许一次装好，不得将已装过的垫圈取下重复使用，以保证接地回路畅通。

2．机柜、设备安装

（1）机柜安装

第 1 步：机柜安装规划。在安装机柜之前首先对可用空间进行规划，为了便于散热和设备维护，建议机柜前后与墙面或其他设备的距离不应小于 0.8m，机房的净高不能小于 2.5m，如图 4.90 所示。

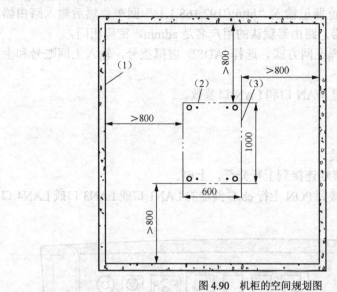

（1）内墙或参考体
（2）机柜背面
（3）机柜轮廓

图 4.90　机柜的空间规划图

第 2 步：组装标准机柜。安装相应配件和机盘、部件，使用金属膨胀螺丝进行配线架和机架的机位连接固定。

第 3 步：机柜水平调整。检查机柜的水平度，用扳手旋动地脚上的螺杆调整机柜的高度，使机柜达到水平状态，然后锁紧机柜地脚上的锁紧螺母，使锁紧螺母紧贴在机柜的底平面，如图 4.91 所示。

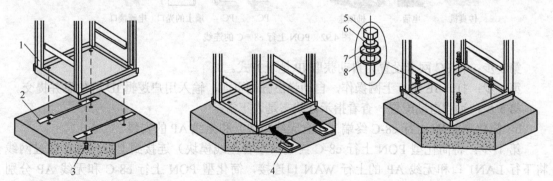

1—机柜，2—绝缘垫板，3—机柜连接孔，4—调平垫片，5—螺栓，6—弹垫，7—平垫，8—绝缘套

图 4.91　机柜在水泥地面上调平和固定

第 4 步：接地系统的安装。机架设备的接地装置要求有良好的电气化连接，所有与地线的连接处应使用接地垫圈。垫圈尖角应该对向铁件，刺破其涂层，且须一次安装完毕；综合

布线系统的有源设备的正极和外壳以及主干电缆的屏蔽层及其连通线均应接地，并应采用联合接地方式。

（2）设备安装

① 网络设备安装

网络设备的生产厂家和型号较多，本章以 TP-Link 无线路由器的设置与安装为例。

第 1 步：连接路由器。WAN 端口连接外网网线，LAN 接口（4 个接口随便一个都可以）接入电脑的网线端口。

第 2 步：进入路由器。在浏览器里输入"http://192.168.1.1/"回车，然后输入路由器中默认的用户名和密码，进入路由器，路由器默认的用户名是 admin，密码相同。

第 3 步：选择设置向导，选择上网方式。选择 ADSL 虚拟拨号，输入上网账号和上网口令（密码），单击下一步。

第 4 步：选择网络参数，设置 WAN 口和 LAN 口参数。

第 5 步：重起路由器。

② 光网络设备安装

a．PON 上行 e8-C 终端的安装。

第 1 步：将 PON 上行 e8-C 终端连接到上行光纤，上电。

第 2 步：PC 通过以太网线连接到 PON 上行 e8-C 终端的 LAN1 口或 LAN3 口或 LAN4 口，具体接线如图 4.92 所示。

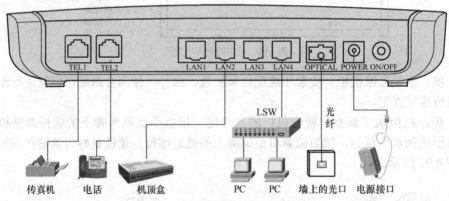

图 4.92　PON 上行 e8－C 的连线

第 3 步：将 PC 网卡设置为自动获取 IP 地址方式。

第 4 步：打开 IE 进行上网操作，自动弹出强制页面，输入用户逻辑 ID 等信息并提交。

第 5 步：远程自动配置，查看指示灯状态是否正常。

b．简化型 PON 上行 e8-C 终端（不含无线模块）和无线 AP 的安装

第 1 步：将简化型 PON 上行 e8-C 终端（不含无线模块）连接到上行光纤，通过网线将下行 LAN1 口和无线 AP 的上行 WAN 口连接，简化型 PON 上行 e8-C 和无线 AP 分别上电。

第 2 步：将 PC 通过网线连接到简化型 PON 上行 e8-C 终端（不含无线模块）的空闲可上网的 LAN 口。

第 3 步：将 PC 网卡设置为自动获取 IP 地址方式。

第 4 步：打开 IE 进行上网操作，自动弹出强制页面，输入用户逻辑 ID 等信息并提交。

第 5 步：远程自动配置，查看简化型 PON 上行 e8-C 指示灯状态是否正常。

c．单口 SFU 和 LAN 上行 e8-C 终端的安装

第 1 步：将单口 SFU 和 LAN 连接到上行光纤，上电。

第 2 步：将 PC 通过网线连接到单口 SFU 的 LAN 口。

第 3 步：将 PC 网卡 IP 地址设为 192.168.1.X 网段（X 取值为 2～254）。

第 4 步：打开 IE，在地址栏输入"http://192.168.1.1"。

第 5 步：登录单口 SFU 后，输入用户逻辑 ID 等信息并提交。

第 6 步：远程自动配置，查看单口 SFU 指示灯状态是否正常。

第 7 步：将网线连接到单口 SFU 的 LAN 口和 LAN 上行 e8-C 的 WAN 口，LAN 上行 e8-C 上电。

第 8 步：将 PC 通过网线连接到 LAN 上行 e8-C 的 LAN1 口或 LAN3 口或 LAN4 口。

第 9 步：将 PC 设置为自动获取 IP 地址方式。

第 10 步：打开 IE 进行上网操作，自动弹出强制页面，输入用户逻辑 ID 等信息并提交。

第 11 步：远程自动配置，查看 LAN 上行 e8-C 指示灯状态是否正常。

（3）监控系统设备安装

① 摄像机的安装

第 1 步：准备好工具、支架和零件。按事先确定的安装位置，检查支架螺丝和摄像机底座的螺口是否合适，预埋的管线接口是否处理好，测试电缆是否畅通。

第 2 步：准备好摄像机，按照事先确定的摄像机镜头型号和规格，仔细装上镜头，注意不要用手碰镜头，确认固定牢固后，接通电源，连通主机或现场使用监视器、小型电视机等调整好光圈焦距。

第 3 步：按照事先确定的位置，装好支架。检查牢固后，将摄像机按照约定的方向装上。安装高度室内以 2～2.5m 为宜，室外以 3.5～10m 为宜。

第 4 步：将视频电缆 BNC 插头和电源输出插头插入对应的插座内，并确认固定牢固。将视频电缆另一头接入控制主机或监视器，并确认固定牢固。

第 5 步：接通监控主机和摄像机电源，通过监视器调整摄像机角度到预定范围。

② 控制台的安装

第 1 步：控制台（录像机、服务器、显示器、硬盘等相关硬件）位置应符合设计要求，应安放竖直，台面水平。

第 2 步：台内接插件和设备接触应可靠、牢固，内部接线应符合设计要求，无扭曲脱落现象。

第 3 步：附件应完整无损伤，台面整洁无划痕。

③ 系统监控室安装

第 1 步：系统监控室宜设置在环境噪声较小的场所，其面积应根据设备容量大小而确定一般在 12～15m² 。门的宽度不应小于 0.9m，高度不应小于 2.1m。

第 2 步：监控室内的电缆、控制线的敷设设备设置地槽、线槽或采用活动地板，其线槽、地槽的宽度和高度应满足敷设电缆的容量和电缆弯曲半径的要求。

第 3 步：机架安装应竖直平衡，垂直偏差不得超过 1‰，几个机架并排在一起，面板应在同一平面上，并与基准线平行前后偏差不得大于 3mm，两个机架中间缝隙不得大于

3mm。

第4步：采用活动地板时，电缆在地板上可灵活布放，并应顺直无扭绞，在引入机架和控制台处还应该捆、绑、扎。

（4）可视对讲系统设备安装

① 门口主机的安装

第1步：在墙上打孔，将防雨罩固定在嵌入的墙内，用螺钉固定。

第2步：将主机或围墙机嵌入防雨罩内，并将传输线接在主机或围墙机对应的端子上。

第3步：将封底盒塞入主机顶与防雨罩之间，并用螺丝固定，盖上封顶盒盖板。

② 室内分机的安装

第1步：根据分机挂板4个固定孔的位置，在墙上钻4个孔，塞入膨胀胶粒。

第2步：用4粒自攻螺丝将分机挂板固定在墙上。

第3步：将接好的单头线插到分机相应的插座里，然后将分机挂在挂板上。

4.6 布线系统调试

4.6.1 电气系统测试

目前五类、超五类、六类电缆已经成为主流产品，这就对双绞线测试技术提出越来越高的要求。对于五类双绞线电缆，使用 Fluke DSP-100 测试仪就可以满足测试要求；对于超五类、六类双绞线电缆，必须使用 Fluke DSP-4000 系列的测试仪才能满足测试要求。

1. 电气测试类型

电气测试一般可分为验证测试和认证测试两个部分。

（1）验证测试

验证测试又称为随工测试，是边施工边测试，主要检测线缆质量和安装工艺，及时发现并纠正所出现的问题，不至于等到工程完工时才发现问题而重新返工，耗费不必要的人力、物力和财力。

验证测试不需要使用复杂的测试仪，只要能测试接线图和线缆长度的测试仪。

（2）认证测试

认证测试又称为验收测试，是所有测试工作中最重要的环节，是在工程验收时对布线系统的全面检验，是评价综合布线工程质量的科学手段。

一般要求施工单位、监理单位和业主同时参加，测试前确定测试方法和测试仪型号，然后根据测试方法和测试对象将仪器参数调整或校正为符合测试要求的数值，最后到现场逐项进行测试，并做好相应的现场记录。

2. 电气测试模型

根据 GB/T50312-2007《综合布线工程测试和验收规范》标准规定了信道模型、基本链路模型和永久链路模型 3 种连接模型。

（1）基本链路模型 94m

基本链路（Basic Link）用来测试综合布线中的固定链路部分。由于综合布线承包商通常只负责这部分的链路安装，所以基本链路又被称为承包商链路。它包括最长 90m 的水平布线，两端可分别有一个连接点以及用于测试的两条各 2m 长的跳线。基本链路测试模型如图 4.93 所示。

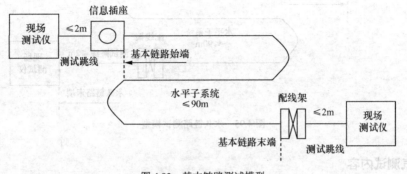

图 4.93　基本链路测试模型

（2）通道模型 100m

通道（Channel）用来测试端到端的链路整体性能，又被称为用户链路。它包括最长 90m 的水平电缆，一个工作区附近的转接点，在配线架上的两处连接，以及总长不超过 10m 的连接线和配线架跳线。通道测试模型如图 4.94 所示。

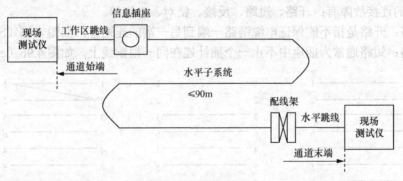

图 4.94　通道测试模型

（3）永久链路模型 90m

永久链路（Permanent Link）又称固定链路，在国际标准化组织 ISO/IEC 和 TIA/EIA568B 所制定的增强 5 类、6 类测试标准中定义了永久链路测试方式，它将代替基本链路方式。永久链路方式供工程安装人员和用户使用，用以测量所安装的固定链路的性能。永久链路连接方式由 90m 水平电缆和链路中相关接头（必要时增加一个可选的转接/汇接头）组成，与基本链路方式不同的是，永久链路不包括现场测试仪插接线和插头，以及两端 2m 测试电缆，电缆总长度为 90m，而基本链路包括两端的 2m 测试电缆，电缆总计长度为 94m。如图 4.95 所示。

永久链路测量方式，排除了测量连线在测量过程本身带来的误差，使测量结果更准确、合理。在实际测试应用中，选择哪一种测量连接方式应根据需求和实际情况而定。使用通道链路方式更符合使用的情况，但由于它包含了用户的设备连线部分，测试较复杂，一般工程验收测试建议选择基本链路方式或永久链路方式进行。

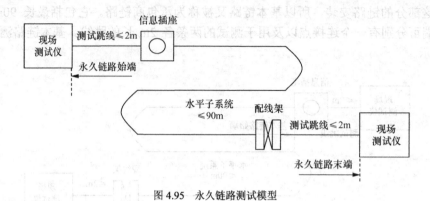

图 4.95 永久链路测试模型

3. 电气测试内容

根据 GB/T50312-2007《综合布线工程测试和验收规范》标准规定，电气测试的内容有以下项目。

（1）接线图测试

在布线系统施工过程中，要分别对众多双绞线的两端实现端接，这就很有可能因为人为原因造成端接的顺序不正确，从而造成整个系统的错接、短路或开路。在布线工程的施工过程中，常见的连接故障有：开路、短路、反接、错对、串绕等。

① 开路：开路是指不能保证电缆链路一端到另一端的连通性，如图 4.96（b）所示。

② 短路：短路通常为插座中不止一个插针连在同一根铜线上，如图 4.96（c）所示。

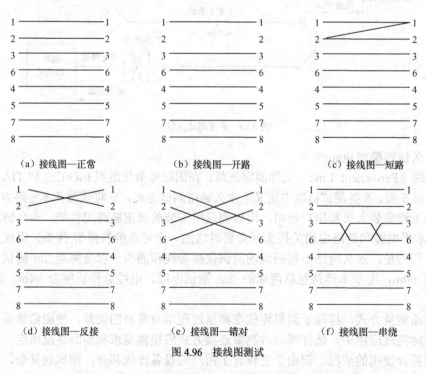

图 4.96 接线图测试

③ 反接：同一对线在两端针位接反的错误，如一端为 1-2，另一端为 2-1，如图 4.96

（d）所示。

④ 错对：在双绞线布线过程中必须采用统一接线标准，如一条线缆的 1-2 接在另一条线缆的 3-6 针上，则形成错对，如图 4.96（e）所示。

⑤ 串绕：串绕就是将原来的两对线分别拆开而又重新组成新的线对，如图 4.96（f）所示。

为了保证整个综合布线工程的质量，有必要对整个布线系统每一个双绞线接头的连接性进行测试，当然这一测试过程是很繁琐的，但是它也是整个布线系统中很重要的一个测试环节。

（2）长度测试

布线链路长度指布线链路端到端之间电缆芯线的实际物理长度，由于各芯线存在不同绞距，在布线链路长度测试时，要分别测试 4 对芯线的物理长度，测试结果会大于布线所用电缆长度，如图 4.97 所示。

用长度不小于 15m 的测试样线确定 NVP 值，测试样线愈长，测试结果愈精确。该值随不同线缆类型而异。通常，NVP 范围为 60%～90%。

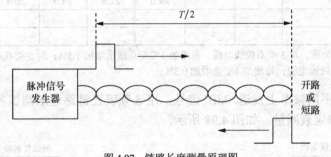

图 4.97 链路长度测量原理图

电缆长度测量值在"自动测试"和"单项测试"中自动显示，根据所选测试连接方式的不同分别报告标准受限长度（见表 4.8，基本链路方式的测试结果包含 4m 测试线长度）和实测长度值。测试结果标注"通过"或"失败"。通道链路方式、基本链路方式和永久链路方式所允许的综合布线极限长度如表 4.8 所示。

表 4.8 综合布线连接方式的允许极限长度

被测连接方式	综合布线极限长度（m）
通道链路方式	100
基本链路方式	94
永久链路方式	90

不同型电缆的 NVP 值不同，电缆长度测试值与实际值存在着较大误差。由于 NVP 值是一个变化因素，不易准确测量，故通常多采取忽略 NVP 值影响，对长度测量极值安排+10%余量的做法。在综合布线实际应用中，布线长度略超过标准，在不影响使用时，也是可以允许的。

（3）衰减测试

电信号随着传输距离的增大都会产生信号能量的减小，最终导致终端设备无法识别，这一现象就是衰减。它的大小取决于电缆的电阻、分布电容、分布电感参数和信号频率等因素，一般用 dB 来表示。衰减的大小对于处于布线系统远端的用户来说影响非常大，很容易造成通信网络时断时有的情况发生，信号衰减增大到一定程度，将会引起链路传输的信息不可靠。

不同类型线缆在不同频率、不同链路方式情况下每条链路最大允许衰减值如表 4.9 所示。

表 4.9　　　　　　　　　　　不同连接方式下允许的最大衰减值一览表

频率（MHz）	3 类（dB）		4 类（dB）		5 类（dB）		5E 类（dB）		6 类（dB）	
	通道链路	基本链路	通道链路	基本链路	通道链路	基本链路	通道链路	永久链路	通道链路	永久链路
1.0	4.2	3.2	2.6	2.2	2.5	2.1	2.4	2.1	2.2	2.1
4.0	7.3	6.1	4.8	4.3	4.4	4.0	4.4	4.0	4.2	3.6
8.0	10.2	8.8	6.7	6.0	6.3	5.7	6.8	6.0		5.0
10.0	11.5	10.0	7.5	6.8	7.0	6.3	7.0	6.0	6.5	6.2
16.0	14.9	13.2	9.9	8.8	9.2	8.2	8.9	7.7	8.3	7.1
20.0			11.0	9.9	10.3	9.2	10.0	8.7	9.3	8.0
25.0					11.4	10.3				
31.25					12.8	11.5	12.6	10.9	11.7	10.0
62.5					18.5	16.7				
100					24.0	21.6	24.0	20.4	21.7	18.5
200									31.7	26.4
250									32.9	30.7

注：以上测试是以 20℃为准，对 3 类双绞线电缆，每增加 1℃则衰减量增加 1.5%；对 5 类双绞线电缆，每增加 1℃会增加 0.4%；对 6 类双绞线电缆，每增加 1℃会增加 0.3%。

使用扫频仪在不同频率上发送 0dB 信号，用选频表在链路远端测试各特定频率点接收电平 dB 值，即可确定衰减量，如图 4.98 所示。

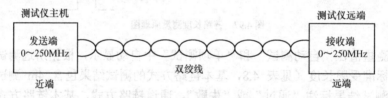

图 4.98　衰减量测试原理图

表 4.10 所示为测试仪表报告表中衰减量测试的各项内容。测试标准符合表 4.9 所示衰减量测试限定值。

表 4.10　　　　　　　　　　　衰减量测试结果的报告项目及说明

报告项目	测试结果报告内容说明
线对	与结果相对应的电缆线对，本项测试显示线对：1，2，4，5，3，6，7，8
衰减量（dB）	如测试通过，该值是所测衰减值中最高的值（最差的频率点的值）；如测试失败，该值是超过测试标准最高的测量衰减值
频率（Hz）	如测试通过，该频率是发生最高衰减值的频率值；如测试失败，该频率是发生最严重不合格值的频率
衰减极限（dB）	给出在所指定的频率上所容许的最高衰减值（极限标准值），取决于最大允许缆长
余量（dB）	最差频率点上极限值与测试衰减值之差，正数据表示测量衰减值低于极限值，负数据表示测量衰减值高于极限值
结果	测试结果判断：余量测试为正数据表示"通过"，余量测试为负数据表示"失败"

（4）近端串扰测试

近端串扰（NEXT）是指在一条双绞电缆链路中，发送线对对同一侧其他线对的电磁干扰信号，一般用 dB 来表示。近端串扰值（dB）和导致该串扰的发送信号（参考值定为0dB）之间的差值（dB），称为近端串扰损耗。越大的 NEXT 值，近端串扰损耗越大，这也是人们所希望的。

不同类线缆在不同频率、不同链路方式情况下，允许最小的串扰损耗值如表 4.11 所示。

表 4.11　　　　　　　　　　　　　最小近端串扰损耗一览表

频率 （MHz）	3 类（dB）		4 类（dB）		5 类（dB）		5E 类（dB）		6 类（dB）	
	通道 链路	基本 链路	通道 链路	基本 链路	通道 链路	基本 链路	通道 链路	永久 链路	通道 链路	永久 链路
1.0	39.1	40.1	53.3	54.7	> 60.0	> 60.0	63.3	64.2	65.0	65.0
4.0	29.3	30.7	43.4	45.1	50.6	51.8	53.6	54.8	63.0	64.1
8.0	24.3	25.9	38.2	40.2	45.6	47.1	48.6	50.0	58.2	59.4
10.0	22.7	24.3	36.6	38.6	44.0	45.5	47.0	48.5	56.6	57.8
16.0	19.3	21.0	33.1	35.3	40.6	42.3	43.6	45.2	53.2	54.6
20.0			31.4	33.7	39.0	40.7	42.0	43.7	51.6	53.1
25.0					37.4	39.1	40.4	42.1	50.0	51.5
31.25					35.7	37.6	38.7	40.6	48.4	50.0
62.5					30.6	32.7	33.6	35.7	42.4	45.1
100					27.1	29.3	30.1	32.3	39.9	41.8
200									34.8	36.9
250									33.1	35.3

NEXT 的测量原理是测试仪从一个线对发送信号，当其沿电缆传送时，测试仪在同一侧的某相邻被测线对上捕捉并计算所叠加的全部谐波串扰分量，计算出其总串扰值。测量原理如图 4.99 表示。

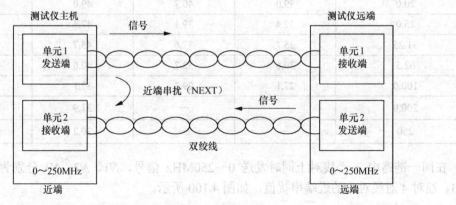

图 4.99　近端串扰损耗（NEXT）测试原理图

在测试近端串扰时，采用频率点步长法，频率点的步长越小，测试就越准确。另外，测试双绞线电缆的 NEXT 值，需要在每一对线之间进行测试。

表 4.12 是测试仪表报告表中近端串扰测试的各项内容。测试标准符合表 4.11 所示近端串扰测试限定值。

表 4.12　　　　　　　　　　近端串扰损耗测试项目及测试结果说明

报 告 项 目	测试结果报告内容说明
线对	与测试结果相对应的两个相关线对：1, 2-3, 6　　1, 2-4, 5　　1, 2-7, 8　　3, 6-4, 5 3, 6-7, 8　　4, 5-7, 8
频率（MHz）	显示发生串扰损耗最小值的频率
串扰损耗（dB）	所测规定线对间串扰损耗（NEXT）最小值（最差值）
近端串扰极限值（dB）	各频率下近端串扰损耗极限值，取决于所选择的测试标准
余量（dB）	所测线对的串扰损耗值与极限值的差值
结果	测试结果判断：正余量表示"通过"，负余量表示"失败"

（5）综合近端串扰

在 4 对型双绞线的一侧，3 个发送信号的线对向另一相邻接收线对产生串扰的总和近似为综合近端串扰值（PS NEXT）。相邻线对综合近端串扰限定值如表 4.13 所示。

表 4.13　　　　　　　　　相邻线对综合近端串扰限定值一览表

频率（MHz）	5E 类线缆（dB）		6 类线缆（dB）	
	通道链路	基本链路	通道链路	永久链路
1.0	57.0	57.0	62.0	62.0
4.0	50.6	51.8	60.5	61.8
8.0	45.6	47.0	55.6	57.0
10.0	44.0	45.5	54.0	55.5
16.0	40.6	42.2	50.6	52.2
20.0	39.0	40.7	49.0	50.7
25.0	37.4	39.1	47.3	49.1
31.25	35.7	37.6	45.7	47.5
62.5	30.6	32.7	40.6	42.7
100.0	27.1	29.3	37.1	39.3
200.0	—	—	31.9	34.3
250			30.2	32.7

在同一链路中 3 个线对上同时发送 0～250MHz 信号，$N1$、$N2$、$N3$ 分别为线对 2、线对 3、线对 4 对线对 1 的近端串扰值，如图 4.100 所示。

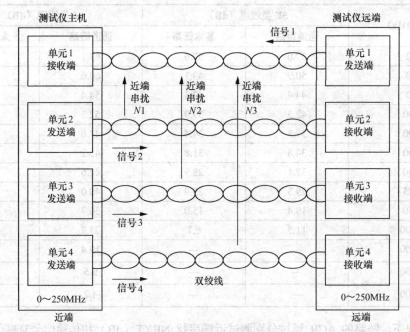

图 4.100　综合近端串扰测试原理图

相邻线对综合近端串扰测量原理就是测量 3 个相邻线对对某线对近端串扰的总和。表 4.14 是测试仪表报告表中综合近端串扰测试的各项内容。测试标准符合表 4.13 所示综合近端串扰测试限定值。

表 4.14　　　　　　　　　　综合近端串扰测试项目及测试结果说明

报 告 项 目	测试结果报告内容说明
线对	与测试结果相对应的各线对：1，2，3，6，4，5，7，8；需测试 4 种组合
频率（MHz）	显示发生最接近标准限定值的 PS NEXT 频率点
功率值（dB）	所测线对 PS NEXT 最小值（最差值）
功率和极限值（dB）	各频率下 PS NEXT 极限值（标准值）
余量（dB）	所测线对 PS NEXT 与极限值的差值
结果	正余量表示"通过"，负余量表示"失败"

（6）衰减与串扰比测试

衰减与串扰比测试（ACR）是在受相邻发信线对串扰的线对上其串扰损耗（NEXT）与本线对传输信号衰减值（A）的差值（单位为 dB），即 ACR（dB）$=NEXT$（dB）$-A$（dB）。用被测线对受相邻发送线对的近端串扰值与本线对传输信号衰减值的差值计算，能真正反映出电缆链路的实际传输质量。衰减与串扰比最小限定值（ACR）如表 4.15 所示。

表 4.15　　　　　　　　　　　　　衰减与串扰比（ACR）最小限定值

频率（MHz）	5E 类线缆（dB）		6 类线缆（dB）	
	通道链路	基本链路	通道链路	永久链路
1.00	57.0	57.0	63.1	63.1
4.00	50.9	49.1	60.6	60.6
8.00	44.4	42.3	54.4	54.4
10.00	42.3	39.9	52.3	52.3
16.00	37.3	34.4	47.6	47.6
20.00	34.8	31.8	45.2	45.2
25.00	32.1	28.9	42.6	42.6
31.25	29.3	25.9	40.0	40.0
62.50	19.4	15.0	30.7	30.7
100.00	11.3	6.1	23.2	23.2
125.00	—	—	19.4	19.4
200.00	—	—	9.5	9.5
250.00	—	—	4.2	4.2

　　一般情况下，链路的 ACR 通过分别测试近端串扰 NEXT（dB）和传输信号衰减值 A（dB）可以由上面的公式直接计算出。通常，ACR 可以被看成布线链路上信噪比的一个量。近端串扰 NEXT（dB），即被认为是噪声。$ACR=3dB$ 时所对应的频率点，可以认为是布线链路的最高工作频率（即链路带宽）。

　　测试仪所报告的 ACR 值，是由测试仪对某被测线对分别测出 NEXT 和线对衰减 A 后，在各预定被测频率上计算 NTXT（dB）和 A（dB）的结果。ACR，NEXT 和衰减 A 3 者关系表示如图 4.101 所示。

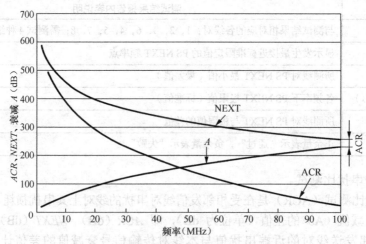

图 4.101　串扰损耗 NEXT、衰减 A 和 ACR 关系曲线

　　表 4.16 是测试仪表报告表中串扰衰减比 ACR 的各项内容。测试标准符合表 4.15 所示串扰衰减差（ACR）最小限定值。

表 4.16　　　　　　　　　　串扰衰减比（ACR）测试项目及测试结果说明

报　告　项　目	测试结果报告内容说明
串扰对	做该项测试的受扰电缆线对：1，2-3，6　　1，2-4，5　　1，2-7，8 3，6-4，5　　　3，6-7，8　　4，5-7，8
ACR（dB）	实测最差情况下的 ACR。若未超出标准，该值指最接近极限值的 ACR 值。若已超出标准，该值指超出极限值最多的那一个 ACR 值
频率（MHz）	发生最差 ACR 情况下的频率
ACR 极限值（dB）	发生最差 ACR 频率处的 ACR 标准极限数值，取决于所选择的测试标准
余量	最差情况下测试 ACR 值与极值之差，正值表示最差测试值高于 ACR 极限值，负值表示实测最差 ACR 低于极限值
结果	按余量判定，正值表示"通过"，负值表示"失败"

（7）等效远端串扰测试

因为信号的强度与它所产生的串扰及信号在发送端的衰减程度有关，电缆长度对测量到的远端串扰值的影响会很大，因此远端串扰不是一种有效的测试指标。

等效远端串扰（ELFEXT）其实就是远端串扰减去衰减之后的值，即远端的 ACR。要求的测试参数极限如表 4.17 所示。

表 4.17　　　　　　　　　　等效远端串扰损耗 ELFEXT 最小限定值

频率 （MHz）	5 类（dB）		5E 类（dB）		6 类（dB）	
	通道链路	基本链路	通道链路	基本链路	通道链路	永久链路
1.0	57.0	59.6	57.4	60.0	63.3	64.2
4.0	45.0	47.6	45.3	48.0	51.2	52.1
8.0	39.0	41.6	39.3	41.9	45.2	46.1
10.0	37.0	39.6	37.4	40.0	43.3	44.2
16.0	32.9	35.5	33.3	35.9	39.2	40.1
20.0	31.0	33.6	31.4	34.0	37.2	38.2
25.0	29.0	31.6	29.4	32.0	35.3	36.2
31.25	27.1	29.7	27.5	30.1	33.4	34.3
62.5	21.5	23.7	21.5	24.1	27.3	28.3
100.0	17.0	17.0	17.4	20.0	23.3	24.2
125.0					21.3	22.2
200.0					17.2	18.2
250.0					15.3	16.2

按图 4.102 原理进行测试，并报告不同测试频率下的 ELFEXT 各值。该项目为宽带链路应测技术指标。指标应符合表 4.17 的规定。

测量结果报告为受扰线对发生最差 ELFEXT 的数据、频率与极限值之间的差值。

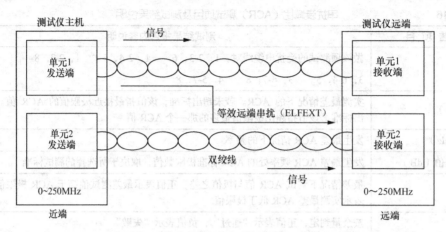

图 4.102　远端串扰损耗与线路衰减比的测量原理图

（8）回波损耗测试

回波损耗（Return Loss，RL）是由线缆与接插件构成链路时，由于特性阻抗偏离标准值导致功率反射而引起的。回波损耗由输出线对的信号幅度和该线对所构成的链路上反射回来的信号幅度的差值导出，表 4.18 列出不同链接方式下回波损耗限定范围。

表 4.18　　　　　　　　　　　　　回波损耗在不同链路下极限值

频率（MHz）	5E 类（dB）		6 类（dB）	
	通道链路	基本链路	通道链路	永久链路
1.00	17.0	19.0	19.0	21.1
4.00	17.0	19.0	19.0	21.0
8.00	17.0	19.0	19.0	21.0
10.00	17.0	19.0	19.0	21.0
16.00	17.0	19.0	18.0	20.0
20.00	17.0	19.0	17.5	19.5
25.00	16.0	18.0	17.0	19.0
31.25	15.1	17.0	16.5	18.5
62.50	12.1	14.1	14.0	16.0
100.00	10.0	12.0	12.0	14.0
125.00	—	—	11.0	13.0
200.00	—	—	9.0	11.0
250.00	—	—	8.0	10.0

回波损耗（RL）的测量原理是使用高频电桥，根据电桥平衡原理，按所测链路阻抗，选择与其阻抗相匹配的扫频设备、选频设备、高频阻抗电桥等，如图 4.103 所示。选频仪输入阻抗和高频电桥的阻抗值 Z，扫频信号发生的输出阻抗 Z，均为 100Ω。

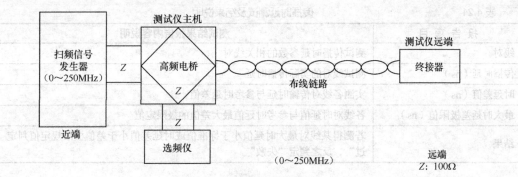

图 4.103　回波损耗测试原理图

表 4.19 是测试仪表报告表中回波损耗测试的各项内容。测试标准符合表 4.18 所示回波损耗测试限定值。

表 4.19　　　　　　　　　　　　回波损耗（RL）测试项目及测试结果说明

报 告 项 目	测试结果报告内容说明
线对	所测线缆的线对号
RL（dB）	最差情况 RL 值，若未超标准，该值指最接近于极限值的 RL 测量值，如实测 RL 值超过要有限值，显示超出极限值最多的那一个 RL 值
频率（MHz）	发生最差 RL 情况下的频率
RL 极际值（dB）	发生最差 RL 频率处的 RL 规定标准极限值
余量（dB）	最差 RL 情况下，实测值与极限值之差，正值表示测试结果优于极限值，负值表示测试结果未达到标准
结果	按余量判定，正值表示"通过"，负值表示"失败"

注：测试结果提供表 4.18 中要求的全部数据。根据需求，提供 RL 随频率变化曲线。需要在近、远端分别做 RL 测试

（9）传输延迟和延迟偏离测试

延迟偏离（Propagation Delay）是在一条 UTP 电缆中，传输延迟最大的线对与最小的线对之间的传输延迟差。传输延迟与电缆的 NVP 值成正比，表 4.20 列出不同连接方式下传输时延最大限值。

表 4.20　　　　　　　　　　传输时延不同连接方式下特征点最大限值

频率（MHz）	3 类（ns）	5E 类（ns）		6 类（ns）	
		通道链路	基本链路	通道链路	永久链路
1.0	580	580	521	580	521
10.0	555	555		555	
16.0	553	553	496	553	496
100.0		548	491	548	491
250.0				546	490

表 4.21 是测试仪表报告表中传输时延测试的各项内容。测试标准符合表 4.20 所示传输时延测试限定值。

表 4.21   传播时延测试及结果说明

报 告 项 目	测试结果报告内容说明
线对	测试传播时延参数的相关线对
传播时延（ns）	测试线对的实际传播时延
时延差值（ns）	实测各线对传输时延与参考时延差值
最大时延差极限值（ns）	各线对时延值与参考时延值最大差值的极限定值
结果	若测得某线对最大时延值小于标准值或时延差值小于差值极限规定值判定"通过"，反之判定"失败"

4．仪表使用

综合布线工程测试中，最常使用的测试仪器是 Fluke（福禄克）系列的电缆分析仪，它具功能强大、精确度高、故障定位准确等优点。其中 Fluke 公司生产的电缆分析仪主要有 DSP 和 DTX 两个系列。DSP 是数字信号处理的英文简称，是第一代线缆分析仪使用的核心技术，其代表的产品有 DSP100、DSP400、DSP4000 系列等。DTX 是综合了数字技术的英文简称，是新一代测试仪表，其代表产品有 DTX1200、DTX1800 等。

（1）各功能键的作用

本章节以 Fluke DTX-1800 电缆分析仪为例说明其使用方法，其面板图如图 4.104 所示。

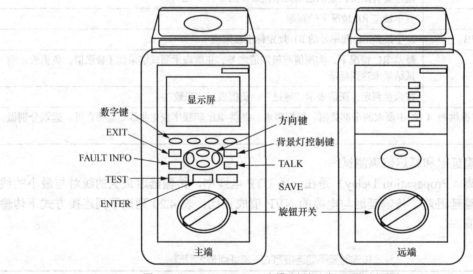

图 4.104　Fluke DTX-1800 电缆分析仪主机正面和侧面图

Fluke DTX-1800 电缆分析仪各功能键的作用如表 4.22 所示。

表 4.22   Fluke DTX-1800 电缆分析各功能键作用

序号	按　键	说　明
1	旋钮开关	用于选择测试仪的工作模式
2	TEST 键	启动突出显示所选的测试或再次启动上次运行的测试
3	FAULT INFO 键	自动提供造成自动测试失败的详细信息
4	EXIT 键	退出当前屏幕，不保存修改

序号	按　　键	说　　明
5	1～4 数字键	提供与当前显示相关的功能
6	显示屏	它是一个对比度可调的 LCD 显示屏
7	方向键	在屏幕中可上、下、左、右移动
8	背景灯控制键	用于背景灯控制。按住 1s 可以显示对比度。测试仪进入休眠状态后，按该键重新启动
9	TALK 键	使用耳机可通过双绞线或光纤电缆进行双向通话
10	SAVE 键	存储自动测试结果和改变的参数
11	ENTER 键	选择菜单中突出显示的项目

（2）操作步骤

第 1 步：为主机和智能远端器插入相应的适配器。

第 2 步：将智能远端器的旋转开关设置为 ON。

第 3 步：把智能远端器连接到电缆连接的远端。对于通道测试，用网络设备接插线连接。

第 4 步：将主机上的旋转开关转至 AUTOTEST 档位。

第 5 步：将测试仪的主机与被测电缆的近端连接起来。对于通道测试，用网络设备接插线连接。

第 6 步：按主机上的 TEST 键，启动测试。

第 7 步：自动测试完成后，使用数字键给测试点进行编号，然后按 SAVE 键保存测试结果。

第 8 步：直至所有信息点测试完成后，使用串行电缆将测试仪和 PC 相连。

第 9 步：使用随机附带的电缆管理软件导入测试数据，生成并打印测试报告。

5．双绞线测试步骤

本章节以 Fluke DTX-1800 电缆分析仪为例说明其使用方法，具体测试步骤如下。

第 1 步：按图 4.105 所示连接电缆分析仪和被测双绞线。

图 4.105　双绞线测试接线图

第 2 步：开机，显示测试的介质和标准等，如图 4.106 所示。选择 GB50312-2007 Cat 5e PL 中国标准，如图 4.107。

第 3 步：设置。将旋转开关转至 SETUP（设置），然后选择双绞线，如图 4.108 所示。从其选项卡中选择要测试的线缆类型，如选择 Cat 5e UTP（非屏蔽超五类双绞线）。

第 4 步：测试。将旋转开关转至 AUTOTEST，然后开启智能远端，按 TEST 键开始测试，如图 4.109 所示。测试完毕显示参数列表概要，如图 4.110 所示。

第 5 步：保存、查看、删除结果。用光标选择需要的字母/数字给测试结果命名，按下 SAVE 键保存测试结果，如图 4.111 所示。旋钮置于 SPECIAL FUNCTION 档，选择并进入

"查看/删除结果"。

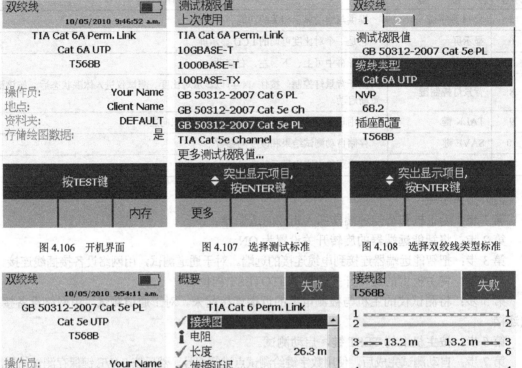

图 4.106　开机界面　　　　图 4.107　选择测试标准　　　图 4.108　选择双绞线类型标准

图 4.109　开始测试　　　　图 4.110　测试完成　　　　图 4.111　查看/删除结果

6. 故障分析

本教材以综合布线工程测试中最常见的接线图故障和近端串扰（NEXT）故障为例分析故障产生的原因。

案例一：接线图故障

第1步：测试完成显示线序错误，如图 4.112 所示。

第2步：按下故障信息键（F1），用光标逐项查看诊断参考意见，如图 4.113 所示。

第3步：判断线序问题，1、2 线开路（14.7m），4、5 线短路（12m），如图 4.114 所示。

案例二：近端串扰（NEXT）故障

第1步：测试完成显示近端串扰（NEXT）故障，如图 4.115 所示。

第2步：按下故障信息键（F1），用光标逐项查看诊断参考意见，如图 4.116 所示。

第3步：查看曲线，如图 4.117 所示。

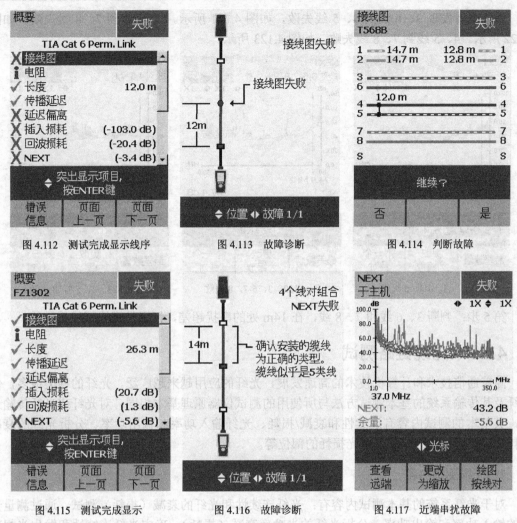

图 4.112　测试完成显示线序　　　图 4.113　故障诊断　　　图 4.114　判断故障

图 4.115　测试完成显示　　　图 4.116　故障诊断　　　图 4.117　近端串扰故障

第 4 步：逐条查看 NEXT 参数曲线，发现 1、2 线到 3、6 线失败，如图 4.118 所示。
1、2 线到 4、5 线通过，如图 4.119 所示。1、2 线到 7、8 线失败，如图 4.120 所示。

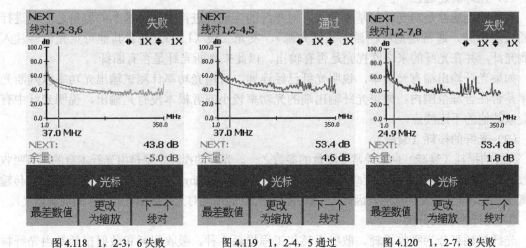

图 4.118　1，2-3，6 失败　　　图 4.119　1，2-4，5 通过　　　图 4.120　1，2-7，8 失败

继续查看发现 3、6 线到 4、5 线失败，如图 4.121 所示。3、6 线到 7、8 线失败，如图 4.122 所示。4、5 线到 7、8 线失败，如图 4.123 所示。

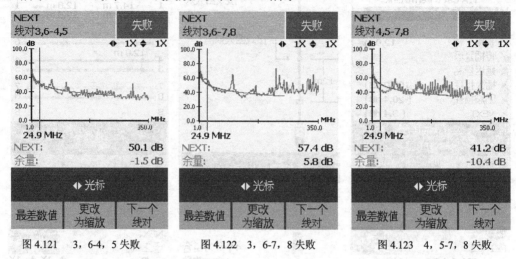

图 4.121　3，6-4，5 失败　　　　图 4.122　3，6-7，8 失败　　　　图 4.123　4，5-7，8 失败

第 5 步：判断 3、6 线和 7、8 线，在 14m 处的串扰超差，怀疑是模块打线质量差。

4.6.2　光缆链路测试

随着通信技术和计算机技术的高速发展，光纤的应用越来越广泛。光纤的种类很多，但光纤及其传输系统的基本测试方法与所使用的测试仪器原理基本相同。对光纤或光纤传输系统，其基本的测试内容有连续性和衰减/损耗、光纤输入功率和输出功率、分析光纤的衰减损耗、确定光纤连续性和发生光损耗的部位等。

1. 光缆测试内容

对于光纤系统的基本测试内容有：光纤连续性和光纤的衰减（损耗）测试。通过测量光纤的输入功率和输出功率，分析光纤的光功率衰减（损耗），确定光纤连续性和发生光损耗的部位，有助于保证整个布线系统正常使用。

（1）光纤的连通性

光纤的连通性是对光纤的基本要求，对光纤的连通性进行测试是基本的测量之一。进行连通性测试时，通常是把红色激光（红光源）、发光二极（LED）或者其他可见光信号注入待测光纤，并在光纤的末端监视光是否有输出，以此来判断光纤是否有断纤。

如果光纤输出端有光功率，说明光纤已经连通，可用光功率计测试输出光功率以判断光功率是否在合理范围内；如果光纤输出端的光功率较小或者根本没有光输出，说明光纤中有断裂或其他的不连续点。

（2）光纤的损耗（衰减）

光纤的损耗（衰减）也是经常要测量的参数之一。光纤的损耗主要是由光纤本身的固有吸收和散射造成的，通常用光纤的衰减系数 α 来表示，单位为 dB/km。光纤损耗的高低直接影响传输距离或中继站间隔距离的远近，因此，了解并降低光纤的损耗对光纤通信有着重大的现实意义。

① 光纤损耗的分类

光纤损耗可分为吸收损耗、散射损耗和工程损耗 3 种。吸收损耗和散射损耗是由光纤材料本身的特性决定的，在不同的工作波长下引起的固有损耗也不同。工程损耗是在光纤的铺设过程中人为造成的。

a．吸收损耗。

吸收损耗是光波通过光纤材料时，有一部分光能变成热能，从而造成光功率的损失。造成吸收损耗的原因很多，但都与光纤材料有关，下面主要介绍本征吸收和杂质吸收。

本征吸收是光纤基本材料（例如纯 SiO_2）固有的吸收，并不是由杂质或者缺陷所引起的。因此，本征吸收基本上确定了任何特定材料的吸收的下限。吸收损耗的大小与波长有关，对于 SiO_2 石英系光纤，本征吸收有两个吸收带，一个是紫外吸收带，一个是红外吸收带。目前光纤通信一般仅工作在 $0.8\sim1.6\mu m$ 波长区，因此本节只讨论这一工作区的损耗。

杂质吸收是玻璃材料中含有铜、铁、铬、锰等过渡金属离子和 OH 离子，在光波激励下由离子振动产生的电子阶跃吸收光能而产生的损耗。对制造光纤的材料进行严格的化学提纯，就可以大大降低损耗。

b．散射损耗。

由于光纤的材料、形状及折射指数分布等的缺陷或不均匀，光纤中传导的光散射而产生的损耗称为散射损耗。光纤内部的散射，会减小传输的功率，产生损耗。散射中最重要的是瑞利散射，它是由光纤材料内部的密度和成分变化而引起的。

散射损耗包括线性散射损耗和非线性散射损耗。线性散射损耗主要包括瑞利散射和材料不均匀引起的散射，非线性散射损耗主要包括受激拉曼散射和受激布里渊散射等。

c．工程损耗。

光纤的工程损耗主要包括弯曲损耗和端接损耗两种。光纤是柔软的，可以弯曲，可是弯曲到一定程度后，光纤虽然可以导光，但会使光的传输途径改变。光纤的弯曲有两种形式：一种是曲率半径比光纤的直径大得多的弯曲，习惯称为宏弯；另一种是光纤轴线产生微米级的弯曲，这种高频弯曲习惯称为微弯。光纤端接时产生的损耗，端面与轴心不垂直，端面不平，对接心径不匹配和熔接质量差等。

② 光纤损耗的测试

光纤链路损耗参考值如表 4.23 所示，光纤链路的损耗极限值可用以下公式计算。

光纤链路损耗=光纤损耗+连接器件损耗+光纤连接点损耗

光纤损耗=光纤损耗系数（dB/km）×光纤长度（km）

连接器件损耗=连接器件损耗（dB/个）×连接器件个数（个）

光纤连接点损耗=光纤连接点损耗（dB/个）×光纤连接点个数（个）

表 4.23　　　　　　　　　　　　　光纤链路损耗参考值

种　类	工作波长（nm）	衰减系数（dB/km）
多模光纤	850	3.5
多模光纤	1300	1.5
单模室外光纤	1310	0.5
单模室外光纤	1550	0.5
单模室内光纤	1310	1.0
单模室内光纤	1550	1.0
连接器件衰减	0.75dB	
光纤连接点衰减	0.3dB	

光缆布线信道在规定的传输窗口测量出的最大光损耗（衰减）应不超过表 4.24 的规定，该指标已包括接头与连接插座的损耗在内。

表 4.24 光缆信道损耗范围

光缆应用类别	链路长度（m）	最大信道损耗（dB）			
		多 模		单 模	
		850nm	1300nm	1310nm	1550nm
水平子系统	100	2.55	1.95	1.80	1.80
垂直干线子系统	500	3.25	2.25	2.00	2.00
建筑群子系统	2000	8.50	4.40	3.50	3.50

综合布线工程所采用光纤的性能指标及光纤信道指标应符合设计要求。

2．光源/光功率计的使用

（1）用途与分类

① 稳定光源

光源在光纤测量中用于输出高稳定的光波，是光特性测试不可缺少的信号源，如图 4.124 所示。对现成的光纤系统，通常也可把系统的光发射端机当作稳定光源。如果端机无法工作或没有端机，则需要单独的稳定光源。稳定光源的波长应与系统端机的波长尽可能一致。

（a）红光源　　　　　（b）JW3104 手持式光源

图 4.124　光源实物图

光纤通信测量中使用的稳定光源有半导体激光二极管（LD）式稳定光源和发光二极管（LED）式稳定光源，发光元件输出近红外 850nm、1310nm 和 1550nm 波长的单色光。

② 光功率计

光功率计是测量光功率大小的仪表，是光纤通信系统中最基本，也是最主要的测量仪表，如图 4.125 所示。光功率计可直接测量光功率，与稳定化光源配合使用还可测量光纤的传输损耗和光纤元件的插入损耗。若与其他仪器设备配合使用，则可对光纤的其他各主要参数进行测量。

光功率计的种类很多，根据显示方式的不同，可分成模拟显示型和数字显示型两类；根据可接收光功率大小的不同，可分成高光平型（测量范围为＋10～40dBm）、中光平型（范围为 0～55dBm）和低光平型（范围为：0～90dBm）3 类；根据光波长的不同，可分为长波长型（范围为 1.0～1.7m）、短波长型（范围为 0.4～1.1m）和全波长型（范围为 0.7～

1.6m）3 类；此外，根据接收方式的不同，还可将光功率计分成连接器式和光束式两类。

（a）AV6334 可编程光功率计　　　　　　　　（b）AV2498A 光功率计

图 4.125　光功率计实物图

（2）各功能键的作用

本章节以 AV2498A 光源/光功率计为例说明其使用方法，其面板图如图 4.126 所示。

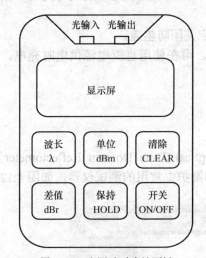

图 4.126　光源/光功率计面板

光源/光功率计各功能键作用如表 4.25 所示。

表 4.25　　　　　　　　　　　　　　光源/光功率计各功能键作用

序号	按键	说　　明
1	开关	电源开关键，按此键可接通或断开仪表电源。接通电源，仪表先被初始化，随后进入测量状态
2	清除	自动清零键，自动清零完毕，则进入测量状态。在清零过程中，应关好探测器盖，防止光信号输入，否则会引起测量结果的错误
3	波长	波长选择按键，波长选择为 850nm、1300nm、1310nm 和 1550nm
4	单位	单位选择按键，可以以 W 或 dBm 或 dB 为单位显示测量结果

序号	按键	说　　明
5	差值	测光衰耗时用。第一次测量的 dBm1 值，此时按下该键，机内将当前测量值进行存储，液晶屏显示 dBr。第二次测量的 dBm2 值，此时按下该键，完成 dBm2- dBm1=dBr 的操作，屏幕显示 dBr，同时显示 dBr 的值
6	保持	保持显示当前数值

（3）操作步骤

光源/光功率计主要用来测试光纤的连续性、输出输入光功率和衰减值。光源/光功率计的型号有很多种，可根据实际情况选择适合的仪表。

第 1 步：连接光源、光功率计和被测光纤。

第 2 步：开机预热 3～5min，使输出光功率稳定。

第 3 步：按清除键，清除仪表内存数据。

第 4 步：设置光源输出光功率（dBm）和光波长（nm）；设置光功率计测试单位（dBm）和波长（nm）。

第 5 步：在显示屏上读取测试数据并记录。

（4）注意事项

① 为了保证性能测试的准确性，要求光纤跳线与光功率测试输入端口紧密连接，并且保持光纤端面的清洁。

② 仪器在不使用的时候应关闭防尘盖。

③ 仪器内部的充电电路，可在使用直流电源供电时充电，储存超过半年的电池要定期充放电。

3. 光时域反射仪的使用

（1）用途与应用

光时域反射仪 OTDR（Optical Time Domain Reflectometer），又称后向散射仪或光脉冲测试器，它是光缆线路施工和维护中常用的测试仪器，如图 4.127 所示。

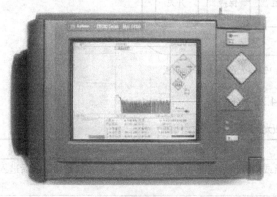

E6000 型高性能 OTDR　　　　　　　　　　　　　　AV6416 掌上型 OTDR

图 4.127　光时域反射仪 OTDR 实物图

OTDR 常用来测量光纤的插入损耗、发射损耗、光纤链路损耗、光纤长度、光纤故障点的位置及光功率沿路由长度的分布情况（*P-L* 曲线）等，并且在屏幕上以图形曲线的形式直观地表现出来，OTDR 还可以自动存储测试结果，自带打印机。

（2）工作原理

光时域反射仪（OTDR）是利用光线在光纤中传输时的瑞利散射所产生的背向散射而制成的精密的光电一体化仪表。

瑞利散射：当光线在光纤中传播时，由于光纤中存在着分子级大小结构上的不均匀，光线的一部分能量会改变其原有传播方向向四周散射，这种现象被称为瑞利散射。其中又有一部分散射光线和原来的传播方向相反，被称为背向散射，如图 4.128 所示。

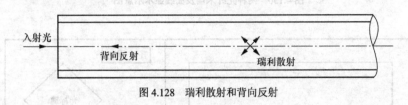

图 4.128　瑞利散射和背向反射

① 反射事件和非反射事件

光纤中的熔接头和微弯都会带来损耗，但不会引起反射。由于它们的反射较小，因此称之为非反射事件，如图 4.129 所示。

活动连接器、机械接头和光纤中的断裂点都会引起损耗和反射，把这种反射幅度较大的事件称之为反射事件，如图 4.129 所示。

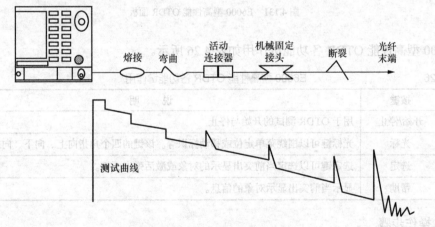

图 4.129　OTDR 测试事件类型及显示

② 光纤末端

第一种情况，光纤的端面平整或有活动连接器，在末端产生一个反射幅度较高的菲涅尔反射，如图 4.130 所示。

第二种情况，光纤末端显示的曲线从背向反射电平简单地降到 OTDR 噪声电平以下。有时破裂的末端也可能会引起反射，但它的反射不会像平整端面或活动连接器带来的反射峰值那么大，如图 4.130 所示。

（3）仪表面板各部分的功能

本章节以 E6000 型高性能 OTDR 为例说明其使用方法，其面板图如图 4.131 所示。

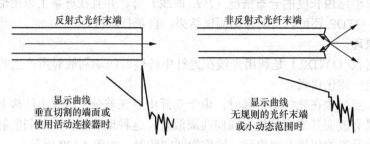

图 4.130 两种光纤末端及曲线显示示意图

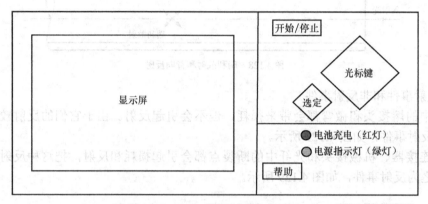

图 4.131 E6000 型高性能 OTDR 面板

E6000 型高性能 OTDR 各功能键作用如表 4.26 所示。

表 4.26   E6000 型高性能 OTDR 各功能键作用

序号	按键	说　明
1	开始/停止	用于 OTDR 测试的开始与停止
2	光标	光标键可以围绕菜单定位或移动标识等。该键的四个角指向上、向下、向左和向右
3	选定	选定键可以选定当前突出显示的对象或激活弹出面板。
4	帮助	显示当前突出显示对象的信息。

（4）操作步骤

第 1 步：连接 OTDR 和被测光纤。

第 2 步：开启 OTDR 的电源，对 OTDR 进行参数设置。

第 3 步：按下运行键，输出指示灯亮、测试完毕指示灯灭，曲线稳定。

第 4 步：起文件名、确认、储存测试结果。

第 5 步：读取储存曲线，确定游标 AB，分析曲线，判断故障原因和位置。

（5）注意事项

① 连接前应用酒精对尾纤适配器端面进行擦拭清理。

② 连接时注意不要让尾纤适配器激光输出端口受到碰击，同时尾纤两端适配器的卡槽要对准 OTDR 激光输出端口连接适配器和 ODF 架连接适配器的卡槽。

③ 当传输中断利用 OTDR 判断光缆故障时,对端传输机房必须将尾纤与传输设备段断开,以防光功率过高损坏光板。

④ 当光缆没断判断传输设备故障时,采用光路环回法压缩,判断传输设备故障时不得用尾纤直接短连光端机及光收发器件,应在光收发器件之间串接不小于 10dB 的光衰减器。

4.光缆测试方法

(1)使用光源/光功率计测试

光源/光功率计主要用来测试光纤的损耗值。光源/光功率计的型号有很多种,可根据实际情况选择适合的仪表。

① 截断法

截断法是一种测量精度最好的方法,但需要截断光纤,可以在一个或多个波长上测试衰减。

第 1 步:按图 4.132 所示连接光源、光功率计和被测光纤。

图 4.132 光源/光功率计测试接线图

注:光连接器件可以为工作区 TO、管理间 FD、设备间 BD、建筑群 CD 的 FC、SC、ST、LC 等连接器件。

第 2 步:开机预热 3~5min,使输出光功率稳定。

第 3 步:按清除键,清除仪表内存数据。

第 4 步:设置光功率计测试单位为 dBm 和波长单位为 nm。

第 5 步:记录光纤输出端(或远端)的输出光功率为 $P1$(dBm)。

第 6 步:在不破坏输入条件的情况下,按图 4.133 所示连接光源、光功率计和被测光纤。

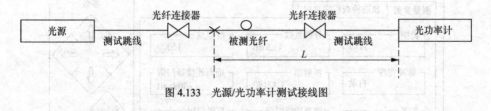

图 4.133 光源/光功率计测试接线图

第 7 步:按清除键,清除仪表内存数据。

第 8 步:在不破坏输入条件的情况下,在离光源几米的地方截断光纤,测试近端输出光功率 P_2,光纤的损耗(衰减)为 $\alpha = |P_1 - P_2|/L$。

第 9 步:重复第 6 步到第 8 步,多次测量取平均值。

② 插入法

插入法具有非破坏性的特点,但不如截断法精确。

第 1 步:按图 4.132 所示连接光源、光功率计和被测光纤。

第 2 步:开机预热 3~5min,使输出光功率稳定。

第 3 步:按清除键,清除仪表内存数据。

第4步：设置光功率计测试单位（dBm）和波长单位（nm）。

第5步：记录光纤输出端（或远端）的输出光功率为P1。

第6步：在不破坏输入条件的情况下，按图4.134所示连接光源、光功率计和被测光纤。

图4.134　光源/光功率计测试接线图

第7步：按清除键，清除仪表内存数据。

第8步：记录光纤输出端（或远端）的输出光功率为P_2，光缆损耗（衰减）为$\alpha = |P_1 - P_2|$。

第9步：重复第6步到第8步，多次测量取平均值。

（2）使用光时域反射仪测试

光时域反射仪（OTDR）主要用来测试光纤的长度、衰减、接头损耗、事件点的位置等。光时域反射仪（OTDR）的型号有很多种，本教材以安捷伦 E6000C 型光时域反射仪（OTDR）为例来介绍光纤衰减常数的测量。

第1步：按图4.135所示连接 OTDR 和被测光纤。

图4.135　光时域反射仪（OTDR）测试接线图

第2步：开启 OTDR 的电源，对 OTDR 进行参数设置，如图4.136所示。

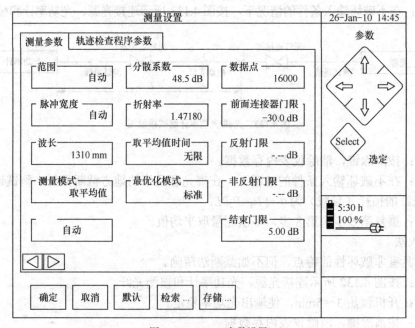

图4.136　OTDR 参数设置

① 波长选择：光系统的行为与传输波长直接相关，不同的波长有各自不同的光纤衰减特性及光纤连接中不同的行为。同种光纤，1550nm 比 1310nm 的光纤对弯曲更敏感，1550nm 比 1310nm 单位长度衰减更小，1310nm 比 1550nm 测得熔接或连接器损耗更高。

② 脉冲宽度：脉宽控制 OTDR 注入光纤的光功率、脉宽越长，动态测量范围越大，可用于测量更长距离的光纤，但长脉冲也将在 OTDR 曲线波形中产生更大的盲区；短脉冲注入光平低，但可减小盲区。脉宽周期的单位通常以 ns 来表示。

③ 折射率：现在使用的单模光纤的折射率基本在 1.4600～1.4800 范围内，要根据光缆或光纤生产厂家提供的实际值来精确选择。对于 G．652 单模光纤，在实际测试时若用 1310nm 波长，折射率一般选择在 1.4680；若用 1550nm 波长，折射率一般选择在 1.4685。折射率选择不准，影响测试长度。

④ 测量范围：OTDR 测量范围是指 OTDR 获取数据取样的最大距离，此参数的选择决定了取样分辨率的大小。测量范围通常设置为待测光纤长度 1～2 倍距离之间。

第 3 步：按下测试键，输出指示灯亮、测试完毕指示灯灭，曲线稳定，如图 4.137 所示。

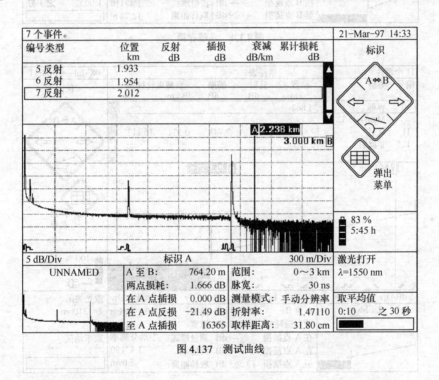

图 4.137　测试曲线

第 4 步：存储曲线（起文件名、确认、储存测试结果），如图 4.138 所示。

第 5 步：曲线分析。

根据储存曲线，确定游标 AB，如图 4.139 所示；读取 A 点损耗值 P_1 和 B 点损耗值 P_2，单位 dB；读取 AB 间的距离，即为光纤或光缆的长度；计算出 AB 段光纤的动态范围和衰减常数。

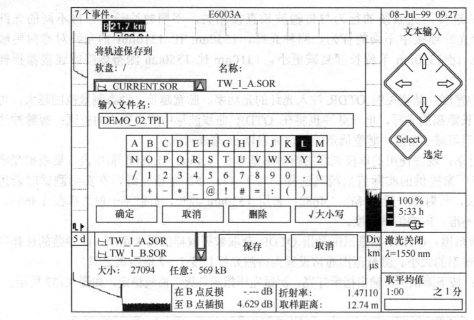

图 4.138　曲线存档

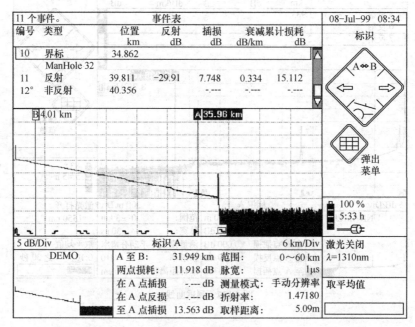

图 4.139　曲线分析

本章小结

作为一名综合布线工程技术人员，必须熟悉综合布线工程实施的每个组织管理环节，掌握线管安装、线槽安装、桥架安装、底盒安装技术；掌握双绞线布放、同轴电缆布放、皮线

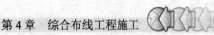

光缆布放技术；掌握双绞线端接、同轴电缆端接、光纤端接、信息插座安装、110 配线系统安装、模块化数据配线架安装、光纤连接器端接、光纤配线架端接技术；掌握机柜和设备的安装和调试技术；掌握常用测试仪使用方法、双绞线测试技术、光纤光缆测试技术等内容。在施工前认真阅读厂家说明书，以熟悉具体安装步骤，最好在施工前能逐一操作一遍，以掌握具体的安装工艺。通过测试，可以及时发现布线故障，确保工程施工质量。

 应知测试

一、填空题

1. 施工前的准备工作主要包括（　　　　　）、（　　　　　）、（　　　　　）、（　　　　　）等环节。

2. 为了保证综合布线工程的顺利进行，在施工过程中应注意（　　　　　）、（　　　　　）、（　　　　　）、（　　　　　）问题。

3. 综合布线工程竣工验收主要包括 3 个阶段：（　　　　　）、（　　　　　）、（　　　　　）。工程验收工作主要由（　　　　　）、（　　　　　）、（　　　　　）3 方一起参与实施的。

4. 在综合布线系统中主要使用的线槽有（　　　　　）和（　　　　　）；使用的线管有（　　　　　）和（　　　　　）。

5. 桥架通常是固定在楼顶或墙壁上的，主要分为（　　　　　）、（　　　　　）、（　　　　　）3 种。

6. 桥架由（　　　　　）、（　　　　　）和（　　　　　）等组成。

7. 为了防止在穿电缆时划伤电缆，金属管口应该没有（　　　　　）和（　　　　　）。

8. 管子的切割可使用（　　　　　）、（　　　　　）。

9. 在敷设金属管时，应尽量减少弯头。每根金属管的弯头不应超过（　　　　　）个，直角弯头不应超过（　　　　　）个，并不应有（　　　　　）弯出现。

10. 金属管间的连接通常有两种连接方法：（　　　　　）和（　　　　　）。

11. 线管的支持点间距有设计要求时应该按照规定进行施工，无设计要求时不应超过（　　　　　），在距离接线盒（　　　　　）处使用管卡固定，在弯头两边应用（　　　　　）固定。

12. 线槽安装位置应符合施工图规定，左右偏差视环境而定，最大不超过（　　　　　）。线槽水平度每米偏差不应超过（　　　　　）。垂直线槽应与地面保持垂直，并无倾斜现象，垂直度偏差不应超过（　　　　　）。

13. 水平敷设时，支撑间距一般为（　　　　　）；垂直敷设时，固定在建筑物结构体上的支撑点间距宜小于（　　　　　）。

14. 在活动地板下敷设线缆时，活动地板内净空不应小于（　　　　　）。如果活动地板内作通风系统使用时，活动地板内净空不应小于（　　　　　）。

15. 线槽驳口处的毛刺须处理掉，以免将来放线时损坏线缆保护套，所有线槽转弯位必须有（　　　　　）过渡段，线槽内线的填充量不能超过（　　　　　）。

16. 线缆桥架宜高出地面（　　　　　）以上，桥架顶部距顶棚或其他障碍物不应小于（　　　　　），桥架宽度不宜小于（　　　　　），桥架内横断面的填充率不应超过

（　　　　　　　）。

17．电缆桥架内缆线垂直敷设时，在缆线的上端和每间隔（　　　　　　　　）处应固定在桥架的支架上，水平敷设时，在缆线的首、尾、转弯及每间隔（　　　　　　　）处进行固定。

18．在水平、垂直桥架和垂直线槽中敷设线时，应对缆线进行绑扎。绑扎间距不宜大于（　　　　　　），扣间距应均匀，松紧适度。

19．桥架水平敷设时，支撑间距一般为（　　　　　　　），垂直敷设时固定在建筑物构体上的间距宜小于（　　　　　　　）。

20．金属线槽敷设时，在线槽接头处、间距（　　　　　）处、离开线槽两端口（　　　　　　）处、转弯处设置支架或吊架。

21．双绞线结构分为 3 层，分别由（　　　　　　）、（　　　　　　）、（　　　　　　）组成。

22．一条 4 对双绞线电缆有（　　　　　）、（　　　　　）、（　　　　　）和（　　　　　）4 种本色。

23．双绞线采用了一对互相绝缘的金属导线互相绞合的方式来抵御（　　　　　　　），更主要的是（　　　　　　），一般扭线越密其抗干扰能力就越（　　　　　　）。

24．按照绝缘层外部是否有金属屏蔽层，双绞线可以分为（　　　　　）和（　　　　　　　）两大类。目前在综合布线系统中，除了某些特殊的场合通常采用（　　　　　　　）。

25．5 类 UTP 电缆用来支持带宽要求达到（　　　　　　）的应用，超 5 类线的传输频率为（　　　　　），而 6 类线支持的带宽为（　　　　　），7 类线支持的带宽可以高达（　　　　　　）。

26．双绞线按其绞线对数可分为（　　　　）、（　　　　）、（　　　　）、（　　　　）和（　　　　）等。（　　　　　　）的双绞线用于电话，（　　　　　）的双绞线用于数据传输，（　　　　）、（　　　　）和（　　　　　）的双绞线用于电信通讯大对数线缆。

27．同轴电缆分成 4 层，分别由（　　　　　）、（　　　　　）、（　　　　　）和（　　　　　）组成。

28．同轴电缆有（　　　　　）和（　　　　　）两种类型。

29．光纤通常由（　　　　　）、（　　　　　）和（　　　　　）3 部分组成。

30．按传输模式的不同光纤可以分为（　　　　　）和（　　　　　）。

31．按折射率的不同光纤可以分为（　　　　　）和（　　　　　）。

32．按照套塑类型不同来划分光纤分为（　　　　　）和（　　　　　）。

33．非屏蔽 4 对双绞线缆的弯曲半径应至少为电缆外径的（　　　　　　），屏蔽双绞线电缆的弯曲半径应至少为电缆外径的（　　　　　　）。

34．为了考虑以后线缆的变更，在线槽内布设的电缆容量不应超过线槽截面积的（　　　　　　）。

35．在交接间、设备间对绞电缆预留长度一般为（　　　　　　），工作区为（　　　　　），光缆在设备端预留长度一般为（　　　　　　）。

36．敷设蝶形引入光缆的最小弯曲半径应符合：敷设过程中不应小于（　　　　　　）；固定后不应小于（　　　　　　）。

37．一般情况下，蝶形引入光缆敷设时的牵引力不宜超过光缆允许张力的（　　　　　）；瞬间最大牵引力不得超过光缆允许张力的（　　　　　　），且主要牵引力应加在光缆的加强构件上。

38．蝶形引入光缆敷设入户后，光缆分纤箱或光分路箱一侧预留（　　　　　　），住户家

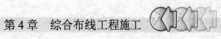

庭信息配线箱或光纤面板插座一侧预留（　　　　　　）。

39．入户光缆敷设完毕后应使用光源、光功率计对其进行测试，入户光缆段在（　　　　　）、（　　　　　）波长的光衰减值均应小于 1.5dB。

40．室外光缆敷设的方式有 3 种方式：（　　　　　）、（　　　　　）和（　　　　　）。

41．根据双绞线连接器的用途不同，连接网线的是（　　　　　）连接器，连接电话线的是（　　　　　）连接器

42．交叉线适用于计算机与（　　　　　）的连接，交叉线在制作时两端 RJ-45 水晶头中的第（　　　　）线和第（　　　　　）线应对调。即两端 RJ-45 水晶头制作时，一端采用（　　　　）标准，另一端采用（　　　　　）标准。

43．信息插座通常由（　　　　）、（　　　　）和（　　　　）组成。

44．根据信息插座所使用的面板的不同，信息插座可以分为（　　　　　）、（　　　　　）和（　　　　　）3 类。

45．光纤连接器及耦合器按连接头结构形式可分为（　　　　　）、（　　　　　）、（　　　　）、（　　　　　）等多钟形式。

46．光纤配线架作为光缆线路的终端设备拥有 4 项基本功能：（　　　　　）、（　　　　）、（　　　　）和（　　　　　）。

47．机柜的材料与机柜的性能密切相关，制造机柜的材料主要有（　　　　　）和（　　　　　）两种。

48．综合布线工程中常见的光网络设备有（　　　）、（　　　）和（　　　）3 部分组成。

49．典型的视频监控系统主要由（　　　　　）、（　　　　）、（　　　　　）这3 大部分组成。

50．可视对讲系统主要由（　　　　）、（　　　　　）、（　　　　　）等组成。

51．综合布线测试主要有两个目的：一是（　　　　　）；二是（　　　　　）。

52．综合布线工程中常用仪表有（　　　　　）、（　　　　）和（　　　）。

53．电缆测试一般可分为两个部分（　　　　　）和（　　　　　）。

54．根据 GB/T50312-2007《综合布线工程测试和验收规范》标准规定了（　　　　　）、（　　　　）和（　　　　　）3 种连接模型。

55．在布线工程的施工过程中，常见的连接故障有（　　　　　）、（　　　　）、（　　　　）、（　　　　　）等。

56．线缆传输的衰减量会随着（　　　　　）的增加而增大，一般用（　　　　　）来表示。

57．线缆传输的近端串扰损耗 NEXT 越（　　　　　），则串扰越（　　　　　），链路性能越（　　　　　）。

58．衰减与近端串扰比表示了信号强度与串扰产生的噪声强度的相对大小，其值越（　　　　　），线缆传输性能就越（　　　　　）。

59．光纤系统的测试内容有（　　　　）和（　　　　）的测试。

60．光纤损耗可分为（　　　　　）、（　　　　）和（　　　　　）3 种。（　　　　　）和（　　　　　）是由光纤材料本身的特性决定的，在不同的工作波长下引起的固有损耗也不同。（　　　　　）是在光纤的铺设过程中人为造成的。

61．光缆衰减测试方法主要有（　　　　　）（　　　　　）和（　　　　　）3 种。

62．在测试多模光纤的时候用到的光源通常为（　　　　　），在测试单模光纤的时候要

用到的光源是（ ）。

二、选择题

1. 同轴电缆可分为两种基本类型，基带同轴电缆和宽带同轴电缆。（ ），用于数字传输；（ ）用于模拟传输。

A. 50Ω 宽带同轴电缆、75Ω 基带同轴电缆

B. 75Ω 宽带同轴电缆、50Ω 基带同轴电缆

C. 75Ω 基带同轴电缆、50Ω 宽带同轴电缆

D. 50Ω 基带同轴电缆、75Ω 宽带同轴电缆

2. 在光纤连接的过程中，主要有（ ）连接器。

A. SE 和 BNC　　　　　　　B. SC 和 BNC

C. ST 和 BNC　　　　　　　D. ST 和 SC

3. 光纤分为单模光纤和多模光纤，与多模光纤相比，单模光纤的主要特点是（ ）。

A. 高速度、短距离、高成本、粗芯线

B. 高速度、长距离、低成本、粗芯线

C. 高速度、短距离、低成本、细芯线

D. 高速度、长距离、高成本、细芯线

4. 常用的双绞线电缆其特性阻抗为（ ）。

A. 50Ω　　　　B. 75Ω　　　C. 100Ω　　　D. 150Ω

5. 要用光纤跳线将光纤链路连接至没有光纤接口的交换机，还需要（ ）。

A. 光纤配线架　　　　　　　B. 光纤收发器

C. 光纤耦合器　　　　　　　D. 光纤终端盒

6. 信息模块有两种标准即 ELA/TLA568A 标准和 ELA/TLA568B 标准，它们之间的差别只是（ ）。

A. 1、2 对线与 3、6 对线位置交换

B. 4、5 对线与 7、8 对线位置交换

C. 1、2 对线与 4、5 对线位置交换

D. 3、6 对线与 7、8 对线位置交换

7. 基带同轴电缆的特性阻抗是（ ）。

A. 50Ω　　　B. 75Ω　　　C. 100Ω　　　　D. 150Ω

8. 超 5 类电缆支持的最大带宽为（ ）。

A. 100MHz　　　　　　　　B. 155MHz

C. 250MHz　　　　　　　　D. 600MHz

9. 6 类双绞线电缆支持的最大带宽为（ ）。

A. 100MHz　　　　　　　　B. 200MHz

C. 250MHz　　　　　　　　D. 600MHz

10. FTTx 和 LAN 接入网采用的传输介质为（ ）。

A. 同轴电缆　　　　　　　　B. 光纤

C. 5 类双绞线　　　　　　　D. 光纤和 5 类双绞线

11. 大对数铜缆是以（ ）对为基数进行增加。

A. 20　　　B. 25　　　　　　C. 35　　　D. 50

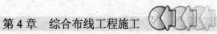

12. 多模光纤使用的波长为（　　　）。

A. 850nm 和 1300nm 　　　　B. 1310nm 和 1300nm

C. 1500nm 和 1510nm 　　　　D. 2010nm 和 2000nm

13. 多模光纤采用的是哪种光源？（　　　）

A. LED 　　　　　　　　　　B. 激光

C. 红外线 　　　　　　　　　D. 蓝光

14. 常用单模光缆最大的传输距离为（　　　）。

A. 3km 　　　B. 10km 　　　　C. 30km 　　　　D. 40km

15. 常见的 62.5/125um 多模光纤中的 62.5um 指的是（　　　）。

A. 纤芯外径 　　　　　　　　B. 包层后外径

C. 包层厚度 　　　　　　　　D. 涂覆层厚度

16. 在综合布线系统中常见的标准机柜是指（　　　）。

A. 2m 高的机柜 　　　　　　B. 1.8m 高的机柜

C. 18 英寸的机柜 　　　　　　D. 19 英寸的机柜

17. 信息插座在综合布线子系统中主要用于连接（　　　）。

A. 工作区子系统与水平干线子系统

B. 水平干线子系统与管理子系统

C. 工作区子系统与管理子系统

D. 管理子系统与垂直干线子系统

18.（　　　）也为内嵌式插座，大多为铜制，而且具有防水的功能，可以根据实际需要随时打开适用，主要适用于地面或架空地板。

A. 墙上型插座 　　　　　　　B. 桌面型插座

C. 地上型插座 　　　　　　　D. 转换插座

19. 线序排列的标准有两个，即 TIA/EIA568A 标准和 TIA/EIA568B 标准。TIA/EIA568B 标准描述的线序从左到右分别为（　　　）。

A. 1－白/绿，2－绿，3－白/橙，4－蓝，5－白/蓝，6－橙，7－白/棕，8－棕

B. 1－白/橙，2－橙，3－白/绿，4－蓝，5－白/蓝，6－绿，7－白/棕，8－棕

C. 1－白/橙，2－橙，3－白/蓝，4－蓝，5－白/绿，6－蓝，7－白/棕，8－棕

D. 1－白/橙，2－橙，3－白/绿，4－绿，5－白/蓝，6－蓝，7－白/棕，8－棕

20. 在组建细缆网络的时候，用于连接网卡和总线的是（　　　）。

A. BNC 连接器插头 　　　　　B. BNC T 型连接器

C. BNC 桶型连接器 　　　　　D. RJ-45 连接器

21. 下当信号在一个线对上传输时，会同时将一小部分信号感应到其他线对上，这种信号感应就是（　　　）。

A. 串扰 　　　　　　　　　　B. 衰减

C. 回波损耗 　　　　　　　　D. 特性阻抗

22. 安装在商业大楼的桥架必须具有足够的支撑能力，（　　　）桥架支撑物的设计是从下方支撑桥架。

A. 吊架 　　　　　　　　　　B. 吊杆

C. 支撑架 　　　　　　　　　D. J 形钩

23.（　　）为封闭式结构，适用于无天花板且电磁干扰比较严重的布线环境，但对系统扩充、修改和维护比较困难。

　　A．梯式桥架　　　　　　　　B．槽式桥架

　　C．托盘式桥架　　　　　　　D．组合式桥架

24.（　　）光纤连接器在网络工程中最为常用，其中心是一个陶瓷套管，外壳呈圆形。其中，插针的端面采用 PC 型或 APC 型研磨方式，紧固方式为螺丝扣。

　　A．ST 型　　　　　　　　　　B．SC 型

　　C．FC 型　　　　　　　　　　D．LC 型

25.（　　）用于埋设在开挖的电信沟内，埋设完毕即填土掩埋。这种光缆外部有钢带或钢丝的铠装，直接埋设在地下，要求有抵抗外界机械损伤的性能和防止土壤腐蚀的性能，并且具有非常好的防水性能。

　　A．室内光缆　　　　　　　　B．直埋式光缆

　　C．管道式光缆　　　　　　　D．架空式光缆

26.电缆的验证测试是测试电缆的基本安装情况，下列情况中属于电缆验证测试的是（　　）。

　　A．电缆有无开路或短路

　　B．UTP 电缆的两端是否按照有关规定正确连接

　　C．双绞线电缆的近端串扰

　　D．电缆的走向如何

27.打线时混用 TIA/EIA-568-A 与 TIA/EIA-568-B 的色标而造成的错误称为（　　）。

　　A．开路　　　B．短路　　　C．反接　　　D．错对

28.（　　）就是将原来的两对线分别拆开而又重新组成新的线对，在线对间有信号通过时会产生很高的近端串扰。

　　A．开路　　　B．串绕　　　C．反接　　　D．错对

29.底盒数量应以插座盒面板设置的开口数确定，每一个底盒支持安装的信息点数量不宜大于（　　）个。

　　A．1　　　　　B．2　　　　　C．3　　　　　D．4

30.下列双绞线电缆的故障中，可以利用连通性测试仪进行诊断的是（　　）。

　　A．开路　　　　　　　　　　B．线对交叉

　　C．短路　　　　　　　　　　D．近端串扰

31.双绞线如果按照基本链路模型进行测试，理论最大长度不超过（　　），实际测试长度可以不超过（　　）。

　　A．100m　　　B．90m　　　C．115m　　　D．108.1m

32.安装在墙面或柱子上的信息插座底盒、多用户信息插座盒及集合点配线箱体的底部离地面的高度宜为（　　）。

　　A．200mm　　　B．300mm　　　C．400mm　　　D．500mm

三、问答题

1．在综合布线施工前应该进行哪些准备工作？

2．在综合布线施工过程中的注意事项有哪些？

3．在综合布线施工后应该进行哪些收尾工作？

4. 敷设金属管时，一般什么情况下需要设拉线盒？

5. 屏蔽与非屏蔽双绞线有何区别？该如何选择？

6. 在竖井中敷设垂直干线的两种方式分别应该如何实现？

7. 试比较双绞线电缆和光缆的优缺点。

8. 选用布线用线管、线槽和桥架时，应该考虑哪些问题？

9. 光缆主要有哪些类型？应如何选用？

10. 简要说明基本链路测试模型、通道测试模型和永久链路测试模型的区别。

11. 电缆系统的测试主要包含哪些内容？应该使用什么仪器进行测试？

12. 光缆系统的测试主要包含哪些内容？应该使用什么仪器进行测试？

13. 什么是近端串扰？它会产生什么样的影响？

14. 近端串扰与近端串扰损耗有什么不同？

15. 请写出综合布线工程中 5 种常用的测试仪表并简要说明其作用。

 技能训练

一、线槽、线管、桥架安装

实 训 名 称	线槽、线管、桥架安装
实训目的	1. 学会依据方案书和工程图纸安装 PVC 线槽，熟练掌握施工方法 2. 学会依据方案书和工程图纸安装 PVC 和金属线管，熟练掌握施工方法 3. 学会依据方案书和工程图纸安装底盒，熟练掌握施工方法 4. 学会依据方案书和工程图纸安装槽式桥架，熟练掌握施工方法
实训器材	PVC 线槽、PVC 线管、金属线管、槽式桥架、阴角、阳角、三通、支架若干、钢锯、钢卷尺、螺丝刀、登高梯子等
实训内容	1. 完成配线子系统线管安装法，掌握 PVC 管卡、管的安装方法和技巧，掌握 PVC 管弯头的制作 2. 完成配线子系统线槽安装法，掌握 PVC 线槽、盖板、阴角、阳角、三通的安装方法和技巧 3. 完成明装和暗装两种底盒的安装 4. 完成槽式桥架的安装法，掌握墙上开孔、支架安装、桥架固定、盖板和扎线的方法和技巧 5. 具体操作步骤详见教材相应章节

二、线缆布放

实 训 名 称	线 缆 布 放
实训目的	1. 掌握明装线缆的布放方法和技巧 2. 掌握暗装线缆的布放方法和技巧
实训器材	双绞线、皮线光缆、牵引绳、胶带和相关工具等
实训内容	1. 选择路由方式，预估放线长度，完成线槽、线管和桥架等的安装 2. 明装布线实验时，边布管边穿线。布管和穿线后，必须做好线标 3. 暗装布线实验时，需先布放牵引绳至管线中，再制作牵引头用于连接牵引绳和线缆，最后逐段牵引将线缆引至管线中 4. 具体操作步骤详见教材相应章节

三、双绞线端接

实 训 名 称	双绞线端接
实训目的	1. 掌握 RJ-45 跳线的制作方法和技巧 2. 掌握 RJ-45 信息模块的制作方法和技巧 3. 掌握语音和数据配线架模块端接方法和技巧
实训器材	RJ-45 水晶头、信息模块、双绞线、剥线器、压线钳、打线钳、语音和数据配线架
实训内容	1. 完成网络线的两端剥线，不允许损伤线缆铜芯，长度合适 2. 每人完成 2 根跳线制作，其中 1 跟直通跳线，1 跟交叉跳线，共计压接 4 个 RJ-45 水晶头 3. 每人完成 2 根网线两端端接，共端接 32 芯线，要求压接方法正确，每次压接成功，压接线序检测正确，正确率 100% 4. 每人完成 1 根网线的端接，一端 RJ-45 水晶头端接，另一端配线架端接 5. 具体操作步骤详见教材相应章节

四、光纤端接

实 训 名 称	光 纤 端 接
实训目的	1. 掌握光纤熔接的制作方法和技巧 2. 掌握快速连接器的制作方法和技巧 3. 掌握光纤机械连接器（冷接子）的制作方法和技巧
实训器材	光纤熔接机、光纤端面制备器（切割刀）、光纤、剥纤钳、酒精、棉花、热缩套管、快速连接器和光纤机械连接器等器材与工具
实训内容	1. 每人完成 3 根光纤的熔接和盘纤操作，要求端接无误，光纤接头的连接损耗应低于内控指标，光纤接头余留和接头盒内的余留应满足 2. 每人完成 1 根光纤两端的快速连接器制作，要求插入损耗≤0.3dB，回波损耗≥40dB 3. 每人完成 1 个光纤机械连接器（冷接子）的制作，要求插入损耗≤0.3dB，回波损耗≥40dB 4. 具体操作步骤详见教材相应章节

五、布线系统测试

实 训 名 称	布线系统测试
实训目的	1. 掌握使用电缆分析仪测试电缆的各项认证参数的方法 2. 掌握使用光源、光功率计、光时域反射仪（OTDR）测试光纤光缆的各项认证参数的方法
实训仪表	电缆分析仪、光源、光功率计、光时域反射仪（OTDR）
实训内容	1. 使用电缆分析仪完成超五类双绞线网络的认证测试（包括永久链路和通道链路），并将测试结果上传至 PC，生成测试报告，分析测试结果 2. 使用光源、光功率计、光时域反射仪（OTDR）完成光纤光缆网络的测试，并记录光纤链路长度、总体损耗、各个接头点损耗，分析光纤链路的整体情况 3. 具体测试步骤详见教材相应章节

第 5 章

综合布线工程竣工验收

【本章内容简介】本章主要介绍综合布线工程验收要求、综合布线工程验收阶段、综合布线工程验收项目及内容、综合布线工程验的鉴定、综合布线工程竣工技术文档。

【本章重点难点】本章重点是综合布线工程验收项目、内容和竣工技术文档的编制。本章难点是综合布线工程验收内容。

5.1 综合布线工程的验收

综合布线工程的竣工验收工作是对整个工程的全面验证和施工质量评定。因此，必须按照国家规定的工程建设项目竣工验收办法和工作要求实施，不应有丝毫草率从事或形式主义的做法，力求工程总体质量符合预定的目标要求。

5.1.1 综合布线工程验收要求

1. 验收与鉴定的区别

（1）验收是用户对综合布线工程施工工作的认可，检查工程施工是否符合设计要求和有关施工规范。鉴定是对工程施工的水平程度做评价。

（2）验收一般分两部分进行，第一部分是物理验收，第二部分是文档验收。鉴定是由专家组和甲方、乙方共同进行的。

2. 工程验收的组织

按照综合布线行业国际惯例，大中型综合布线系统工程的验收主要由中立的有资质的第三方认证服务提供商来提供测试验收服务。就我国目前的情况而言，综合布线系统工程的验收小组应包括工程双方单位的行政负责人、相关项目主管、主要工程项目监理人员、建筑设计施工单位的相关技术人员、第三方验收机构或相关技术人员组成的专家组。

参与综合布线工程验收人员主要包括双方单位的行政负责人、有关直管人员及项目主管、主要工程项目监理人员、建筑设计施工单位的相关技术人员、第三方验收机构或相关技术人员组成的专家组。

3. 工程验收的依据

在综合布线工程施工过程中，施工单位必须重视质量，加强自检、互检和随工检查等措施。

（1）综合布线系统工程的验收首先必须以工程合同、技术设计方案、设计修改变更单为依据。

（2）综合布线系统工程的验收应按 GB 50312-2007 的规定并结合 GB 50311-2007 来执行。

（3）工程技术文件、承包合同文件要求采用国际标准时，应按要求采用适用的国际标准，但不应低于 GB 50312-2007 的规定。

（4）因综合布线系统工程涉及面广，其验收还将涉及其他标准规范，如：《智能建筑工程质量验收规范》（GB 50339）、《建筑电气工程施工质量验收规范》（GB 50303）、《通信管道工程施工及验收技术规范》（GB 50374）等。

5.1.2 综合布线工程验收阶段

工程的验收工作对于保证工程的质量起到重要的作用，也是工程质量的四大要素"产品、设计、施工、验收"的一个组成内容。工程的验收体现于新建、扩建和改建工程的全过程，就综合布线系统工程而言，又和土建工程密切相关，而且又涉及到与其他行业间的接口处理。验收阶段分为开工前检查、随工验收、初步验收、竣工验收等几个阶段，每一阶段都有其特定的内容。

1. 开工前检查

工程验收是从工程开工之日开始的，从对工程材料的验收开始。开工前检查包括设备材料检验和环境检验。

设备材料检验包括查验产品的规格、数量、型号是否符合设计要求；材料设备的外观检查、抽检缆线的性能指标是否符合技术规范等。

环境检查包括检查土建施工的地面、墙面、门、电源插座及接地装置、机房面积、预留孔洞等环境。

2. 随工验收

在工程中为随时考核施工单位的施工水平和施工质量，对产品的整体技术指标和质量有一个了解，部分的验收工作应该在随工中进行（比如布线系统的电气性能测试工作、隐蔽工程等）。这样可以及早地发现工程质量问题，避免造成人力和器材的大量浪费。

随工验收应对工程的隐蔽部分边施工边验收，在竣工验收时，一般不再对隐蔽工程进行复查，由工地代表和质量监督员负责。

3. 初步验收

对所有的新建、扩建和改建项目，都应在完成施工调测之后进行初步验收。初步验收的时间应在原定计划的建设工期内进行，由建设单位组织相关单位人员（如设计、施工、监理、使用等单位人员）参加。初步验收工作包括：检查工程质量、审查竣工资料等，对发现的问题提出处理意见，并组织相关责任单位落实解决。

4. 竣工验收

工程竣工验收为工程建设的最后一个程序，其内容应包括：确认各阶段测试检查结果，验收组认为必要的项目的复验，设备的清点核实，全部竣工图纸、文档资料审查等，工程评定和签收。

5.1.3　综合布线工程验收项目及内容

1. 环境检查

（1）工作区、电信间、设备间的检查应包括下列内容。

① 工作区、电信间、设备间土建工程已全部竣工。房屋地面平整、光洁，门的高度和宽度应符合设计要求。

② 房屋预埋线槽、暗管、孔洞和竖井的位置、数量、尺寸均应符合设计要求。

③ 铺设活动地板的场所，活动地板防静电措施及接地应符合设计要求。

④ 电信间、设备间应提供 220V 带保护接地的单相电源插座。

⑤ 电信间、设备间应提供可靠的接地装置，接地电阻值及接地装置的设置应符合设计要求。

⑥ 电信间、设备间的位置、面积、高度、通风、防火及环境温、湿度等应符合设计要求。

（2）建筑物进线间及入口设施的检查应包括下列内容。

① 引入管道与其他设施如电气、水、煤气、下水道等的位置间距应符合设计要求。

② 引入线缆采用的敷设方法应符合设计要求。

③ 管线入口部位的处理应符合设计要求，并应检查采取排水及防止气、水、虫等进入的措施。

④ 进线间的位置、面积、高度、照明、电源、接地、防火、防水等应符合设计要求。

（3）有关设施的安装方式应符合设计文件规定的抗震要求。

2. 器材及测试仪表工具检查

（1）器材检验应符合下列要求。

① 工程所用线缆和器材的品牌、型号、规格、数量、质量应在施工前进行检查，应符合设计要求并具备相应的质量文件或证书，无出厂检验证明材料、质量文件或与设计不符者不得在工程中使用。

② 进口设备和材料应具有产地证明和商检证明。

③ 经检验的器材应做好记录，对不合格的器件应单独存放，以备核查与处理。

④ 工程中使用的线缆、器材应与订货合同或封存的产品在规格、型号、等级上相符。

⑤ 备品、备件及各类文件资料应齐全。

（2）配套型材、管材与铁件的检查应符合下列要求。

① 各种型材的材质、规格、型号应符合设计文件的规定，表面应光滑、平整，不得变形、断裂。预埋金属线槽、过线盒、接线盒及桥架等表面涂覆或镀层应均匀、完整，不得变形、损坏。

② 室内管材采用金属管或塑料管时，其管身应光滑、无伤痕，管孔无变形，孔径、壁厚应符合设计要求。金属管槽应根据工程环境要求做镀锌或其他防腐处理。塑料管槽必须采

用阻燃管槽，外壁应具有阻燃标记。

③ 室外管道应按通信管道工程验收的相关规定进行检验。

④ 各种铁件的材质、规格均应符合相应质量标准，不得有歪斜、扭曲、飞刺、断裂或破损。

⑤ 铁件的表面处理和镀层应均匀、完整，表面光洁，无脱落、气泡等缺陷。

（3）线缆的检验应符合下列要求。

① 工程使用的电缆和光缆型号、规格及线缆的防火等级应符合设计要求。

② 线缆所附标志、标签内容应齐全、清晰，外包装应注明型号和规格。

③ 线缆外包装和外护套须完整无损，当外包装损坏严重时，应测试合格后再在工程中使用。

④ 电缆应附有本批量的电气性能检验报告，施工前应进行链路或信道的电气性能及线缆长度的抽验，并做好测试记录。

⑤ 光缆开盘后应先检查光缆端头封装是否良好。光缆外包装或光缆护套如有损伤，应对该盘光缆进行光纤性能指标测试，如有断纤，应进行处理，待检查合格后才允许使用。光纤检测完毕，光缆端头应密封固定，恢复外包装。

⑥ 光纤接插软线或光跳线检验应符合下列规定：两端的光纤连接器件端面应装配合适的保护盖帽。光纤类型应符合设计要求，并应有明显的标记。

（4）连接器件的检验应符合下列要求。

① 配线模块、信息插座模块及其他连接器件的部件应完整，电气和机械性能等指标符合相应产品生产的质量标准。塑料材质应具有阻燃性能，并应满足设计要求。

② 信号线路浪涌保护器各项指标应符合有关规定。

③ 光纤连接器件及适配器使用型号和数量、位置应与设计相符。

（5）配线设备的使用应符合下列规定。

① 光、电缆配线设备的型号、规格应符合设计要求。

② 光、电缆配线设备的编排及标志名称应与设计相符。各类标志名称应统一，标志位置正确、清晰。

（6）测试仪表和工具的检验应符合下列要求。

① 应事先对工程中需要使用的仪表和工具进行测试或检查，线缆测试仪表应附有相应检测机构的证明文件。

② 综合布线系统的测试仪表应能测试相应类别工程的各种电气性能及传输特性，其精度符合相应要求。测试仪表的精度应按相应的鉴定规程和校准方法进行定期检查和校准，经过相应计量部门校验取得合格证后，方可在有效期内使用。

③ 施工工具，如电缆或光缆的接续工具，剥线器、光缆切断器、光纤熔接机、光纤磨光机、卡接工具等必须进行检查，合格后方可在工程中使用。

（7）现场尚无检测手段取得屏蔽布线系统所需的相关技术参数时，可将认证检测机构或生产厂家附有的技术报告作为检查依据。

（8）对绞电缆电气性能、机械特性、光缆传输性能及连接器件的具体技术指标和要求，应符合设计要求。经过测试与检查，性能指标不符合设计要求的设备和材料不得在工程中使用。

3．设备安装检验

（1）机柜、机架安装应符合下列要求。

① 机柜、机架安装位置应符合设计要求，垂直偏差度不应大于 3mm。

② 机柜、机架上的各种零件不得脱落或碰坏，漆面不应有脱落及划痕，各种标志应完整、清晰。

③ 机柜、机架、配线设备箱体、电缆桥架及线槽等设备的安装应牢固，如有抗震要求，应按抗震设计进行加固。

（2）各类配线部件安装应符合下列要求。

① 各部件应完整，安装就位，标志齐全。

② 安装螺丝必须拧紧，面板应保持在一个平面上。

（3）信息插座模块安装应符合下列要求。

① 信息插座模块、多用户信息插座、集合点配线模块安装位置和高度应符合设计要求。

② 安装在活动地板内或地面上时，应固定在接线盒内，插座面板采用直立和水平等形式；接线盒盖可开启，并应具有防水、防尘、抗压功能。接线盒盖面应与地面齐平。

③ 信息插座底盒同时安装信息插座模块和电源插座时，间距及采取的防护措施应符合设计要求。

④ 信息插座模块明装底盒的固定方法根据施工现场条件而定。

⑤ 固定螺丝须拧紧，不应产生松动现象。

⑥ 各种插座面板应有标识，以颜色、图形、文字表示所接终端设备业务类型。

⑦ 工作区内终接光缆的光纤连接器件及适配器安装底盒应具有足够的空间，并应符合设计要求。

（4）电缆桥架及线槽的安装应符合下列要求。

① 桥架及线槽的安装位置应符合施工图要求，左右偏差不应超过 50mm。

② 桥架及线槽水平度每米偏差不应超过 2mm。

③ 垂直桥架及线槽应与地面保持垂直，垂直度偏差不应超过 3mm。

④ 线槽截断处及两线槽拼接处应平滑、无毛刺。

⑤ 吊架和支架安装应保持垂直，整齐牢固，无歪斜现象。

⑥ 金属桥架、线槽及金属管各段之间应保持连接良好，安装牢固。

⑦ 采用吊顶支撑柱布放线缆时，支撑点宜避开地面沟槽和线槽位置，支撑应牢固。

（5）安装机柜、机架、配线设备屏蔽层及金属管、线槽、桥架使用的接地体应符合设计要求，就近接地，并应保持良好的电气连接。

4．线缆的敷设检验

（1）线缆敷设应满足下列要求。

① 线缆的型号、规格应与设计规定相符。

② 线缆在各种环境中的敷设方式、布放间距均应符合设计要求。

③ 线缆的布放应自然平直，不得产生扭绞、打圈、接头等现象，不应受外力的挤压和损伤。

④ 线缆两端应贴有标签，应标明编号，标签书写应清晰、端正和正确。标签应选用不

易损坏的材料。

⑤ 线缆应有余量以适应终接、检测和变更。对绞电缆预留长度在工作区宜为 3～6cm，电信间宜为 0.5～2m，设备间宜为 3～5m。光缆布放路由宜盘留，预留长度宜为 3～5m，有特殊要求的应按设计要求预留长度。

⑥ 线缆的弯曲半径应符合下列规定。

a. 非屏蔽 4 对对绞电缆的弯曲半径应至少为电缆外径的 4 倍。

b. 屏蔽 4 对对绞电缆的弯曲半径应至少为电缆外径的 8 倍。

c. 主干对绞电缆的弯曲半径应至少为电缆外径的 10 倍。

d. 2 芯或 4 芯水平光缆的弯曲半径应大于 25mm；其他芯数的水平光缆、主干光缆和室外光缆的弯曲半径应至少为光缆外径的 10 倍。

⑦ 线缆间的最小净距应符合设计要求。

a. 电源线、综合布线系统线缆应分隔布放，并应符合表 5.1 的规定。

表 5.1　　　　　　　　　　　对绞电缆与电力电缆最小净距

条　件	最小净距（mm）		
	380V<2kV·A	380V<2～5kV·A	380V>5kV·A
对绞电缆与电力电缆平行敷设	130	300	600
有一方在接地的金属槽道或钢管中	70	150	300
双方均在接地的金属槽道或钢管中（b）	10（a）	80	150

注：（a）当 380V 电力电缆<2kVA，双方都在接地的线槽中，且平行长度≤10m 时，最小间距可为 10mm；

　　（b）双方都在接地的线槽中，系指两个不同的线槽，也可在同一线槽中用金属板隔开。

b. 综合布线与配电箱、变电室、电梯机房、空调机房之间最小净距宜符合表 5.2 的规定。

表 5.2　　　　　　　　　　综合布线电缆与其他机房最小净距

名　称	最小净距（m）	名　称	最小净距（m）
配电箱	1	电梯机房	2
变电室	2	空调机房	2

c. 建筑物内电、光缆暗管敷设与其他管线最小净距的规定见表 5.3。

表 5.3　　　　　　　　综合布线缆线及管线与其他管线的间距

管 线 种 类	平行净距（mm）	垂直交叉净距（mm）
避雷引下线	1000	300
保护地线	50	20
热力管（不包封）	500	500
热力管（包封）	300	300
给水管	150	20
煤气管	300	20
压缩空气管	150	20

d. 综合布线线缆宜单独敷设，与其他弱电系统各子系统线缆间距应符合设计要求。

e．对于有安全保密要求的工程，综合布线线缆与信号线、电力线、接地线的间距应符合相应的保密规定。对于具有安全保密要求的线缆应采取独立的金属管或金属线槽敷设。

⑧ 屏蔽电缆的屏蔽层端到端应保持完好的导通性。

（2）预埋线槽和暗管敷设线缆应符合下列规定。

① 敷设线槽和暗管的两端宜用标志表示出编号等内容。

② 预埋线槽宜采用金属线槽，预埋或密封线槽的截面利用率应为 30%～50%。

③ 敷设暗管宜采用钢管或阻燃聚氯乙烯硬质管。布放大对数主干电缆及 4 芯以上光缆时，直线管道的管径利用率应为 50%～60%，弯管道应为 40%～50%。暗管布放 4 对对绞电缆或 4 芯及以下光缆时，管道的截面利用率应为 25%～30%。

（3）设置线缆桥架和线槽敷设线缆应符合下列规定。

① 密封线槽内线缆布放应顺直，尽量不交叉，在线缆进出线槽部位、转弯处应绑扎固定。

② 线缆桥架内线缆垂直敷设时，在线缆的上端和每间隔 1.5m 处应固定在桥架的支架上；水平敷设时，在线缆的首、尾、转弯及每间隔 5～10m 处进行固定。

③ 在水平、垂直桥架中敷设线缆时，应对线缆进行绑扎。对绞电缆、光缆及其他信号电缆应根据线缆的类别、数量、缆径、线缆芯数分束绑扎。绑扎间距不宜大于 1.5m，间距应均匀，不宜绑扎过紧或使线缆受到挤压。

④ 楼内光缆在桥架敞开敷设时应在绑扎固定段加装垫套。

（4）采用吊顶支撑柱作为线槽在顶棚内敷设线缆时，每根支撑柱所辖范围内的线缆可以不设置密封线槽进行布放，但应分束绑扎，线缆应阻燃，线缆选用应符合设计要求。

（5）建筑群子系统采用架空、管道、直埋、墙壁及暗管敷设电、光缆的施工技术要求应按照本地网络通信线路工程验收的相关规定执行。

5．线缆保护方式检验

（1）配线子系统线缆敷设保护应符合下列要求。

① 预埋金属线槽保护要求如下。

a．在建筑物中预埋线槽，宜按单层设置，每一路由进出同一过路盒的预埋线槽均不应超过 3 根，线槽截面高度不宜超过 25mm，总宽度不宜超过 300mm。线槽路由中若包括过线盒和出线盒，截面高度宜在 70～100mm 范围内。

b．线槽直埋长度超过 30m 或在线槽路由交叉、转弯时，宜设置过线盒，以便于布放线缆和维修。

c．过线盒盖能开启，并与地面齐平，盒盖处应具有防灰与防水功能。

d．过线盒和接线盒盒盖应能抗压。

e．从金属线槽至信息插座模块接线盒间或金属线槽与金属钢管之间相连接时的线缆宜采用金属软管敷设。

② 预埋暗管保护要求如下。

a．预埋在墙体中间暗管的最大管外径不宜超过 50mm，楼板中暗管的最大管外径不宜超过 25mm，室外管道进入建筑物的最大管外径不宜超过 100mm。

b．直线布管每 30m 处应设置过线盒装置。

c．暗管的转弯角度应大于 90°，在路径上每根暗管的转弯角不得多于 2 个，并不应有

S 弯出现，有转弯的管段长度超过 20m 时，应设置管线过线盒装置；有 2 个弯时，不超过 15m 应设置过线盒。

　　d. 暗管管口应光滑，并加有护口保护，管口伸出部位宜为 25～50mm。

　　e. 至楼层电信间暗管的管口应排列有序，便于识别与布放线缆。

　　f. 暗管内应安置牵引线或拉线。

　　g. 金属管明敷时，在距接线盒 300mm 处，弯头处的两端，每隔 3m 处应采用管卡固定。

　　h. 管路转弯的曲半径不应小于所穿入线缆的最小允许弯曲半径，并且不应小于该管外径的 6 倍，如暗管外径大于 50mm 时，不应小于 10 倍。

　　③ 设置缆线桥架和线槽保护要求如下。

　　a. 缆线桥架底部应高于地面 2.2m 及以上，顶部距建筑物楼板不宜小于 300mm，与梁及其他障碍物交叉处的距离不宜小于 50mm。

　　b. 缆线桥架水平敷设时，支撑间距宜为 1.5～3m。垂直敷设时固定在建筑物结构体上的间距宜小于 2m，距地 1.8m 以下部分应加金属盖板保护，或采用金属走线机柜包封，门应可开启。

　　c. 直线段缆线桥架每超过 15～30m 或跨越建筑物变形缝时，应设置伸缩补偿装置。

　　d. 金属线槽敷设时，在下列情况下应设置支架或吊架：线槽接头处，每间距 3m 处，离开线槽两端出口 0.5m 处，转弯处。

　　e. 塑料线槽槽底固定点间距宜为 1m。

　　f. 缆线桥架和缆线线槽转弯半径不应小于槽内线缆的最小允许弯曲半径，线槽直角弯处最小弯曲半径不应小于槽内最粗缆线外径的 10 倍。

　　g. 桥架和线槽穿过防火墙体或楼板时，缆线布放完成后应采取防火封堵措施。

　　④ 网络地板线缆敷设保护要求如下。

　　a. 线槽之间应沟通。

　　b. 线槽盖板应可开启。

　　c. 主线槽的宽度宜在 200～400mm 范围内，支线槽宽度不宜小于 70mm。

　　d. 可开启的线槽盖板与明装插座底盒间应采用金属软管连接。

　　e. 地板块与线槽盖板应抗压、抗冲击和阻燃。

　　f. 当网络地板具有防静电功能时，地板整体应接地。

　　g. 网络地板板块间的金属线槽段与段之间应保持良好导通并接地。

　　⑤ 在架空活动地板下敷设线缆时，地板内净空应为 150～300mm。若空调采用下送风方式则地板内净高应为 300～500mm。

　　⑥ 吊顶支撑柱中电力线和综合布线线缆合一布放时，中间应有金属板隔开，间距应符合设计要求。

　　（2）当综合布线线缆与大楼弱电系统线缆采用同一线槽或桥架敷设时，子系统之间应采用金属板隔开，间距应符合设计要求。

　　（3）干线子系统线缆敷设保护方式应符合下列要求。

　　① 线缆不得布放在电梯或供水、供气、供暖管道竖井中，线缆不应布放在强电竖井中。

　　② 电信间、设备间、进线间之间干线通道应沟通。

　　（4）建筑群子系统线缆敷设保护方式应符合设计要求。

　　（5）当电缆从建筑物外面进入建筑物时，应选用适配的信号线路浪涌保护器，信号线路浪涌保护器应符合设计要求。

6. 线缆终接

（1）线缆终接应符合下列要求。

① 线缆在终接前，必须核对线缆标识内容是否正确。

② 线缆中间不应有接头。

③ 线缆终接处必须牢固、接触良好。

④ 对绞电缆与连接器件的连接应认准线号、线位色标，不得颠倒和错接。

（2）对绞电缆终接应符合下列要求。

① 终接时，每对对绞线应保持扭绞状态，扭绞松开长度对于 3 类电缆不应大于 75mm，对于 5 类电缆不应大于 13mm，对于 6 类电缆应尽量保持扭绞状态，减小扭绞松开长度。

② 对绞线与 8 位模块式通用插座相连时，必须按色标和线对顺序进行卡接。插座类型、色标和编号应符合 T568A 和 T568B 的规定。两种连接方式均可采用，但在同一布线工程中两种连接方式不应混合使用。

③ 7 类布线系统采用非 RJ-45 方式终接时，连接图应符合相关标准规定。

④ 屏蔽对绞电缆的屏蔽层与连接器件终接处屏蔽罩应通过紧固器件可靠接触，线缆屏蔽层应与连接器件屏蔽罩 360°圆周接触，接触长度不宜小于 10mm。屏蔽层不应用于受力的场合。

⑤ 对不同的屏蔽对绞线或屏蔽电缆，屏蔽层应采用不同的端接方法。应对编织层或金属箔与汇流导线进行有效地端接。

⑥ 每个 2 口 86 面板底盒宜终接 2 条对绞电缆或 1 根 2 芯/4 芯光缆，不宜兼作过路盒使用。

（3）光缆终接与接续应采用下列方式。

① 光纤与连接器件连接可采用尾纤熔接、现场研磨和机械连接方式。

② 光纤与光纤接续可采用熔接和光连接子（机械）连接方式。

（4）光缆芯线终接应符合下列要求。

① 采用光纤连接盘对光纤进行连接、保护，在连接盘中光纤的弯曲半径应符合安装工艺要求。

② 光纤熔接处应加以保护和固定。

③ 光纤连接盘面板应有标志。

④ 光纤连接损耗值，应符合表 5.4 的规定。

表 5.4　　　　　　　　　　　　光纤连接损耗值

连 接 类 别	多 模 光 纤		单 模 光 纤	
	平均值（dB）	最大值（dB）	平均值（dB）	最大值（dB）
熔接	0.15	0.3	0.15	0.3
机械连接	0.3		0.3	

（5）各类跳线的终接应符合下列规定。

① 各类跳线线缆和连接器件间接触应良好，接线无误，标志齐全。跳线选用类型应符

合系统设计要求。

② 各类跳线长度应符合设计要求。

7. 工程电气测试

（1）综合布线工程电气测试包括电缆系统电气性能测试及光纤系统性能测试。

① 电缆系统电气性能测试项目

电缆系统电气性能测试项目应根据布线信道或链路的设计等级和布线系统的类别要求制定。各项测试结果应有详细记录，作为竣工资料的一部分。测试记录的内容和形式宜符合表5.5的要求。

表 5.5　　　　　综合布线系统工程电缆（链路/信道）性能指标测试记录

工程项目名称									
序号	编　号			内　容					备注
				电　缆　系　统					
	地址号	线缆号	设备号	长度	接线图	衰减	近端串扰	电缆屏蔽层连通情况	其他项目	
测试日期、人员及测试仪表型号测试仪表精度									
处理情况									

② 光缆系统性能测试项目

光缆系统性能测试项目应根据布线信道或链路的设计等级和布线系统的类别要求制定。各项测试结果应有详细记录，作为竣工资料的一部分。测试记录内容和形式宜符合表 5.6 的要求。

表 5.6　　　　　综合布线系统工程光纤（链路/信道）性能指标测试记录

工程项目名称									
序号	编　号			光　缆　系　统					备注
				多　模				单　模				
	地址号	缆线号	设备号	850nm		1300nm		1310nm		1550nm		
				衰减（插入损耗）	长度	衰减（插入损耗）	长度	衰减（插入损耗）	长度	衰减（插入损耗）	长度	
测试日期、人员及测试仪表型号测试仪表精度											
处理情况											

（2）对绞电缆及光纤布线系统的现场测试仪应符合下列要求。

① 应能测试信道与链路的性能指标应符合设计要求。

② 应具有针对不同布线系统等级的相应精度，应考虑测试仪的功能、电源、使用方法

等因素。

③ 测试仪精度应定期检测，每次现场测试前仪表厂家应出示测试仪的精度有效期限证明。

（3）测试仪表应具有测试结果的保存功能并提供输出端口，将所有存储的测试数据输出至计算机和打印机，测试数据必须不被修改，并进行维护和文档管理。测试仪表应提供所有测试项目、概要和详细的报告。测试仪表宜提供汉化的通用人机界面。

8. 管理系统验收

（1）综合布线管理系统宜满足下列要求。

① 管理系统级别的选择应符合设计要求。

② 需要管理的每个组成部分均设置标签，并由唯一的标识符进行表示，标识符与标签的设置应符合设计要求。

③ 管理系统的记录文档应详细完整并汉化，包括每个标识符相关信息、记录、报告、图纸等。

④ 不同级别的管理系统可采用通用电子表格、专用管理软件或电子配线设备等进行维护管理。

（2）综合布线管理系统的标识符与标签的设置应符合下列要求。

① 标识符应包括安装场地、线缆终端位置、线缆管道、水平链路、主干线缆、连接器件、接地等类型的专用标识，系统中每一组件应指定一个唯一标识符。

② 电信间、设备间、进线间所设置配线设备及信息点处均应设置标签。

③ 每根线缆应指定专用标识符，标在线缆的护套上或在距每一端护套 300mm 内设置标签，线缆的终接点应设置标签标记指定的专用标识符。

④ 接地体和接地导线应指定专用标识符，标签应设置在靠近导线和接地体连接处的明显部位。

⑤ 根据设置的部位不同，可使用粘贴型、插入型或其他类型标签。标签表示内容应清晰，材质应符合工程应用环境要求，具有耐磨、抗恶劣环境、附着力强等性能。

⑥ 终接色标应符合线缆的布放要求，线缆两端终接点的色标颜色应一致。

（3）综合布线系统各个组成部分的管理信息记录和报告，应包括如下内容。

① 记录应包括管道、线缆、连接器件及连接位置、接地等内容，各部分记录中应包括相应的标识符、类型、状态、位置等信息。

② 报告应包括管道、安装场地、线缆、接地系统等内容，各部分报告中应包括相应的记录。

（4）综合布线系统工程如采用布线工程管理软件和电子配线设备组成的系统进行管理和维护工作，应按专项系统工程进行验收。

9. 工程验收

（1）竣工技术文件应按下列要求进行编制。

① 工程竣工后，施工单位应在工程验收以前，将工程竣工技术资料交给建设单位。

② 综合布线系统工程的竣工技术资料应包括：安装工程量；工程说明；设备、器材明细表；竣工图纸；测试记录；工程变更、检查记录及施工过程中，需更改设计或采取的相关

措施，建设、设计、施工等单位之间的双方洽商记录；随工验收记录；隐蔽工程签证；工程决算。

③ 竣工技术文件要保证质量，做到外观整洁，内容齐全，数据准确。

（2）综合布线系统工程，应按表 5.7 所列项目、内容进行检验。检测结论作为工程竣工资料的组成部分及工程验收的依据之一。

表 5.7　　　　　　　　　　　　综合布线系统工程检验项目及内容

阶段	验收项目	验收内容	验收方式
一、施工前检查	1. 环境要求	（1）土建施工情况：地面、墙面、门、电源插座及接地装置；（2）土建工艺：机房面积、预留孔洞；（3）施工电源；（4）地板铺设；（5）建筑物人口设施检查	施工前检查
	2. 器材检验	（1）外观检查；（2）型式、规格、数量；（3）电缆及连接器件电气性能测试；（4）光纤及连接器件特性测试；（5）测试仪表和工具的检验	
	3. 安全、防火要求	（1）消防器材；（2）危险物的堆放；（3）预留孔洞防火措施	
二、设备安装	1. 电信间、设备间、设备机柜、机架	（1）规格、外观；（2）安装垂直、水平度；（3）油漆不得脱落，标志完整齐全；（4）各种螺丝必须紧固；（5）抗震加固措施；（6）接地措施	随工检验
	2. 配线模块及八位模块式通用插座	（1）规格、位置、质量；（2）各种螺丝必须拧紧；（3）标志齐全；（4）安装符合工艺要求；（5）屏蔽层可靠连接	
三、电、光缆布放（楼内）	1. 电缆桥架及线槽布放	（1）安装位置正确；（2）安装符合工艺要求；（3）符合布放缆线工艺要求；（4）接地	随工检验
	2. 缆线暗敷（包括暗管、线槽、地板下等方式）	（1）缆线规格、路由、位置；（2）符合布放缆线工艺要求；（3）接地	隐蔽工程签证
四、电、光缆布放（楼间）	1. 架空缆线	（1）吊线规格、架设位置、装设规格；（2）吊线垂度；（3）缆线规格；（4）卡、挂间隔；（5）缆线的引入符合工艺要求	随工检验
	2. 管道缆线	（1）使用管孔孔位；（2）缆线规格；（3）缆线走向；（4）缆线的防护设施的设置质量	
	3. 埋式缆线	（1）缆线规格；（2）敷设位置、深度；（3）缆线的防护设施的设置质量；（4）回土夯实质量	隐蔽工程签证
	4. 通道缆线	（1）缆线规格；（2）安装位置、路由；（3）土建设计符合工艺要求	
	5. 其他	（1）通信线路与其他设施的间距；（2）进线室设施安装、施工质量	随工检验　隐蔽工程签证
五、缆线终接	1. 8 位模块式通用插座	符合工艺要求	随工检验
	2. 光纤连接器件	符合工艺要求	
	3. 各类跳线	符合工艺要求	
	4. 配线模块	符合工艺要求	

续表

阶段	验收项目	验收内容	验收方式
六、系统测试	1. 工程电气性能测试	（1）连接图；（2）长度；（3）衰减；（4）近端串音；（5）近端串音功率和；（6）衰减串音比；（7）衰减串音比功率和；（8）等电平远端串音；（9）等电平远端串音功率和；（10）回波损耗；（11）传播时延；（12）传播时延偏差；（13）插入损耗；（14）直流环路电阻；（15）设计中特殊规定的测试内容；（16）屏蔽层的导通	竣工检验
	2. 光纤特性测试	（1）衰减；（2）长度	
	3. 系统接地测试	符合设计规定	
七、工程总验收	1. 竣工技术文件	（1）清点、核对和交接设计文件和有关竣工技术资料；（2）查阅分析设计文件和竣工验收技术文件	
	2. 工程验收评价	（1）考核工程质量（包括设计和施工质量）；（2）确认评价验收结果，正确评估工程质量等级	

10. 验收合格判据

（1）系统工程安装质量检查，各项指标符合设计要求，则被检项目检查结果为合格；被检项目的合格率为100%，则工程安装质量判为合格。

（2）系统性能检测中，对绞电缆布线链路、光纤信道应全部检测，竣工验收需要抽验时，抽样比例不低于10%，抽样点应包括最远布线点。

（3）系统性能检测单项合格判定规则如下。

① 如果一个被测项目的技术参数测试结果不合格，则该项目判为不合格。如果某一被测项目的检测结果与相应规定的差值在仪表准确度范围内，则该被测项目应判为合格。

② 采用 4 对对绞电缆作为配线或主干电缆，组成的链路或信道有一项指标测试结果不合格，则该配线链路、信道或主干链路判为不合格。

③ 主干布线大对数电缆中按4对对绞线对测试，指标有一项不合格，则判为不合格。

④ 如光纤信道测试结果不满足指标要求，则该信道判为不合格。

⑤ 未通过检测的链路、信道的电缆线对或光纤信道可在修复后复检。

（4）竣工检测综合合格判定规则如下。

① 对绞电缆布线全部检测时，无法修复的链路、信道或不合格线对数量有一项超过被测总数的 1%，则判为不合格。光缆布线检测时，如果系统中有一条光纤信道无法修复，则判为不合格。

② 对绞电缆布线抽样检测时，被抽样检测点（线对）不合格比例不大于被测总数的1%，则视为抽样检测通过，不合格点（线对）应予以修复并复检。被抽样检测点（线对）不合格比例如果大于 1%，则视为一次抽样检测未通过，应进行加倍抽样，加倍抽样不合格比例不大于 1%，则视为抽样检测通过，若不合格比例仍大于 1%，则视为抽样检测不通过，应进行全部检测，并按全部检测要求进行判定。

③ 全部检测或抽样检测的结论为合格，则竣工检测的最后结论为合格；全部检测的结论为不合格，则竣工检测的最后结论为不合格。

（5）综合布线管理系统检测，标签和标识按 10%抽检，系统软件功能全部检测。检测

结果符合设计要求，则判为合格。

5.2　综合布线工程的鉴定

5.2.1　鉴定会材料

在召开鉴定会以前，乙方（施工方）必须为鉴定会准备好以下材料：综合布线工程建设报告，综合布线工程测试报告，综合布线工程资料审查报告，综合布线工程用户意见报告，综合布线工程验收报告。

1. 综合布线工程建设报告

主要是介绍有关工程的特点以及设计、施工和质量保证的总体情况。

（1）工程概况

介绍该工程的承接公司和实施公司，工程的开工时间和进度计划，工程方案的确定和评审。

（2）工程设计与实施

① 设计目标和指导思想：简明介绍该工程的设计目标和相应的技术方案以及方案选择的依据。如工程的设计目标是建设一个单位内部可以实现资源共享的基础设施，并采用了快速以太网的组网技术等。

② 楼宇结构化布线的设计与实施：介绍该布线工程涉及到的楼宇，网络管理中心的设置，网络管理中心与楼宇连接介质和连接技术。

③ 设计要求：介绍网络的拓扑结构，使用的线缆类型、管线技术和材料等。

④ 实施：介绍楼宇间的布线系统结构，各个楼宇信息点的数量，已安装的信息插座数等。

⑤ 布线的质量与测试：介绍保证质量的手段，如与用户方的及时沟通；隐蔽工程有监理方的签证；入网用户点和有关线路的质量测试等。

⑥ 布线测试选定的测试工具，测试结果是否合格，并给出测试结果报告。

（3）工程特点

主要从系统的先进性、可扩充性和可管理性来阐述工程的特点。

（4）工程文档

工程的承接方向用户提供的文档明细。

（5）结束语

经验总结，以及对相关协助人员的致谢等。

2. 综合布线工程测试报告

主要介绍测试的内容，包括材料选用、施工质量、每个信息点的技术参数等。

（1）线材检验。主要介绍选材（铜缆、光缆、信息插座等）的规格和所依据的标准。

（2）桥架和线槽查验。金属桥架、明线槽是否美观稳固，走线位置是否合理，施工过程中是否影响楼房的整体结构等。

（3）信息点参数测试。介绍选用的测试仪器和测试参数，给出测试记录。

（4）对布线工程是否符合设计要求，是否可交付使用，给出结论。

3．综合布线工程资料审查报告

在该报告中要列出施工方向用户方提供的工程技术资料明细，并确定资料是否详实齐全；同时要有资料审查组组员名单和组员的签字。

4．综合布线工程用户试用意见

用户试用意见即用户试用后得出的初步结论，包括系统是否设计合理，性能是否可靠，是否实用安全，是否能满足用户对系统的使用要求等，并有用户方的签字。

5．综合布线工程验收报告

在该报告中主要给出验收小组的组成情况，并给出验收小组经过资料审阅和现场的实地考察后给出的验收意见。具体评价包括工程系统规模、工程技术的先进性和设计合理性、施工质量是否达到设计标准、文档资料是否齐全。最后给出是否通过验收的结论，并且要附上工程验收小组的成员名单和成员的签字。

5.2.2　鉴定会议

1．鉴定会的会前准备

鉴定会聘请的专家一般应具有高级专业技术职称，有较丰富的理论知识和实践经验，并具有良好的职业道德。鉴定会前 10d 应将召开鉴定会的通知和全套技术资料给应聘参加鉴定工作的专家寄到或送到，不要在召开鉴定会时临时发资料。需要进行现场测试的，测试组专家必须在鉴定会召开前完成测试工作，并写出测试报告，测试报告需经测试组专家签字。

鉴定会的组织者应做好会务的准备工作。主持鉴定单位以及鉴定委员会的正副主任在鉴定会前应召开预备会，听取成果完成单位关于鉴定会准备情况的汇报，并商定会议的具体议程。

2．鉴定会的一般程序

（1）主持鉴定单位的负责人宣布鉴定会开始，宣读鉴定的批复文件，宣布鉴定委员会名单，报告出席鉴定会专家人数，宣布由鉴定委员会主任或副主任主持技术鉴定。

（2）在鉴定会主任主持下，成果完成单位、专家测试组、用户单位等分别作总结报告、技术研究报告、测试报告、应用报告。

（3）专家进行现场考察或观看演示。

（4）专家质疑。

专家根据已经审阅的鉴定材料和听取汇报、现场考察或观看演示等，提出质疑。成果完成单位必须据实回答专家提出的问题和出示所需的原始技术资料。

（5）专家评议。

采取背靠背的形式，成果完成单位所有人员回避，由鉴定委员会进行独立评议，组织鉴定单位和主持鉴定单位可派 1~2 名代表列席会议，了解专家评议情况，但不得对被鉴定的成果发表评价性意见。

鉴定委员会评议内容包括：是否完成合同或计划任务书要求的指标；技术资料是否齐全完整，并符合规定；应用技术成果的创造性、先进性和成熟程度；应用价值及推广的条件和前景；存在的问题和改进意见。评议时，所做的总体性能、水平评价要有可比性。

（6）鉴定意见形成后，鉴定委员会在鉴定意见原稿和《鉴定证书》中"鉴定委员会签字表"栏签字。不同意鉴定意见的委员有权拒绝签字。经专家签字的意见原件和现场测试报告由组织专家鉴定的单位存档，并存入磁盘，复印件交成果完成单位填写《鉴定证书》用。

若经鉴定委员会评议未通过鉴定，鉴定委员会应正式出具未通过的书面理由，经组织鉴定单位审核后，通知成果完成单位，并报其主管部门，将书面理由存入磁盘存档。

（7）鉴定意见形成后，组织鉴定单位或者主持鉴定单位的领导主持会议，鉴定委员会主任或副主任在鉴定会上宣布鉴定意见，有关领导讲话。鉴定会结束。

3．鉴定会资料归档

在验收、鉴定会议结束后，将乙方（施工方）所交付的文档材料，使用的资料、鉴定意见书等一起交给甲方（用户方）的有关部门存档。

5.3 竣工技术文档

综合布线工程的竣工技术文件是绝对重要的，它可以为未来工程维护、扩展和故障处理节省大量时间。综合布线工程竣工技术文件由交工技术文件、验收技术文件、施工管理、竣工图纸 4 个部分组成。

1．交工技术文件

综合布线工程竣工后，施工单位应在工程验收以前，将工程竣工技术资料交给建设单位。交工技术文件的主要内容如表 5.8 所示。

表 5.8 综合布线工程竣工技术文档主要内容

序号	文件标题名称	文件子标题名称	页数	备注
1	交工技术文件	（1）工程说明		
		（2）开工报告		
		（3）施工组织设计方案报审表		
		（4）开工令		
		（5）材料进场记录表		
		（6）设备进场记录表		
		（7）设计变更报告		
		（8）工程临时延期申请表		
		（9）工程最终延期审批表		
		（10）隐蔽工程报验申请表		
		（11）工程材料报审表（附材料数量清单及厂家提供证明文件）		

续表

序号	文件标题名称	文件子标题名称	页数	备注
1	交工技术文件	（12）已安装工程量总表		
		（13）重大工程质量事故报告		
		（14）工程交接书（一）		
		（15）工程交接书（二）		
		（16）工程竣工初验报告		
		（17）工程验收终验报告		
		（18）工程验收证明书		
2	验收技术文件	（1）已安装设备清单		
		（2）设备安装工艺检查情况表		
		（3）综合布线线缆穿布检查记录表		
		（4）综合布线电气抽检测试验收记录表		
		（5）综合布线光纤抽检测试验收记录表		
		（6）综合布线机柜安装、设备安装检查记录表		
3	施工管理	（1）项目联系人列表		
		（2）管理结构		
		（3）施工进度表		
4	竣工图纸	（1）综合布线信息点布放图		
		（2）综合布线桥架、管线路由图		
		（3）综合布线系统图		
		（4）综合布线平面布线图		
		（5）综合布线管理间、设备间、进线间等安装场地平面图		

2．验收技术文件

综合布线工程验收应包括工艺检查、管线布线检查、电气测试检查、光纤测试检查、机柜和设备安装检查等，验收技术文件的主要内容如表 5.8 所示。

3．施工管理

综合布线工程施工管理应包括项目联系人、项目管理结构、项目施工进度表。施工管理的主要内容如表 5.8 所示。

4．竣工图纸

综合布线工程竣工图纸应包括说明、路由图、系统图、平面图和反映各部分设备安装情况的施工图。竣工图纸的主要内容如表 5.8 所示。

 ## 本章小结

对综合布线工程验收是施工方向用户方移交的正式手续，也是用户对工程的认可。综合布线工程的验收包括综合布线系统工程验收原则、验收阶段、验收内容、验收形式、验收中需提交的竣工技术文档、竣工验收的形式和内容。最终目标为学会编制竣工技术文档，学会依据设计方案和 GB 50312-2007 标准组织对综合布线工程进行验收。

应知测试

一、填空题

1. 综合布线工程的竣工验收工作是对整个工程的全面验证和（   ）评定。

2. 验收阶段分（   ）、（   ）、（   ）等几个阶段，每一阶段都有其特定的内容。

3. 器材检查主要指对各种布线材料的检查，包括各种（   ）、（   ）、（   ）及辅助配件的检查。

4. 综合布线工程中的电缆系统的电气性能测试包括电缆系统性能测试和光纤系统性能测试，其中电缆系统性能测试内容分别为（   ）和（   ）。

5. 综合布线工程竣工技术文件由（   ）、（   ）、（   ）、（   ）4 个部分组成。

二、问答题

1. 综合布线工程验收内容包括哪些？

2. 综合布线工程的鉴定材料包括哪些？

3. 鉴定会的一般程序包括哪些？

4. 综合布线竣工技术文档通常由哪些内容组成？

技能训练

实训名称	模拟综合布线工程竣工验收
实训目的	学会依据 GB 50312-2007 标准组织对综合布线工程进行验收
实训条件	现场验收和文档验收
实训内容	1. 以 2～3 人小组为单位组织教学，由老师带领监理员、项目经理、布线工程师模拟对工程施工质量进行现场验收，具体验收内容见表5.7 2. 完成交工技术文件、验收技术文件、施工管理、竣工图纸 4 个部分工程竣工技术文档的编写，具体说明见竣工技术文档模版 3. 有条件的学校可组织学生参与实际综合布线工程项目验收工作

第6章

综合布线工程管理

【本章内容简介】本章主要介绍综合布线工程的管理制度、各部门责任、管理内容；综合布线工程监理目标、机构、方法、工作内容及建设监理承建商之间的关系。

【本章重点难点】本章重点是综合布线工程管理内容和综合布线工程监理内容。本章难点是工程管理内容和工程监理内容。

6.1 综合布线工程的管理

6.1.1 现场管理制度与各部门责任

综合布线系统的施工管理可以分为 3 个职能小组进行，每个小组对施工管理各自负有责任。

1. 工程技术监督组

工程技术监督组的主要职责有以下几个方面的内容。

（1）负责现场的施工组织和调度工作。

（2）负责与其他施工单位及用户主管部门的现场协调工作。

（3）负责安排和核发工程材料。

（4）负责工程的技术问题和施工质量监督。

（5）负责组织参加施工的人员进行安全规程和操作规范的培训。

（6）负责填报工程施工质量检查日志、工程协调纪要、工程材料消耗表、工程验收报告及工程竣工资料的整理。

2. 综合布线施工组

综合布线施工组的主要职责有以下几个方面。

（1）负责依照工程设计图纸确定的施工内容进行施工。

（2）负责填报工程施工进度日志、施工责任人签到表、施工事故报告、施工报停申请、工程验收申请等文件资料。

（3）对违反安全规范和操作规范的人员进行纪律处理。

（4）配合进行安全教育学习和技术培训。

3. 工程协调小组

工程协调小组主要由工程公司负责人、项目负责人、业主方领导等组成。工程协调小组的主要职责有以下几个方面。

（1）监督工程施工符合各项规范。

（2）定期听取工程现场管理人员关于工程质量、工程进展和其他相关信息的各类汇报，并做出相应的处理决定。

（3）随时到施工现场进行施工质量和施工进度检查，现场解决施工中出现的各项问题。

6.1.2 综合布线工程的管理

1. 技术管理

（1）图纸审核

① 施工图的自审

② 施工图设计会审

（2）技术交底

技术交底是确保工程项目质量的关键环节，是质量要求、技术标准得以全面认真执行的保证。

① 技术交底的依据

技术交底应在合同交底的基础上进行，主要依据有施工合同、施工图设计、工程摸底报告、设计会审纪要、施工规范、各项技术指标、管理体系要求、作业指导书、业主或监理工程师的其他书面要求等。

② 技术交底的内容

工程概况、施工方案、质量策划、安全措施、"三新"技术、关键工序、特殊工序（如果有的话）和质量控制点、施工工艺（遇有特殊工艺要求时要统一标准）、法律、法规、对成品和半成品的保护，制定保护措施、质量通病预防及注意事项。

③ 技术交底的要求

施工前项目负责人对分项、分部负责人进行技术交底，施工中对业主或监理提出的有关施工方案、技术措施及设计变更的要求在执行前进行技术交底，技术交底要做到逐级交底，随接受交底人员岗位的不同交底的内容有所不同。

2. 施工现场人员管理

（1）制定施工人员档案。

（2）佩戴有效工作证件。

（3）所有进入场地的员工均给予一份安全守则。

（4）加强离职或被解雇人员的管理。

（5）项目经理要制定施工人员分配表。

（6）项目经理每天向施工人员发出工作责任表。

（7）制订定期会议制度。

（8）每天均巡查施工场地。

（9）按工程进度制定施工人员每天的上班时间。

（10）对现场施工人员的行为进行管理，保证施工现场的秩序。同时项目经理部应明确由施工现场负责人对此进行检查监督，对于违规者应及时予以处罚。

3. 材料管理

（1）做好材料采购前的基础工作。

（2）各分项工程都要控制住材料的使用。

（3）在材料领取、入库出库、投料、用料、补料、退料和废料回收等环节上尤其引起重视，严格管理。

（4）对于材料操作消耗特别大的工序，由项目经理直接负责。

（5）对部分材料实行包干使用、节约有奖、超耗则罚的制度。

（6）及时发现和解决材料使用不节约、出入库不计量，生产中超额用料和废品率高等问题。

（7）实行特殊材料以旧换新，领取新料时由材料使用人或负责人提交领料原因。

4. 安全管理

（1）安全控制措施

① 施工现场防火措施。

② 施工现场安全用电措施。

③ 低温雨季施工控制措施。

④ 在用通信设备、网络安全的防护措施。

⑤ 防毒、防坠落、防原有线缆损坏的措施，地下设施的保护，地下作业时的安全措施。

⑥ 公路上作业的安全防护措施。

⑦ 高空、高处作业时的安全措施。

（2）安全管理原则

① 建立安全生产岗位责任制。

② 质安员须每半月在工地现场举行一次安全会议。

③ 进入施工现场必须严格遵守安全生产纪律，严格执行安全生产规程。

④ 项目施工方案要分别编制安全技术措施。

⑤ 严格安全用电制度。

⑥ 电动工具必须要有保护装置和良好的接地保护地线。

⑦ 注意安全防火。

⑧ 登高作业时，一定要系好安全带，并有人进行监护。

⑨ 建立安全事故报告制度。

5. 质量控制管理

综合布线工程对施工质量有严格的要求，施工中若出现质量隐患会造成不可弥补的损失，所以施工质量必须有严格的管理办法。

（1）技术培训

参加综合布线施工的施工人员都必须参加有关的技术培训，每个施工人员要对综合布线概念有清楚的了解，并有丰富的现场施工经验。

（2）抽样检测

每个布线工程对提供的产品在正式投入施工前都必须经过严格的技术指标抽样测试，确保合格后才可投入工程施工。

（3）质量监督

质量监督由项目负责人、监理小组共同负责，要求现场施工人员按照施工规范进行施工。在施工过程中要不定期检测已安装完的链路，发现问题及时解决。

6. 成本控制管理

（1）成本控制管理内容

① 施工前计划

a. 做好项目成本计划。

b. 组织签订合理的工程合同与材料合同。

c. 制订合理可行的施工方案。

② 施工过程中的控制

a. 降低材料成本，实行三级收料及限额领料，组织材料合理进出场。

b. 节约现场管理费。

③ 工程实施完成的总结分析

a. 根据项目部制定的考核制度，体现奖优罚劣的原则。

b. 工程验收阶段要着重做好工程的扫尾工作。

（2）工程的成本控制基本原则

① 加强现场管理，合理安排材料进场和堆放。

② 加强材料的管理工作。

③ 及时发放使用材料，收集施工现场材料。

④ 加强技术交流，推广先进的施工方法。

⑤ 积极鼓励员工"合理化建议"活动的开展。

⑥ 加强质量控制、加强技术指导和管理，做好现场施工工艺的衔接，杜绝返工，做到一次施工，一次验收合格。

⑦ 合理组织工序穿插，缩短工期，减少人工、机械及有关费用的支出。

⑧ 科学合理安排施工程序，搞好劳动力、机具、材料的综合平衡，向管理要效益。

7. 施工进度控制

施工进度控制关键就是编制施工进度计划，合作安排好前后序作业的工序，综合布线工程具体的作业安排如下。

（1）对于与土建工程同时进行的布线工程，首先检查垂井、水平线槽、信息插座底盒是否已安装到位，布线路由是否全线贯通，设备间、配线间是否符合要求，对于需要安装布线槽道的布线工程来说，首先需要安装垂井、水平线槽和插座底盒等。

（2）敷设主干布线主要是敷设光缆或大对数电缆。

（3）敷设水平布线主要是敷设双绞线。

（4）线缆敷设的同时，开始为各设备间设立跳线架、跳线面板光纤盒。

（5）当水平布线工程完成后，开始为各设备间的光纤及 UTP/STP 安装跳线板，为端口及各设备间的跳线设备做端接。

（6）安装好所有的跳线板及用户端口，做全面性的测试，包括光纤及 UTP/STP，并提供报告交给用户。

综合布线系统工程施工组织进度如表 6.1 所示。

表 6.1　　　　　　　　　　　　综合布线系统工程施工组织进度

时间\项目	2012 年 7 月															
	1	3	5	7	9	11	13	15	17	19	21	23	25	27	29	31
一.合同签定																
二.图纸会审																
三.设备订购与检验																
四.主干线槽管架设及光缆敷设																
五.水平线槽管架设及线缆敷设																
六.信息插座的安装																
七.机柜安装																
八.光缆端接及配线架安装																
九.内部测试及调整																
十.组织验收																

8．工程各类报表作用和报表要求

（1）施工进度日志

施工进度日志由现场工程师每日随工程进度填写施工中需要记录的事项，具体表格样式如表 6.2 所示。

表 6.2　　　　　　　　　　　　施工进度日志

组别：	人数：	负责人：	日期：

工程进度计划：
工程实际进度：
工程情况记录：

时间	方位、编号	处理情况	尚待处理情况	备注

（2）施工责任人员签到表

每日进场施工的人员必须签到，签到按先后顺序，每人须亲笔签名，签到的目的是明确

施工的责任人。签到表由现场项目工程师负责落实，并保留存档。具体表格样式如表 6.3 所示。

表6.3 施工责任人签到表

项目名称：			项目工程师：		
日期	姓名1	姓名2	姓名3	姓名4	姓名5	姓名6

（3）施工事故报告单

施工过程中无论出现何种事故，都应由项目负责人将初步情况填报"事故报告"。具体格式如表 6.4 所示。

表6.4 施工事故报告单

填报单位：	项目工程师：
工程名称：	设计单位：
地点：	施工单位：
事故发生时间：	报出时间：
事故情况及主要原因：	

（4）工程开工报告

工程开工前，由项目工程师负责填写开工报告，待有关部门正式批准后方可开工，正式开工后该报告由施工管理员负责保存待查。具体报告格式如表 6.5 所示。

表6.5 工程开工报告

工程名称：		工程地点：	
用户单位：		施工单位：	
计划开工：	年 月 日	计划竣工：	年 月 日
工程主要内容：			
工程主要情况：			
主抄：	施工单位意见：	建设单位意见：	监理单位意见：
抄送：	签章：	签章：	签章：
报告日期：	日期：	日期：	日期：

（5）施工报停表

在工程实施过程中可能会受到其他施工单位的影响，或者由于用户单位提供的施工场地和条件及其他原因造成施工无法进行。为了明确工期延误的责任，应该及时填写施工报停表，在有关部门批复后将该表存档。具体施工报停表样式如表 6.6 所示。

表 6.6　　　　　　　　　　　　　　　　施工报停表

工程名称：		工程地点：	
用户单位：		施工单位：	
计划开工：	年　月　日	计划竣工：	年　月　日
工程停工主要原因：			
计划采取的措施和建议：			
停工造成的损失和影响：			
主抄：	施工单位意见：	建设单位意见：	监理单位意见
抄送：	签章：	签章：	签章：
报告日期：	日期：	日期：	日期：

（6）工程领料单

项目工程师根据现场施工进度情况安排材料发放工作，具体的领料情况必须有单据存档。具体格式如表 6.7 所示。

表 6.7　　　　　　　　　　　　　　　　工程领料单

工程名称			领料单位		
批料人			领料日期		年　月　日
序号	材料名称	材料编号	单位	序号	材料名称

（7）工程设计变更单

工程设计经过用户认可后，施工单位无权单方面改变设计。工程施工过程中如确实需要对原设计进行修改，必须由施工单位和用户主管部门协商解决，对局部改动必须填报"工程设计变更单"，经审批后方可施工。具体格式如表 6.8 所示。

表 6.8　　　　　　　　　　　　　　　　工程设计变更单

工程名称		原图名称	
设计单位		原图编号	
原设计规定的内容：		变更后的工作内容：	
变更原因说明：		批准单位及文号：	
原工程量		现工程量	
原材料数		现材料数	
补充图纸编号		日　　期	年　月　日

（8）工程协调会议纪要

工程协调会议纪要格式如表 6.9 所示。

表 6.9　　　　　　　　　　　　　工程协调会议纪要

日期：			
工程名称		建设地点	
主持单位		施工单位	
参加协调单位			
工程主要协调内容：			
工程协调会议决定：			
仍需协调的遗留问题：			
参加会议代表签字：			

（9）隐蔽工程阶段性合格验收报告

隐蔽工程阶段性合格验收报告格式如表 6.10 所示。

表 6.10　　　　　　　　　隐蔽工程阶段性合格验收报告

工程名称：		工程地点：	
用户单位：		施工单位：	
计划开工：	年　月　日	实际开工：	年　月　日
计划竣工：	年　月　日	实际竣工：	年　月　日
隐蔽工程完成情况：			
提前和推迟竣工的原因：			
工程中出现和遗留的问题：			
主抄：	施工单位意见：	建设单位意见：	监理单位意见
抄送：	签章：	签章：	签章：
报告日期：	日期：	日期：	日期：

（10）工程验收申请

施工单位按照施工合同完成了施工任务后，会向用户单位申请工程验收，待用户主管部门答复后组织安排验收。具体申请表格式如表 6.11 所示。

表 6.11　　　　　　　　　　　　　工程验收申请

工程名称：		工程地点：	
用户单位：		施工单位：	
计划开工：	年　月　日	实际开工：	年　月　日
计划竣工：	年　月　日	实际竣工：	年　月　日
工程完成主要内容：			
提前和推迟竣工的原因：			
工程中出现和遗留的问题：			
主抄：	施工单位意见：	建设单位意见：	监理单位意见
抄送：	签章：	签章：	签章：
报告日期：	日期：	日期：	日期：

6.2　综合布线工程的监理

工程监理是指在综合布线工程建设过程中，给用户提供建设前期咨询、工程方案论证、系统集成商和设备供应商的确定、工程质量控制、安装过程把关、工程测试验收等一系列的服务，对项目建设实施的专业化监督管理，帮助用户建设一个性能价格比优良的综合布线系统。

6.2.1　工程监理的三项目标

工程监理的中心任务是控制工程项目的投资、进度和质量三大目标。实行工程监理的目的是提高工程建设的投资效益和社会效益。

1.　工程质量控制

综合布线工程项目质量要求主要表现为工程合同、设计文件、技术规范规定的质量标准，工程质量控制是为保证达到工程合同规定的质量标准而采取的一系列措施手段和方法。在设计阶段及其前期的质量控制，以审核可行性报告及设计文件图纸为主，审核综合布线项目设计是否符合建设单位要求。在施工阶段驻现场监理，检查是否按图纸施工，并达到合同文件规定的标准。

监理单位受建设单位委托，为保证工程合同规定的质量标准，达到建设单位的需求，并取得良好的投资效益，其控制依据除国家或行业主管部门制定的规范、标准外，主要是合同文件、设计图纸。

工程项目质量控制按其实施者不同包括：施工单位方面的质量控制，其特点包括外部的、横向协作的控制；承建的系统集成商方面的质量控制，其特点为内部的自身的控制。

2.　工程进度控制

工程进度控制是指对综合布线项目实施各建设阶段的工作内容（如布线、安装、调试、检验等）、工作程序、持续时间和衔接关系等编制计划进度流程表并付诸实施。在实施过程中经常检查实际进度是否按计划要求进行，对出现的偏差分析原因，采取补救措施或调整、修改原计划，直到工程竣工，交付使用。

工程进度控制与质量控制和投资控制之间有着相互依赖、相互制约的关系；进度加快或提前需要增加投资，但工程提前投用则可提高投资效益；进度快又有可能影响工程质量，而质量控制严格，则必须保证施工进度，因此，监理工作面对 3 个目标应全面系统地加强考虑与各个实施单位协调处理的关系，把握好综合布线系统的布线、安装、调试等各环节的流程与进度，其目的是确保综合布线与建筑主体和网络系统流程目标能按质保量地适时实现，确保建设工程工期。

3.　工程投资控制

工程投资控制，一般是指综合布线工程建设所需全部费用，包括设备、材料、工器具购置费用，安装工程费用和其他费用组成。投资控制表现在前期阶段、设计阶段、建设项目发

展阶段和建设实施阶段所发生的变化，控制在批准的投资限额以内，并随时纠正发生的偏差，以保证投资目标的实现，综合布线投资目标也会随着主体建筑需求的变化相应作出调整，需要分阶段进行修正，其总的目标仍然是建立在保证质量和进度的基础上合理控制投资限额。

3 个阶段投资设置一般为：投资估算阶段，选择设计方案和进行可行性研究的综合布线投资控制目标；设计概算阶段，进行初步设计的综合布线投资控制目标；设计预算阶段，施工图设计综合布线投资控制目标。

对于工程造价，控制投资始终是工程实施的核心问题，由于工程建设周期长，综合布线一般又多在工程后期实施，难免受到公用工程其他专业管线已施工的影响，常常也会发生造价上的变化并受到制约，因此，及时相应调整才能保证工程造价的控制。

此外，由于一些不可预见的因素，如工程量增减、采购价的变化、追加或削减项目等均可能造成各个阶段计价的浮动，监理工程师应协助业主适时地了解这些动态，以便于投资控制，有效地保障项目的投资。

6.2.2　工程监理的职责与组织机构

项目监理机构是监理单位对项目实施监理的全权代表。由总监、总监代表、专业监理工程师和监理员等组成。监理任务完成后监理机构可以撤销。

1．总监理工程师

由监理单位任命，全权负责项目监理机构的工作，职责如下。

（1）组织编制监理规划。

（2）组织监理人员进行施工图设计会审。

（3）审批施工组织设计（方案）。

（4）审批施工分包单位资质，会同业主签发开、停（复）工指令。

（5）组织编制工程监理日、周、月报。

（6）组织工地监理例会，协调监理实施中相关各方面工作。

（7）签署重要工程设计变更、洽商。

（8）组织处理工程重大质量事故。

（9）审定工程延期和索赔费用、审核工程结算。

（10）定期巡视施工现场，并做好巡视记录。

（11）组织工程预验，参加竣工验收，签署验收、交接证书。

（12）组织编写监理报告、审查竣工结算。

2．总监代表（助理）

总监代表（助理）由总监任命，向总监负责。在总监授权范围内工作，总监离岗期间代理总监工作。

3．监理工程师

专业监理工程师由总监任命，向总监负责，职责如下。

（1）参加《施工图设计》会审和《施工组织设计（方案）》的审查，并提出审查意见。

（2）组织监理员检验进场器材、设备，实施工程质量控制。

（3）审查施工单位的质量保证和技术管理体系，并监督其完善和落实。

（4）检查工程关键部位，不合格的及时发《监理通知》，限令整改。

（5）搜集掌握工程质量、进度、投资相关情况。

（6）组织召开现场监理例会，分析总结质量、进度情况，提出改进意见。

（7）审查竣工文件及完工交验报告，组织工程预验。

（8）参加竣工验收，负责工程遗留问题的监理。

（9）记录监理日记，编写本专业范围内的监理总结。

4．监理员

人选由总监确定。须持有行业培训合格证，且具有监理专业的技术员以上资格证。有良好的职业道德和敬业精神；熟悉通信工程的基本知识和施工规范，具有一定的施工管理经验和处理实际问题的能力。职责如下。

（1）检验进场器材、设备，实施质量控制。

（2）进行工程沿线巡视检查，重点部位实行旁站监理。

（3）对隐蔽工程进行随工检查签证。

（4）核实设计变更工作量，会同施工单位代表及时办理变更手续。

（5）对工程施工现场的安全生产、文明施工实行监督、检查。

（6）掌握责任段落的工程质量、进度情况，随时向专业监理师汇报。

（7）发现质量、安全隐患、事故苗头要及时提醒施工单位，并向专业监理工程师汇报。

（8）坚持记录监理日记，及时、如实填报原始记录。

5．资料员

必须具有计算机操作能力，懂得计算机管理监理工作的基本知识。

6.2.3 工程监理方法

《建设工程质量管理条例》第 38 条规定："监理工程师应当按照工程监理规范的要求采取旁站、巡视和平行检验等形式，对建设工程实施监理"。

1．旁站和巡视

（1）旁站

是指在关键部位或关键工序的施工过程中，监理人员在施工现场所采取的监督活动。一般情况下是间断的，视情况的需要可以是连续的，可以通过目视、也可以通过仪器进行。

（2）巡视

是对于一般的施工工序或施工操作所进行的一种监督检查的手段。项目监理机构为了了解施工现场的具体情况（包括施工的部位、工种、操作机械、质量等情况），需要每天巡视施工现场。

（3）旁站和巡视的区别

首先，旁站和巡视的目的不同，巡视以了解情况和发现问题为主，以目视和记录为主，

旁站以确保关键工序或关键操作符合规范要求为目的。其次，实施旁站的监理人员主要以监理员为主，而巡视是所有监理人员都应进行的一项日常工作。

2．见证与平行检验

（1）见证

见证也是监理人员现场监理工作的一种方式，是指承包单位实施某一工序或进行某项工作时，应在监理人员的现场监督之下进行。见证的适用范围主要是质量的检查工作、工序验收、工程计量以及有关按合同实施人工工日、施工机械台班计量等。如监理人员在承包单位对工程材料的取样送检过程中进行的见证取样。

（2）平行检验

平行检验是项目监理机构独立于承包单位之外对一些重要的检验或试验项目所进行的检验或试验。它是监理机构独立利用自有的试验设备或委托具有试验资质的实验室来完成的。

6.2.4　监理工作内容

1．工程设计阶段的监理

在设计合同实施阶段，工程监理要依据设计任务批准书编制设计资金使用计划、设计进度计划、设计质量标准要求，与设计单位协商，达成一致意见，贯彻建设单位的意图。对设计工作进行跟踪检查、阶段性审查；设计完成后，要对设计文件进行全面审查，主要内容有以下几个方面。

（1）设计文件的完整性，标准是否符合规范规定要求，技术的先进性、科学性、安全性和施工的可行性。

（2）设计概算及施工图预算的合理性以及建设单位投资能力的许可性。

（3）全面审查设计合同的执行情况，核定设计费用。

监理工程师应对设计文件如系统方案、布线方式、配置是否合理，设计深度能否满足施工要求等协助建设单位提出意见。

设计阶段监理工作的重点应为确定工程的价值，在设计之前确定项目投资目标，自设计阶段开始对工程的投资进行宏观控制，一直持续到工程项目的正式动工。设计阶段的投资控制实施的是否有效，将对项目投资产生重大影响。同时，设计质量将直接影响整个项目的安全可靠性、适用性，同时对项目的进度、质量产生一定的影响。

2．安装施工阶段的监理

在工程安装施工阶段，监理要协助建设方编制标书、组织施工招标、投标、开标和评标等活动，并对工程实施全过程专业化监督管理。分为施工招投标阶段、施工准备阶段和施工阶段 3 个阶段。

（1）施工招标阶段。工程监理的主要工作有：审查招、投标单位的资格，参与编制招标文件，参加评标与定标，协助签订施工合同等。

（2）施工准备阶段。监理人员要参加由建设单位组织的设计文件会审，提出设计中存在的问题；总监组织监理工程师审查施工单位报送的施工组织设计方案和施工技术方案；审核施工单位现场项目管理机构的质量和技术管理、保证体系；审核分包单位资质；审核施工单位报送的工程开工报审表及相关技术资料，由总监理工程师签发开工指令，并报建设单位。组织建设、设计、施工单位进行现场技术交底。

（3）施工阶段。工程监理的主要任务是对工程质量、工程造价和工程进度进行控制，达到合同规定的目标。监理应该以现场旁站方式为主，及时现场检查所用设备材料质量和安装质量，尤其是隐蔽工程质量，记录当日工作量，严格控制变更内容，定期组织现场协调会。

3．竣工验收阶段的监理

工程完工后，施工单位应在竣工验收前，将全套文件、资料按规定的份数交给建设单位。主要内容如下。

（1）检查审核竣工技术文件是否完整、真实、准确。一般应包括工程质量监督机构核定文件、竣工资料和技术档案、随工验收记录、工程洽商记录、系统测试记录、工程变更记录、隐蔽工程签证、安装工程量及设备器材明细表等。

（2）组织建设单位、设计单位、施工单位、质监部门进行竣工验收，必要时邀请有关专业专家参加，综合各方意见对工程做出全面评价，签署竣工文件。

（3）验收如果有遗留问题出现或不合格，则应查明原因，分清责任，提出解决办法，并责成责任单位限期整改。

4．工程保修阶段的监理

工程竣工通过总验后，工程将移交业主投入开通使用，工程进入保修阶段，监理工程师要督促承建商完成下列工作。

（1）尽快完成竣工时尚未完成的工程。

（2）对尚存在的一些质量缺陷做修补处理以使工程完全满足合同的质量要求。

（3）定期回访工程重要部位的质量，发现问题及时处理。

（4）在缺陷责任期终止前，对工程进行全面检查，若承建方未完成全部工程，或尚有部分缺陷未修复，在缺陷责任期终止日之后 14 天内，要求承建方完成未完成的工程和修补尚未修复的质量缺陷。

（5）在上述工作完成，并得到监理工程师的满意后，在缺陷期终止日之后 28 天内签发缺陷责任终止证书。

（6）保修期结束提交监理业务手册。

6.2.5　监理表格

根据工程实施和施工组织管理的需要，监理工作采用如下表格的部分或全部。

1．承包单位向监理单位申报技术文件及资料所使用的表格

（1）开工申请单。

（2）施工组织设计方案报审表。

（3）施工技术方案申报表。

（4）进场原材料报验单。

（5）进场设备报验单。

（6）人工、材料价格调整申报表。

（7）付款申请表。

（8）索赔申请书。

（9）工程质量月报表。

（10）工程进度月报表。

（11）复工申请。

（12）工程验收申请单。

2. 监理单位向承包单位发出指示、通知及文件所使用的表格

（1）工程开工令。

（2）工程变更通知。

（3）额外增加工程通知。

（4）工程暂停指令。

（5）复工指令。

（6）现场指令。

（7）工程验收证书。

3. 监理单位内部工作记录

（1）设计图纸交底会议纪要。

（2）监理工程师日记。

（3）监理月报表。

（4）事故报告单。

（5）设备安装工程缆线走道/槽道安装质量控制表。

（6）设备安装工程缆线布放和接续质量控制表。

（7）设备系统主要性能测试质量控制表。

（8）设备安装工程质量检验初评表。

（9）架空光（电）缆工程施工质量控制表。

（10）直埋光（电）缆工程施工质量控制表。

（11）管道光（电）缆工程施工质量控制表。

（12）单条光（电）缆施工质量检验初评表。

 本章小结

综合布线工程管理主要内容包括项目管理内容，项目经理素质要求与职责，工程项目管理机构，工程项目实施模式，招投标程序、形式、要求，施工方案内容和编制方法，材料、人员、进度、安全、技术、质量、成本等现场管理的内容与方法，综合布线工程监理的组织、内容和方法。

应知测试

一、填空题

1．综合布线系统的施工管理可以分为（　　）、（　　）、（　　）3 个职能小组进行，每个小组对施工管理各自负有责任。

2．（　　）是确保工程项目质量的关键环节，是质量要求、技术标准得以全面认真执行的保证。

3．（　　）控制关键就是编制施工进度计划，合作安排好前后序作业的工序。

4．工程监理的中心任务是控制工程项目的（　　）、（　　）和（　　）三大目标。

5．实行工程监理的目的是提高工程建设的（　　）和（　　）。

6．项目监理机构是监理单位对项目实施监理的全权代表，由（　　）、（　　）、（　　）和（　　）等组成。监理任务完成后监理机构可以撤销。

7．监理工程师应当按照工程监理规范的要求采取（　　）、（　　）和（　　）等形式，对建设工程实施监理。

二、问答题

1．综合布线工程的管理包括哪些？

2．综合布线工程监理方法包括哪些？

3．综合布线工程监理三项目标是哪些？

4．综合布线工程监理工作内容包括哪些？

 技能训练

一、模拟综合布线工程管理

实训名称	模拟综合布线工程管理
实训目的	学会依据设计方案和 GB 50312-2007 标准组织对综合布线工程进行管理
实训条件	情景模拟
实训内容	1．在模拟的综合布线工程项目管理实训中，成立项目经理部，设置项目经理、项目副经理、工程师、安全员、监理工程师等岗位，通过角色扮演，训练学生掌握各岗位的职业能力 2．有条件的学校可组织学生参与实际综合布线工程项目的管理

二、模拟综合布线工程监理

实训名称	模拟综合布线工程监理
实训目的	学会依据设计方案和工程建设监理规定组织对综合布线工程进行监理
实训条件	情景模拟
实训内容	1．在模拟综合布线工程项目监理实训中，成立监理公司，设置总监理工程师、监理工程师、监理员和资料员等岗位，通过角色扮演，训练学生掌握各岗位的职业能力，并填写监理相关表格 2．有条件的学校可组织学生参与实际综合布线工程项目的监理

参 考 文 献

[1] 中华人民共和国信息产业部．GB/T50311-2007 综合布线系统工程设计规范．北京：中国计划出版社，2007．

[2] 中华人民共和国信息产业部．GB/T50312-2007 综合布线工程验收规范．北京：中国计划出版社，2007．

[3] 中国建筑标准设计研究院．综合布线系统工程设计与施工．北京：中国计划出版社，2008．

[4] 刘化君．综合布线系统（第 2 版）．北京：机械工业出版社，2008．

[5] 吴达金．综合布线系统实用技术手册．北京：人民邮电出版社，2008．

[6] 单光庆．综合布线．北京：北京邮电大学出版社，2009．

[7] 张宜，陈宇通，吴健，等．综合布线系统白皮书．北京：清华大学出版社，2010．

[8] 余明辉，尹岗．福禄克网络公司综合布线系统的设计施工、测试、验收与维护．北京：人民邮电出版社，2010．

[9] 余明辉，尹岗．21 世纪高等职业教育信息技术类规划教材·综合布线系统的设计施工、测试、验收与维护．北京：人民邮电出版社，2010．

[10] 黎连业，陈光辉，黎照，等．网络综合布线系统与施工技术（第 4 版）．北京：机械工业出版社，2011．

[11] 吴大军．综合布线系统施工技术:基于工作过程的学习领域教学．北京：北京理工大学出版社，2011．

[12] 王公儒．网络综合布线系统工程技术实训教程（第 2 版）．北京：机械工业出版社，2012．